岩波基礎物理シリーズ
【新装版】

力学・解析力学

岩波基礎物理シリーズ
【新装版】

力学・解析力学

阿部龍蔵
Ryuzo Abe
[著]

岩波書店

MECHANICS

IWANAMI
UNDERGRADUATE COURSE IN PHYSICS

物理をいかに学ぶか

暖かな春の日ざし，青空に高く成長した入道雲，木々の梢をわたる秋風，道端の水たまりに張った薄氷，こうした私たちの身の回りの自然現象も，生命現象の不思議や広大な宇宙の神秘も，その基礎には物理法則があります．また，衛星中継で世界の情報を刻々と伝える通信，患部を正確にとらえるCT 診断，小さな電卓の中のさらに小さな半導体素子などの最先端技術は，物理法則の理解なしにはありえないものです．したがって，自然法則を学び，自然現象の謎の解明を志す理学系の学生諸君にとっても，また現代の最先端技術を学び，さらに技術革新を進めることを目指している工学系の学生諸君にとっても，物理は欠かすことのできない基礎科目です．

近代科学の歴史はニュートンに始まるといわれます．ニュートンは，物体の運動の分析から力学の法則に到達しました．そして，力学の法則から，リンゴの落下運動も天体の運行も同じように解明されることを見出しました．実験や観測によって現象をしらべ，その結果を数量的に把握し，基本法則に基づいて現象を数理的に説明するという方法は，物理学に限らず，その後大きく発展した近代科学の全体を貫くものだ，ということができます．物理学の方法は近代科学のお手本となってきたのです．また，超ミクロの素粒子から超マクロの宇宙までを対象とし，その法則を明らかにする物理学は，私たちの自然に対する見方(自然観)を深め，豊かにしてくれます．そのような意味でも，物理は科学を学ぶすべての学生諸君にしっかり勉強してほしい科目なのです．

このシリーズは，物理の基礎を学ぼうとする大学理工系の学生諸君のための教科書，参考書として編まれました．内容は，大学の 4 年生になってそれぞれ専門的な分野に進む前，つまり 1 年生から 3 年生までの間に学んでほしい基礎的なものに限りました．基礎をしっかり，というのがこのシリーズの第一の目標です．しかし，それが自然現象の解明にどのように使われ，どのように役立っているかを知ることは，基礎を学ぶ上でもたいへん重要なことです．現代的な視点に立って，理学や工学の諸分野に進むときのつながりを重視したことも，このシリーズの特徴です．

物理は難しい科目だといわれます．力学を学ぶには，物体の運動を理解するために微分方程式などのさまざまな数学を身につけなければなりません．電磁気学では，電場や磁場という目で見たり，手で触れたりできないものを対象にします．量子力学や相対性理論の教えることは，私たちの日常経験とかけ離れています．一見，身近な現象を相手にするかに見える熱力学や統計力学でも，エントロピーや自由エネルギーという新しい概念の理解が必要です．それらの法則が，物質という複雑なものを対象にするとなると，事態はさらに面倒です．

物理を学ぼうとこの本を開いた学生諸君，いきなりこんな話を聞いてどう感じますか？　いよいよ学習意欲をかきたてられた人は，この先を読む必要はありません．すぐ第1章から勉強にとりかかって下さい．しかし，そんなに難しいのか，と戦意を喪失しかけた人には，もう少しつきあってほしいと思います．

科学が芸術と本質的に異なるのは，ある程度努力しさえすれば誰にでも理解できるものだ，というところにあると思います．ある人の感動する音楽が別の人には騒音にしか響かないとしても，それはどうしようもないでしょう．科学は違います．確かに，科学の創造に携わってきたのはニュートンやアインシュタインといった天才たちでした．少なくとも，相当な基礎訓練をへた専門家たちです．しかし，そうして得られた科学の成果は，それが正しいものであれば，きちんと順序だてて学べば誰にでも理解できるはずです．誰にでも理解できるものでなければ，それを科学的な真理とよぶことはできない，といってもいいのだと思います．

そんなことをいうけれど，自分には難しくてよく理解できない，という反論もあるだろうと思います．そうかも知れません．しかし，それは教え方，あるいは学び方が悪かったせいではないでしょうか．物理学は組みたてられた構造物のようなものです．基礎のところの大事なねじがぬけていては，その上の構造物はぐらついてしまいます．私たちが教師として教室で物理の講義をするとき，時間が足りないとか，あるいはこんなことは皆わかっているはず，といった思いこみから，途中の大事なところをとばしているかも知れません．もう一つ大切なことは，構造物を組みたてながら，ときどき離れて全体の形をながめることです．具体的にいえば，数式をたどるだけでなくて，その数式の意味しているものが何かを考えることです．これを私たちは「物理的に理解する」といっています．

このシリーズの1冊1冊は，それぞれ経験豊かな著者によって，学生諸君がつまずくところはどこかをよく知った上で，周到な配慮をもって書かれました．単に数式を並べるだけではなく，それらの数式のもつ物理的な意味についても十分に語られています．実をいいますと，「物理的な理解」は人から教えられるのではなく，学生諸君ひとりひとりが自分で獲得すべきものです．しかし，物理をはじめて本格的に勉強して，すぐにそれができるものでもありません．この先生はこんな風に理解しているんだ，なるほど，と感じることは大いに勉強になり，あなた自身の理解を助けるはずです．

科学は誰にでも理解できるものだ，といいました．もちろん，それは努力しさえすれば，という条件つきです．この本はわかりやすく書かれていますが，ねころんで読んでわかるように書かれてはいません．机に向かい，紙と鉛筆を用意して読んで下さい．問題はまずあなた自身で解くように努力して下さい．

10冊のシリーズのうち，第1巻『力学・解析力学』，第10巻『物理の数学』は，高校の物理と数学が身についていれば，十分に読むことができます．この2冊に比べれば，第3巻『電磁気学』は少し努力を要するかも知れません．第5巻『量子力学』を学ぶには，力学は身につけておく必要があります．第7巻『統計力学』には量子力学の初歩的な知識が前提になっています．これらの巻に続くものとして，第2巻『連続体の力学』，第4巻『物質の電磁気学』，第6巻『物質の量子力学』，第8巻『非平衡系の統計力学』をそれぞれ独立な1冊として用意したことが，このシリーズの特徴のひとつ

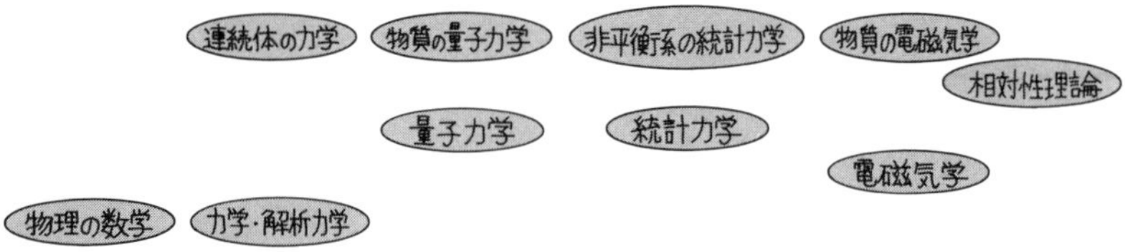

です．第9巻『相対性理論』は力学と電磁気学に続く巻として位置づけられます．各巻の位置づけは，およそ上の図のようなものです．図は下ほど基礎的な分野です．

このシリーズが，理工系の学生諸君が物理を本格的に学び，身につけることに役立つならば，それは著者，編者一同にとってたいへんうれしいことです．

1994年3月

編者　長岡洋介
原　康夫

まえがき

本シリーズの趣旨の1つは，大学理工系1～3年生を主たる読者対象とする，現代的視点から内容を整理した，これからの時代にマッチする清新な物理教科書・参考書の刊行となっている．力学は電磁気学と並び，物理学の基礎ともいうべき学問であり，そのような見地から本書『力学・解析力学』がこのシリーズのトップ・バッターとなった．トップ・バッターがクリーン・ヒットを飛ばすか，凡退するかはシリーズの行方を左右する．そのような意味で著者に課せられた責任は重大である．

この重大な責任を果たすべく，次のような3つの観点から本書を執筆することとした．第1に，通常，力学の教科書では質点の力学と質点系の力学とを別々に論じているが，本書では両者の区別にあまり拘泥せず，いわば混然一体といった形で議論を展開した．その方が見通しがよいだろうと考えたからである．第2に，解析力学をなるべく早い段階で論じることとした．最初の計画では，第3章あたりで解析力学を導入するつもりであったが，運動量，力学的エネルギーの叙述をする前に，解析力学を論じるのはいかにも無理だと悟るようになった．それと，最近では高等学校における物理離れという現象もあり，物理を履修せず大学の理工系に入学してくる学生もいる．そこで，教育的な視点から第1章～第4章は力学の基礎的な概念の記述にあて，解析力学は第5章で論じるようにした．したがって，ある程度力学の知識をもった読者は第5章から本書を読み始めてもかまわない．しかし，著者の希望としては，そのような読者でも，ざっとでいいから第1章～第4章に目を通してほしい．というのは，そこでの記述を後の章で使うこともあるし，また現代的な物理学の感覚に触れた箇所もあるからである．

第3に，そしてこれが本書の特色と思うが，古典的な力学の展開にもできるだけ現代物理学の手法とか，考え方を盛り込むように努めた．例えば，量子力学ではよくディラックのδ関数が利用されるが，第4章で撃力と関連し，この関数の説明を行なった．その意図は，量子力学というやや抽象的な分野でδ関数を学ぶより，身の回りで起こる力学的な現象を通じてそれを学ぶ方がはるかにわかりやすいだろうと考慮したためである．同様な意味で，量子力学での記号ブラ・ベクトル，ケット・ベクトルも第5章で使われる．平衡点の付近の振動という力学における典型的な題材に基づき，ブラ，ケットを導入したが，具体的な例によりこの種の概念に慣れておけば，量子力学の学習にも役立つであろうと期待している．第6章では，物理学の各分野でよく利用される摂動論について解説した．すなわち，地球の自転の影響は小さいものとして，落体の運動方程式の解法を論じた．摂動論は量子力学における基本的な近似法と考えられているが，元来その起源は天体力学にあり，このような点で摂動論のルネッサンスといえようか．ともあれ，量子力学よりはるかにやさしいレベルで摂動論の精神を体得しておくのは有意義であろうと思っている．これと同じことが第7章で取り扱うラザフォード散乱にも当てはまる．散乱問題は量子力学ではなかなかわかりにくいテーマであるが，本書では量子力学における微分散乱断面積の定義をそのまま借用し，ラザフォードの散乱公式を導いた．

以上のような事情で，本書は単なる力学の教科書ではなく，あちらこちらに現代物理学への入り口が設けられていると自負している．この入り口を通り，読者が本シリーズでのさらに高度な物理学へと進まれるよう念願している．

最後に，本書の執筆をおすすめ下さった編者の長岡洋介，原康夫の両教授にあつく感謝の意を表したい．本書の執筆に当たり，岩波書店編集部の片山宏海，宮部信明の両氏にはいろいろとお世話になった．ここにあつくお礼申し上げる次第である．

1994年3月

阿部 龍蔵

目　次

1 運動の記述

自然界にはさまざまな物体の運動が起こる．宇宙的なスケールでは太陽の回りの惑星の運動，ミクロの世界では水素原子における陽子の回りの電子の運動などがある．また，われわれの身辺では，人間の歩行運動，飛行機や自動車の運動など運動の例を挙げればきりがない．このような物体の運動を扱う物理学の一分野が力学であるが，本章では運動の表わし方について学んでいく．

1-1 質点と位置ベクトル

物体の運動を考えるさい，その大きさを無視し，これを点とみなすことがある．このように，質量だけをもち数学的には点とみなされるものを**質点** (mass point) という．大きさのある物体の議論は後回しにし，ここでは質点の場合を考えていく．質点の位置を決定するには，空間中に適当な座標原点 O と x, y, z 軸をとり質点のデカルト座標 x, y, z を指定すればよい．あるいは質点の位置を P としたとき，O から P へ向かうベクトル $\boldsymbol{r}$ を決めると考えてもよい．$\boldsymbol{r}$ は質点の位置を決めるベクトルなので，これを**位置ベクトル** (position vector) という．また，$\boldsymbol{r}$ をその成分で表わし，これを

$$\boldsymbol{r} = (x, y, z) \tag{1.1}$$

と書くことにする．一般に，b_x, b_y, b_z という x, y, z 成分をもつベクトル $\boldsymbol{b}$

を(1.1)と同様，下記のように表わす．

$$\boldsymbol{b} = (b_x, b_y, b_z) \tag{1.2}$$

1-2 速度と加速度

平均速度 質点がある軌道を描いて運動するとし，時刻 t における質点の位置をP，その位置ベクトルを $\boldsymbol{r}(t)$ とする(図1-1)．同じように，t から微小時間 Δt だけたった後すなわち時刻 $t+\Delta t$ における質点の位置をQ，その位置ベクトルを $\boldsymbol{r}(t+\Delta t)$ とする．PからQへ向かうベクトルを $\Delta\boldsymbol{r}$ とすれば，ベクトル和の定義により

$$\boldsymbol{r}(t+\Delta t) = \boldsymbol{r}(t)+\Delta\boldsymbol{r} \tag{1.3}$$

の関係が成り立つ．$\Delta\boldsymbol{r}$ は質点の変位を表わすのでこれを**変位ベクトル**(displacement vector)という．質点は時間 Δt の間に $\Delta\boldsymbol{r}$ だけ移動するが $\Delta\boldsymbol{r}/\Delta t$ を t と $t+\Delta t$ との間の**平均速度**(mean velocity)という．

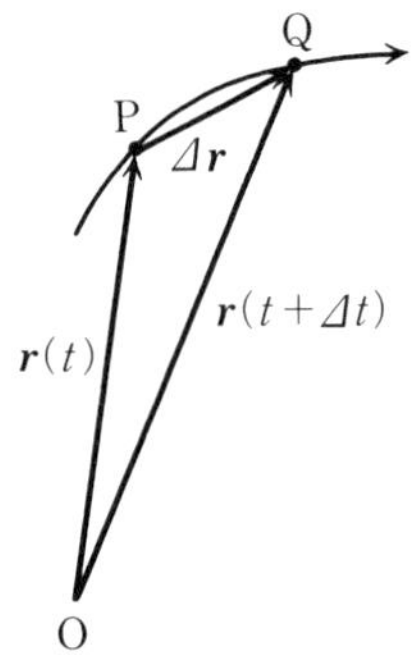

図 1-1 質点の運動

一方，PとQとの間の距離を $\overline{\mathrm{PQ}}$ と書いたとき $\overline{\mathrm{PQ}}/\Delta t$ を平均の速さという．例えば，0.5 s の間に質点が 2 m だけ移動したとすれば，その間の平均の速さは 4 m/s となる．以下，本書では SI 単位系を使用するとし，長さを m，質量を kg，時間を s の単位で表わすことにする．これを MKS 単位系という場合もある．なお，平均速度はPからQへ向かうベクトルであるが，平均の速さは大きさだけをもつ量すなわちスカラーである．日常的には速度と速さは同じような意味に使われるが，力学の立場では両者は違うものであ

ることに注意しなければならない.

速度　平均速度で $\Delta t \to 0$ の極限をとったものを時刻 t における**瞬間速度**(instantaneous velocity) あるいは単に**速度**(velocity) という. 時間に関する微分を用いると, 速度 $\boldsymbol{v}$ は

$$\boldsymbol{v} = \frac{d\boldsymbol{r}}{dt} = \dot{\boldsymbol{r}} = (\dot{x}, \dot{y}, \dot{z}) \tag{1.4}$$

と書ける. $\boldsymbol{v}$ を速度ベクトルという場合もある. 力学では記号を簡略化するため, 上式のように時間微分を上つきのドットで表わす. これをニュートンの記号という. 図 1-1 からわかるように, $\Delta t \to 0$ の極限で点 Q は点 P に限りなく近づく. このため, $\boldsymbol{v}$ の方向は点 P における軌道の接線方向と一致し, その向きは質点の進む向きをもつ.

例題 1-1　時刻 0 で物体を静かに落とすと, 物体は重力のため鉛直下向きに自由落下していく. 物体を質点とみなし, 最初に物体のいた点を座標原点にとり, 鉛直下向きに z 軸を選ぶと, 質点の位置ベクトルは $(0, 0, gt^2/2)$ と表わされる. ただし, g は重力加速度で下のような数値をもつ.

$$g = 9.81\ \mathrm{m/s^2} \tag{1.5}$$

(1) 質点の速度を求めよ. (2) 2 秒後の質点の速さはいくらか.

[解]　(1)　位置ベクトルの各成分を時間で微分し $\boldsymbol{v} = (0, 0, gt)$.

(2)　質点の速さは $9.81 \times 2\ \mathrm{m/s} = 19.62\ \mathrm{m/s}$. ▨

直線運動と平面運動

上述の例題 1-1 のような一直線上での運動を一般に直線運動という. 同様に一平面上での運動を平面運動という. いわば, 直線運動は 1 次元的な運動, また平面運動は 2 次元的な運動である. これらの運動を扱うさい, わざわざ 3 次元空間で物事を考える必要はない. 直線運動の場合, その直線を x 軸に選べば y, z 座標は考慮しなくてもよいし, 平面運動なら, その平面内に x, y 軸をとれば z 座標は考えなくてもよい.

加速度　速度 $\boldsymbol{v}$ は一般に時間の関数であるが, これを時間で微分したものを**加速度**(acceleration) という. すなわち, 加速度 $\boldsymbol{a}$ は

$$\boldsymbol{a} = \dot{\boldsymbol{v}} = \ddot{\boldsymbol{r}} = (\ddot{x}, \ddot{y}, \ddot{z}) \tag{1.6}$$

で与えられる．ただし，$d^2x/dt^2=\ddot{x}$ というように，¨ は時間に関する 2 回微分を表わす記号である．

等加速度運動　加速度が一定であるような運動を**等加速度運動**(uniformly accelerated motion)という．この運動では a_x は一定なので $\dot{v}_x=a_x$ を t で積分し $v_x=v_{0x}+a_xt$ が得られる．y, z 成分に対しても同様な式が成り立ち，ベクトルとしてまとめて表わすと

$$\boldsymbol{v} = \boldsymbol{v}_0+\boldsymbol{a}t \tag{1.7}$$

となる．$\boldsymbol{v}_0$ は $t=0$ における質点の速度でこれを**初速度**(initial velocity)という．(1.7)をさらに t で積分し位置ベクトルを t の関数として求めると

$$\boldsymbol{r} = \boldsymbol{r}_0+\boldsymbol{v}_0t+\frac{1}{2}\boldsymbol{a}t^2 \tag{1.8}$$

が導かれる．ただし，$\boldsymbol{r}_0$ は $t=0$ における位置ベクトルである．重力場における質点の運動，一様な電場中の荷電粒子の運動などは等加速度運動として表わされ，そのような点で等加速度運動は力学における 1 つの重要な運動である．とくに，直線上で起こる等加速度運動を**等加速度直線運動**(linear motion of uniform acceleration)という．例題 1-1 の自由落下のように，鉛直線上で起こる質点の落下運動がこれに相当する．

1-3 等速円運動と単振動

質点の軌道が円で表わされ，しかもその速さが一定であるとき，この運動を**等速円運動**(uniform circular motion)という．この運動は平面運動だが，それが実現されるための条件を求めよう．平面内に x, y 軸をとり，図 1-2 のように質点 P は原点 O を中心として，半径 A の円上を運動するとしよう．図のように OP と x 軸とのなす角を θ とすれば，質点の x, y 座標は

$$x = A\cos\theta, \qquad y = A\sin\theta \tag{1.9}$$

で与えられる．上式を t で微分すると

$$\dot{x} = -A\sin\theta\cdot\dot{\theta}, \qquad \dot{y} = A\cos\theta\cdot\dot{\theta} \tag{1.10}$$

となり，したがって，質点の速さ v は次のように求まる．

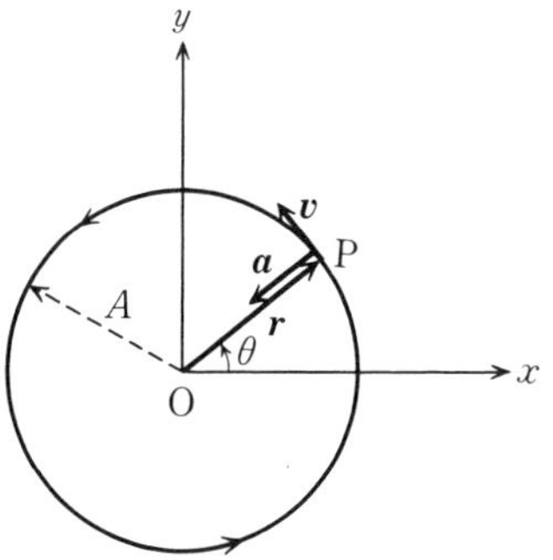

図 1-2　等速円運動

$$v^2 = \dot{x}^2+\dot{y}^2 = A^2\dot{\theta}^2 \tag{1.11}$$

v＝一定 という条件から $\dot{\theta}$＝一定 が導かれる．ところで，一般に $\dot{\theta}$ を**角速度**(angular velocity)という．すなわち，等速円運動では角速度が一定となる．以下この一定値を ω とおこう．

$t=0$ で $\theta=0$ とし，質点は図 1-2 で正の向きに(反時計回りに)運動しているとすれば，$\dot{\theta}=\omega$ を t で積分し $\theta=\omega t$ が得られる．よって，(1.10)は

$$\dot{x} = -A\omega \sin \omega t, \qquad \dot{y} = A\omega \cos \omega t \tag{1.12}$$

と書け，これらをさらに t で微分すると加速度の x, y 成分は以下のように表わされる．

$$a_x = \ddot{x} = -A\omega^2 \cos \omega t = -\omega^2 x \tag{1.13a}$$

$$a_y = \ddot{y} = -A\omega^2 \sin \omega t = -\omega^2 y \tag{1.13b}$$

位置ベクトル $\boldsymbol{r}$，速度 $\boldsymbol{v}$，加速度 $\boldsymbol{a}$ の間の関係は図 1-2 に記したようになる．とくに，上の 2 式からわかるように以下の関係が成立する．

$$\boldsymbol{a} = -\omega^2 \boldsymbol{r} \tag{1.14}$$

例題 1-2　等速円運動で質点が円を一周するのに必要な時間を周期という．周期 T と ω との間の関係を導け．また，単位時間中に質点が円を回る回数を回転数という．回転数 f を ω で表わせ．

［解］　図 1-2 からわかるように，角 θ が 2π だけ増加すると，質点は一周し元の位置に戻る．したがって，$\omega T=2\pi$ の関係が成り立ち，これから $T=2\pi/\omega$ が得られる．回転数 f は T の逆数に等しい．よって $f=\omega/2\pi$ となる．あるいは

$$\omega = 2\pi f \tag{1.15}$$

の関係が成立する．このように，角速度 ω は回転数 f と 2π の係数だけ異なる．ω のことを**角振動数**(angular frequency)と呼ぶ場合もある． ■

単振動　ある平面内で質点が等速円運動しているとき，平面内の任意の直線にこれを射影した運動を**単振動**(simple harmonic oscillation)という．また，単振動するような体系を**調和振動子**(harmonic oscillator)という．いま，図1-3のように半径 A の円上を角振動数 ω で等速円運動する質点を考え，$t=0$ で質点は図の点Pにあるとし，図のように角 α をとる．α を**初期位相**(initial phase)という．質点は正の向きに(反時計回りに)運動するとすれば，時刻 t では角 ωt だけ質点は回転し図の点Qに到達する．ここで，図のように x 軸とその原点Oを選び，点Qの x 軸への射影をとってその座標を x とすれば，x は

$$x = A\sin(\omega t+\alpha) \tag{1.16}$$

と表わされる．上式が単振動を記述する方程式である．A は円運動の半径に相当するが，単振動の場合，(1.16)の A を**振幅**(amplitude)という．単振動は力学における重要な運動の1つであるが，これについては第3章で述べる．

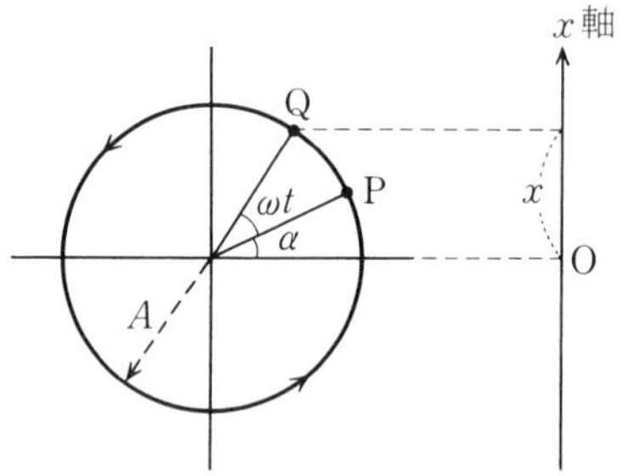

図1-3　等速円運動と単振動

単振動では，(1.15)で与えられる f は単位時間中に何回振動が起こるかを表わす数で，f を**振動数**(frequency)という．1秒間に1回振動するときを振動数の単位とし，これを**1ヘルツ**(Hz)という．

1-4 ベクトルのスカラー積

2つのベクトル $\boldsymbol{b}, \boldsymbol{c}$ を成分で表わし，$\boldsymbol{b}=(b_x, b_y, b_z)$，$\boldsymbol{c}=(c_x, c_y, c_z)$ としたとき

$$\boldsymbol{b}\cdot\boldsymbol{c} = b_x c_x + b_y c_y + b_z c_z \tag{1.17}$$

で定義される $\boldsymbol{b}\cdot\boldsymbol{c}$ を $\boldsymbol{b}$ と $\boldsymbol{c}$ との**スカラー積**(scalar product) または**内積**(inner product) という．等速円運動における図 1-2 の $\boldsymbol{r}, \boldsymbol{v}, \boldsymbol{a}$ の関係は後述のようにスカラー積を用いると容易に理解できるし，また後の章でスカラー積を利用する機会も多い．そこで，以下スカラー積の性質を調べていこう．

まず，(1.17) で $\boldsymbol{b}$ と $\boldsymbol{c}$ とが同じであるとすれば $\boldsymbol{b}\cdot\boldsymbol{b}=b_x{}^2+b_y{}^2+b_z{}^2=b^2$ が得られる．ただし，b は $\boldsymbol{b}$ の大きさである．すなわち，同じベクトル同士のスカラー積はそのベクトルの大きさの2乗に等しい．$\boldsymbol{b}\cdot\boldsymbol{b}=\boldsymbol{b}^2$ と書けば，$\boldsymbol{b}^2=b^2$ と表わされる．これは覚えやすい関係であろう．

次に，$\boldsymbol{b}$ と $\boldsymbol{c}$ とが違う場合を考え，図 1-4 のように $\boldsymbol{b}$ に沿って x 軸をとり，$\boldsymbol{b}, \boldsymbol{c}$ の作る平面を xy 面とする．また $\boldsymbol{b}$ と $\boldsymbol{c}$ とのなす角を θ とする ($0 \leqq \theta \leqq \pi$)．このような座標系を選ぶと，$\boldsymbol{b}, \boldsymbol{c}$ はそれぞれ $\boldsymbol{b}=(b, 0, 0)$，$\boldsymbol{c}=(c\cos\theta, c\sin\theta, 0)$ となり，したがって，(1.17) から

$$\boldsymbol{b}\cdot\boldsymbol{c} = bc\cos\theta \tag{1.18}$$

の関係が導かれる．これからわかるように，もし $\boldsymbol{b}\cdot\boldsymbol{c}=0$ で，$b, c \neq 0$ なら $\cos\theta=0$ よって $\theta=\pi/2$ となる．すなわち，0でないベクトル $\boldsymbol{b}, \boldsymbol{c}$ に対し，$\boldsymbol{b}\cdot\boldsymbol{c}=0$ ならば $\boldsymbol{b}$ と $\boldsymbol{c}$ とは互いに垂直になっている．

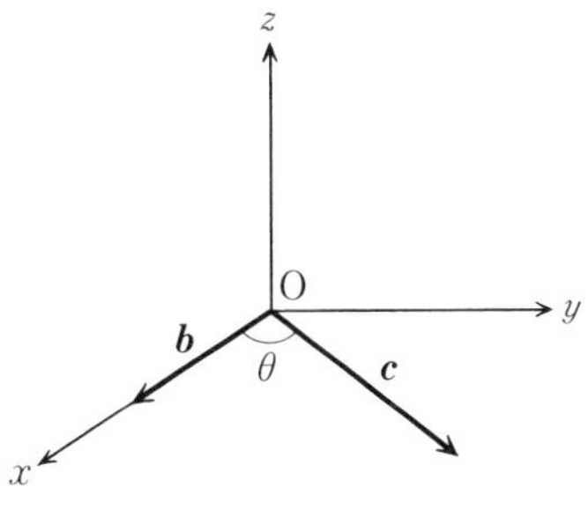

図 1-4 ベクトルのスカラー積

図 1-4 で原点 O を通る回転軸の回りで，$\boldsymbol{b}, \boldsymbol{c}$ を回転させたとすれば，$\boldsymbol{b}, \boldsymbol{c}$ はそれぞれ $\boldsymbol{b}\to\boldsymbol{b}'$, $\boldsymbol{c}\to\boldsymbol{c}'$ というように適当な変換を受ける．しかし，このような変換に対し $\boldsymbol{b}\cdot\boldsymbol{c}$ は不変で $\boldsymbol{b}'\cdot\boldsymbol{c}'=\boldsymbol{b}\cdot\boldsymbol{c}$，すなわち成分で表わせば $b_x'c_x'+b_y'c_y'+b_z'c_z'=b_xc_x+b_yc_y+b_zc_z$ の関係が成り立つ(その証明については，第 6 章の例題 6-5 を参照せよ)．このように $\boldsymbol{b}\cdot\boldsymbol{c}$ は回転に対して不変であるためスカラー積とよばれるのである．

スカラー積の時間微分　(1.17) で $\boldsymbol{b}, \boldsymbol{c}$ が時間 t の関数のとき，同式を時間で微分し，$\dot{\boldsymbol{b}}=(\dot{b}_x, \dot{b}_y, \dot{b}_z)$ といった関係に注意すると

$$\frac{d(\boldsymbol{b}\cdot\boldsymbol{c})}{dt}=\dot{\boldsymbol{b}}\cdot\boldsymbol{c}+\boldsymbol{b}\cdot\dot{\boldsymbol{c}} \tag{1.19}$$

が得られる．とくに，$\boldsymbol{b}=\boldsymbol{c}$ の場合には次式が成り立つ．

$$\frac{d(\boldsymbol{b}^2)}{dt}=2\boldsymbol{b}\cdot\dot{\boldsymbol{b}} \tag{1.20}$$

例題 1-3　スカラー積の時間微分を利用し，等速円運動の場合，$\boldsymbol{r}$ と $\boldsymbol{v}$，$\boldsymbol{v}$ と $\boldsymbol{a}$ とが互いに垂直であることを示せ．

［解］　等速円運動では $\boldsymbol{r}^2=A^2$ と書け，これは時間に依存しない定数となる．したがって，これを時間で微分し (1.20) を用いると $\boldsymbol{r}\cdot\dot{\boldsymbol{r}}=0$，ゆえに $\boldsymbol{r}\cdot\boldsymbol{v}=0$ となり，$\boldsymbol{r}$ と $\boldsymbol{v}$ とが直交することがわかる．同様に，等速運動であるから $\boldsymbol{v}^2=$一定 であり，これを時間で微分し $\boldsymbol{v}\cdot\dot{\boldsymbol{v}}=0$，ゆえに $\boldsymbol{v}\cdot\boldsymbol{a}=0$ が得られる．したがって，$\boldsymbol{v}$ と $\boldsymbol{a}$ とは直交する．こうして，図 1-2 の状況が理解できる． ■

1-5 一般座標

これまで質点の位置をデカルト座標 (x, y, z) で表わすと考えてきた．しかし，上述の等速円運動の場合，図 1-2 の角 θ で質点の位置を決める方がはるかに簡単である．一般に，x, y, z を他の変数 q_1, q_2, q_3 の関数として表わしたとする．このとき，q_1, q_2, q_3 を決めれば x, y, z が決まるとすれば，質点の位置は q_1, q_2, q_3 で記述できると考えてよい．このような q_1, q_2, q_3 のこ

とを**一般座標**(generalized coordinates)という．以下，一般座標の代表的な例をいくつか述べよう．

極座標(2次元)　平面上の1点Pの位置を図1-5の(r, θ)で表わすとき，これを極座標という．x, y座標との関係は

$$x = r\cos\theta, \qquad y = r\sin\theta \tag{1.21}$$

で与えられる．平面運動する質点の位置を極座標で表わすと，r, θは時間tの関数となる．(1.21)を時間で微分すると，速度のx, y成分は

$$v_x = \dot{x} = \dot{r}\cos\theta - r\sin\theta\cdot\dot{\theta} \tag{1.22a}$$

$$v_y = \dot{y} = \dot{r}\sin\theta + r\cos\theta\cdot\dot{\theta} \tag{1.22b}$$

と表わされる．等速円運動では，$\dot{r}=0$，$r=A$，$\dot{\theta}=\omega$，$\theta=\omega t$であるから，上の2式は(1.12)に帰着する．

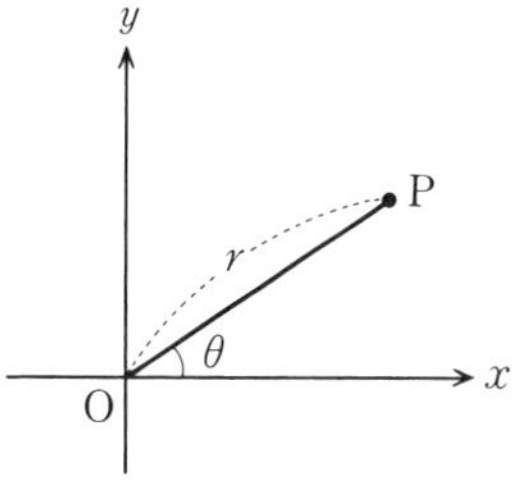

図1-5　極座標(2次元)

極座標(3次元)　空間中の1点Pを表わす図1-6の一般座標(r, θ, φ)を極座標あるいは球座標という．x, y, z座標との関係は

$$x = r\sin\theta\cos\varphi, \qquad y = r\sin\theta\sin\varphi, \qquad z = r\cos\theta \tag{1.23}$$

となる．rを動径，θを天頂角，φを方位角という．(1.23)を時間で微分すると速度の各成分が求まるが，それについては演習問題4を参照せよ．

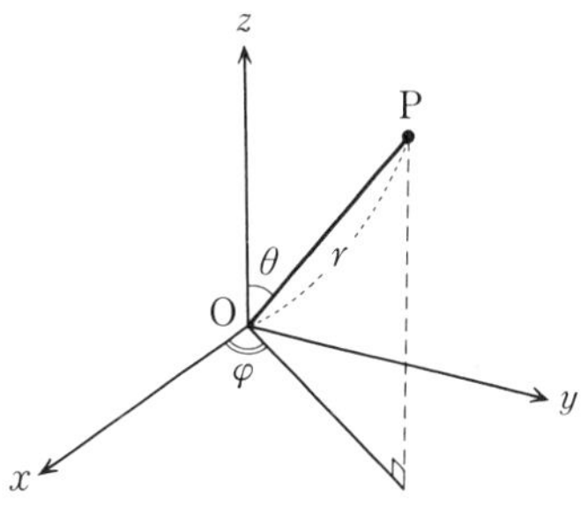

図1-6　極座標(3次元)

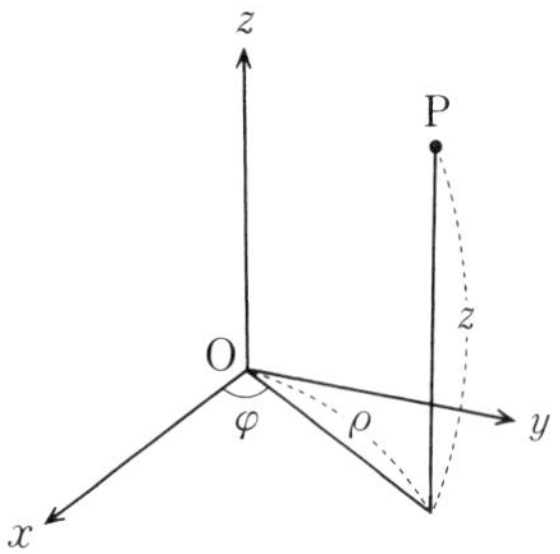

図 1-7　円筒座標

円筒座標　図 1-7 に示す空間中の 1 点 P に対する一般座標 (ρ, φ, z) を円筒座標という．x, y, z 座標との関係は

$$x = \rho\cos\varphi, \qquad y = \rho\sin\varphi, \qquad z = z \tag{1.24}$$

と表わされる．x, y の 2 変数に注目すると，前述の 2 次元の極座標と基本的に同じことで，r, θ の代わりに ρ, φ という変数を用いているに過ぎない．このため，速度の x, y 成分は (1.22) で与えられる（ただし $r\to\rho$, $\theta\to\varphi$ の置き換えを行なう）．一方，z 方向で直交座標をそのまま用いているから，速度の z 成分は $v_z=\dot{z}$ と書ける．

1-6　束縛条件と運動の自由度

質点が 3 次元空間中を自由に運動するのではなく，その運動が曲面上あるいは曲線上に限られる場合がある．質点に課せられるこのような条件を**束縛条件**(condition of constraint) という．また束縛条件の下での運動を**束縛運動**(constrained motion) という．

束縛条件の例　伸び縮みしない長さ l の糸の一端を天井の 1 点 O に固定し，他端に質点 P をつるし，質点が水平面内で等速円運動するような振り子を考える（図 1-8）．糸の軌跡は円錐面を形成するのでこのような振り子を**円錐振り子**(conical pendulum) という．図のように O を原点とし，O を含む水平面を xy 面，鉛直下向きに z 軸をとり，O から質点の運動する水平面までの距離を h とする．この場合の束縛条件は

$$x^2+y^2+z^2 = l^2, \qquad z = h \tag{1.25}$$

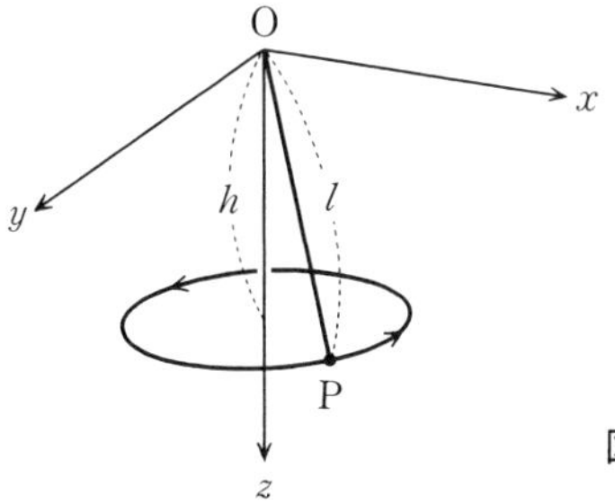

図 1-8 円錐振り子

と表わされる．(1.25)の左の条件は $\overline{\mathrm{OP}}$ の 2 乗が糸の長さの 2 乗に等しいことを意味する．もし(1.25)で右の条件がないとすれば，P は O を中心とする半径 l の球面上を運動することになる．この振り子を**球面振り子**(spherical pendulum)という．

束縛条件の表わし方　質点の x, y, z 座標に対し

$$f(x, y, z) = 0 \tag{1.26}$$

という束縛条件が課せられているとする．この場合，x, y を決めると(1.26)から z が決まるから，(1.26)は 3 次元空間中の 1 つの曲面を表わすことになる．したがって，質点は(1.26)で表わされる曲面上の束縛運動を行なう．例えば，球面振り子では $f(x, y, z) = x^2 + y^2 + z^2 - l^2 = 0$ とおけばよい．さらに

$$f(x, y, z) = 0, \qquad g(x, y, z) = 0 \tag{1.27}$$

という 2 つの束縛条件があると，質点は $f=0$ から決まる曲面と $g=0$ から決まる曲面との交線上を運動する．よって，質点は 1 つの曲線上を運動する．例えば，円錐振り子では $x^2 + y^2 + z^2 - l^2 = 0$ の球面と $z - h = 0$ の平面との交線，すなわち 1 つの円上で運動が起こる．

運動の自由度　質点の運動を決めるのに必要な独立変数の数を**運動の自由度**(degree of freedom of motion)という．例えば，3 次元空間中を束縛条件なしで運動する質点では x, y, z の 3 つを指定する必要があるから，運動の自由度は 3 となる．また，(1.26)の 1 つの束縛条件があると，x, y を決めれば z が決まるので運動の自由度は 2，(1.27)の 2 つの束縛条件があると x を決めれば y, z が決まるので運動の自由度は 1 となる．一般に，束縛条件

の数を r，運動の自由度を f とすれば $f=3-r$ の関係が成り立つ．

質点系　質点が何個かあるとき，それら全体を1つの体系とみなしこれを**質点系**(system of particles)という．例えば，太陽と地球の両方を質点とみなし，両者全体を考えると，2つの質点から構成される質点系を扱うことになる．運動の自由度という概念は質点系に拡張することができる．

いま，n 個の質点から構成される質点系で質点に適当に番号を付けたとし，それを $1, 2, \cdots, n$ とする．また，i 番目の質点の x, y, z 座標を x_i, y_i, z_i とおく．そうすると，質点系全体の運動状態を決めるには $x_1, y_1, z_1, x_2, y_2, z_2, \cdots, x_n, y_n, z_n$ という $3n$ 個の変数を指定すればよい．すなわち，運動の自由度は $3n$ である．この質点系に

$$\left\{\begin{array}{l} f_1(x_1, y_1, z_1, \cdots, x_n, y_n, z_n) = 0 \\ f_2(x_1, y_1, z_1, \cdots, x_n, y_n, z_n) = 0 \\ \quad\cdots\cdots\cdots\cdots\cdots \\ f_r(x_1, y_1, z_1, \cdots, x_n, y_n, z_n) = 0 \end{array}\right. \tag{1.28}$$

という r 個の束縛条件を課したとしよう．$3n$ 個の変数に対し，r 個の条件が存在するので，独立変数の数は $3n-r$ となる．すなわち運動の自由度 f は

$$f = 3n-r \tag{1.29}$$

と書ける．

例題 1-4　2原子分子の簡単なモデルとして，2つの質点間の距離が一定であるという質点系を導入することがある．この質点系の運動の自由度はいくらか．

［解］　質点 1, 2 の位置ベクトルをそれぞれ $\boldsymbol{r}_1, \boldsymbol{r}_2$ とすれば，1から見た2の位置ベクトルは $\boldsymbol{r}_2-\boldsymbol{r}_1$ と表わされる．題意により $(\boldsymbol{r}_2-\boldsymbol{r}_1)^2=$一定 だから，ベクトルのスカラー積を利用すれば

$$(x_2-x_1)^2+(y_2-y_1)^2+(z_2-z_1)^2 = \text{一定}$$

という束縛条件が課せられたことになる．よって，(1.29)で $n=2$, $r=1$ とおき $f=5$ となる．■

剛体　大きさのある物体を理想化し，どんな場合でも物体は変形しないと

仮定しよう．このような変形しない物体を**剛体**(rigid body)という．通常の物体は近似的に剛体とみなしてよい．剛体は一種の質点系と考えられるが，この議論は第8章で行なうとし，ここでは以下のような観点から剛体に対する運動の自由度を考察する．

まず，剛体中の1点Aに注目すると，この点を決めるには3つの変数が必要である．点Aを決めても剛体の位置は一義的に決まらず，剛体は点Aの回りで自由に回転する．そこで剛体内の他の1点Bを決めるとする．剛体の定義により，距離ABはいつも一定であるから，Bを指定するには2つの変数が必要である．したがって，AとBとを決めるには全体で5つの変数が必要となる．A, Bの2点を決めても，両者を通る直線を軸として剛体は回転できる．そこで，この軸上にない点Cを決めるとしよう．AC間，BC間の距離は常に一定だからCを決めるには1つの変数が必要である．こうして，全体として，6つの変数が必要となり，結局，剛体の運動の自由度は6となる．あるいは次のように考えてもよい．いま，剛体中で，この剛体に固定された任意の3角形ABCを想定する．この3角形の位置を決定すれば剛体の位置も決まる．A, B, Cの3つからなる質点系を考えると，AB, BC, CAの距離が一定という3つの束縛条件が課せられるから，(1.29)で $n=3$，$r=3$ とおき $f=6$ となる．

第1章 演習問題

1. 一直線(x軸)上を運動する質点の x 座標が

$$x = Ae^{\alpha t}$$

(A, α は定数)で与えられるとき，質点の速度，加速度を求めよ．

2. 平面運動する質点の x, y 座標が

$$x = a\cos\omega t, \qquad y = b\sin\omega t$$

(a, b, ω は定数)と書けるとして，以下の問に答えよ．

(i) 質点の速度，加速度を求めよ．

(ii) 位置ベクトル $\boldsymbol{r}$，加速度 $\boldsymbol{a}$ に対し，等速円運動と同様 $\boldsymbol{a}=-\omega^2\boldsymbol{r}$ が成立することを示せ．

(iii) 質点の軌道はどのように表わされるか．

3. 質点の速さを v とする．2 次元の極座標を用い v^2 に対する表式を導け．

4. 3 次元の極座標を用いて質点の速度の各成分を表わせ．

5. 以下に示す物体の運動の自由度はいくつか．ただし，物体は質点とみなしてよいとする．

(i) 太陽と地球の運動，(ii) ジェット・コースターの台車

(iii) 斜面を滑るスキー

Coffee Break

SI 単位系における接頭語

現在，国際単位系(SI)では長さをメートル(m)，質量をキログラム(kg)，時間を秒(s)の単位で表わすことになっている．これを**MKS 単位系**という．さらに電磁気学の分野では電流をアンペア(A)の単位で表わし，MKS とあわせて**MKSA 単位系**とよぶ場合もある．高校物理や大学初年級の基礎物理では，この MKSA 単位系を使用している．一方，長さを cm，質量を g，時間を s で表わす単位系もあり，これを**CGS 単位系**という．一昔前には，高校や大学でもこの単位系が使われた．MKSA 単位系はボルト，アンペア，ワットといった日常的な単位と結び付くので便利である．

SI 単位系では，10 の何乗かを表わすのに適当な接頭語を使用する．例えば，10^3 倍をキロ(k)，10^2 倍をヘクト(h)，10 倍をデカ(da)，10^{-1} 倍をデシ(d)，10^{-2} 倍をセンチ(c)，10^{-3} 倍をミリ(m)とよんでいる．km, cm, mm などは読者にとってもおなじみの記号であろう．SI 単位系における圧力の単位はパスカル(Pa)であるが，1992 年 12 月 1 日から大気圧を表わすのにヘクトパスカル(=100 パスカル)が使われるようになった．著者の場合，キロとかヘクトという言葉は小学校時代に教わった．すなわち，小学校 4 年のとき，担任の先生が覚え方として「キロキロとヘクトデカけたメートルがデシにかまれてセンチミリミリ」という 57577 調の歌を教えてくれた．50 数年前の話であるが，まさかそれがこのコラムを書くのに役立つとは思わなかった．

2 力と仕事

能力，力仕事，決断力といったように，力とか仕事という言葉は日常的にもよく使われる．力学で扱う力には，重力，万有引力，束縛力などいろいろなものがあるが，本章ではこれらの力について学ぶ．物体に力を加え，その物体を動かしたとき，力は物体に仕事をしたという．こういう点で仕事の物理的な意味は日常使うのとほぼ同じだが，ここでは仕事の正確な定義について述べる．

2-1 力

一般に，物体の運動状態を変化させたり，物体を変形させたりする原因になるものを**力**(force)という．力はベクトルであり，1つの質点に $\boldsymbol{F}_1$ と $\boldsymbol{F}_2$ の力が同時に働くとき，その結果は

$$\boldsymbol{F} = \boldsymbol{F}_1 + \boldsymbol{F}_2 \tag{2.1}$$

という $\boldsymbol{F}_1, \boldsymbol{F}_2$ のベクトル和 $\boldsymbol{F}$ の力が働くと考えてよい．$\boldsymbol{F}$ を $\boldsymbol{F}_1$ と $\boldsymbol{F}_2$ との**合力**(resulting force)という．あるいは，ベクトルの各成分で表わすと，例えば $\boldsymbol{F}_1$ の x 成分を F_{1x} などと書いたとき，合力 $\boldsymbol{F}$ の x, y, z 成分は

$$F_x = F_{1x} + F_{2x}, \qquad F_y = F_{1y} + F_{2y}, \qquad F_z = F_{1z} + F_{2z} \tag{2.2}$$

と書ける．一般に，$\boldsymbol{F}_1, \boldsymbol{F}_2, \cdots, \boldsymbol{F}_n$ の n 個の力が同時に働くときその合力 $\boldsymbol{F}$ は

$$\boldsymbol{F} = \boldsymbol{F}_1 + \boldsymbol{F}_2 + \cdots + \boldsymbol{F}_n \qquad (2.3)$$

というベクトル和で与えられる．力にはさまざまな種類のものがあるが，いくつかの代表例について述べていこう．

重力　もっとも身近な力は重力で，いうまでもなく物体が落下するのは重力のためである．質量 1 kg の物体に働く重力の大きさは力の単位として使われ，これを 1 キログラム重(kg 重)という．物体に働く重力の大きさはその物体の質量に比例するので，例えば 4 kg の物体に働く重力の大きさは 4 kg 重となる．MKS 単位系における力の単位は後で述べるようにニュートン(N)であるが

$$1\,\mathrm{kg}\,重 = 9.81\,\mathrm{N} \qquad (2.4)$$

である．地上近くの物体の場合，重力は水平面と垂直で下向きに働く．一般に質量 m(kg)の物体に働く重力の大きさ F(N)は

$$F = mg \qquad (2.5)$$

と表わされる．ただし，g は(1.5)で述べた重力加速度である．

ばねの弾性力　ばねの一端を固定し，ばねを自然の状態から伸び縮みさせると，ばねは他端につけた物体に力を及ぼす．この力をばねの**弾性力**(elastic force)または単に**弾力**という．ばねの変形が十分小さいと力の大きさは変形の大きさに比例する．これを**フックの法則**(Hooke's law)という．ばねの方向に x 軸をとり，伸びる向きを x 軸の正の向きとし，自然長からのばねの変位を x とすると，フックの法則が成り立つときばねの弾性力 F は

$$F = -kx \qquad (2.6)$$

と書ける．ここで k はばねに特有な定数で**ばね定数**(spring constant)と呼ばれる．(2.6)に − の符号がついているのは，$x>0$ だと力は x 軸の負の向き ($F<0$)，$x<0$ だと力は正の向き ($F>0$) になるためである(図 2-1)．ただし，k は正の量であると考える．

例題 2-1　ゴムの弾性力はどのように表わされるか．

［解］　ゴムの場合，ばねと違って，伸びたときには弾性力を及ぼすが，縮んだときには力を及ぼさない．したがって，F は $F=-kx$ ($x>0$), $F=0$ ($x<0$)と表わされる．　▨

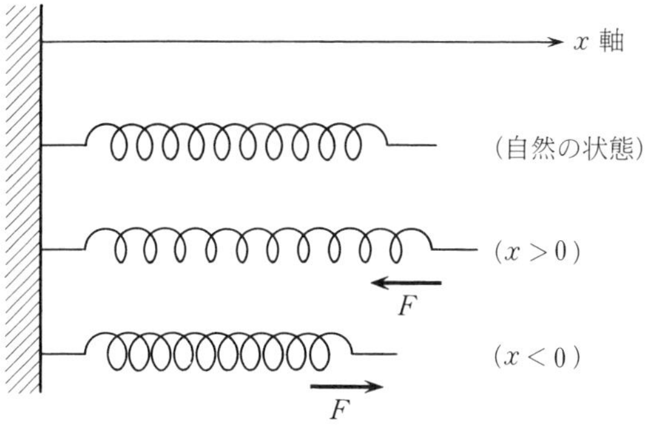

図 2-1 ばねの弾性力

万有引力 地表にある物体には重力が働くが，これは地球が物体に引力を及ぼすためである．一般に，2つの物体の間には互いに引き合う力が働き，この力を**万有引力**(universal gravitation)という．質量 M の質点が質量 m の質点に及ぼす万有引力 F は両者を結ぶ直線上で後者の質点から前者の質点へと向かう．また，その大きさ F は質量の積 mM に比例し，質点間の距離 r の2乗に反比例する．これを**万有引力の法則**(law of universal gravitation)という．この法則により F は

$$F = G\frac{mM}{r^2} \tag{2.7}$$

と表わされる．上式で比例定数 G は**万有引力定数**(gravitational constant)と呼ばれ，その数値は

$$G = 6.67\times10^{-11}\,\mathrm{N\cdot m^2/kg^2} \tag{2.8}$$

で与えられる．質量 M の質点が質量 m の質点に万有引力 $\boldsymbol{F}$ を及ぼすと，第3章で述べる作用反作用の法則により，質量 m の質点は質量 M の質点に $-\boldsymbol{F}$ の力を及ぼす．

例題 2-2 質量 3 kg の質点と質量 5 kg の質点が 0.5 m 離れているとして，以下の設問に答えよ．

(1) 質点間に働く万有引力の大きさ F を求めよ．

(2) 上で求めた F は何 kg の質点に働く重力に等しいか．

[解] (1)

$$F = 6.67\times10^{-11}\times\frac{3\times5}{(0.5)^2}\,\mathrm{N} = 4.00\times10^{-9}\,\mathrm{N}$$

(2) 求める質量を m とすれば $m=(4.00\times10^{-9}/9.81)\mathrm{kg}=4.08\times10^{-10}\,\mathrm{kg}$. これからわかるように，通常の物体間に働く万有引力はきわめて小さい. ■

2-2 力の釣合い

1つの物体にいくつかの力が働くとき，たまたまそれらの作用が打ち消し合ってしまい，物体は静止したままで運動を起こさないことがある．このとき，その物体は**平衡**(equilibrium)の状態にあるという．また，それらの力は**釣合い**(equilibrium)の状態にあるという．

質点に働く力の釣合い 1個の質点に n 個の力 $\boldsymbol{F}_1, \boldsymbol{F}_2, \cdots, \boldsymbol{F}_n$ が働き，その質点が平衡状態にあり力が釣合っている場合には，これらの力の合力は0で

$$\boldsymbol{F}_1+\boldsymbol{F}_2+\cdots+\boldsymbol{F}_n = 0 \tag{2.9}$$

の関係が成り立つ．大きさのある物体の場合，平衡の条件として(2.9)以外に物体が回転しないという条件が必要だが，これについては第7章で述べる．

束縛力 質点が束縛運動しているとき，束縛条件のために質点はある種の力を受ける．この力を**束縛力**(constraining force)という．簡単な例として，水平な床の上に束縛され，静止している質量 m の質点を考えてみよう．この質点には当然のことながら重力 mg が鉛直下向きに働く．ところが，質点に働く力が釣合うのであるから，この重力を打ち消すだけの力が床から質点に働かないといけない．すなわち，鉛直上向きで大きさ mg の力が床から質点に働く．この力を**垂直抗力**(normal reaction)といい，通常 N と書く．ところで，摩擦が働かないような束縛のことを**滑らかな束縛**(smooth constraint)という．滑らかな束縛の場合，束縛力は質点を束縛している面あるいは線と垂直な方向を向く．

摩擦力 滑らかな束縛は理想的なものであり，現実の問題では必ず**摩擦力**

(frictional force) が働く．摩擦力は物体の運動を妨げようとする力で，静止している物体に働く摩擦力を**静止摩擦力**，運動している物体に働く摩擦力を**動摩擦力**という．また，摩擦力の働くような束縛を**粗い束縛** (rough constraint) という．さらに，摩擦力の働くような床を粗い床という．

水平な粗い床上に束縛されている静止物体に水平方向に力 T を加えたとき，静止摩擦力 F は物体の運動を妨げようとして T と逆向きに働く．T を次第に増加させたとき，T が小さいうちは $F=T$ が成り立ち，物体は静止したままである．しかし，T が大きくなってあるしきい値をこえると，F はそれ以上大きくなることはできず，物体は床の上を滑り出す．このように，物体が動き出す直前に働く摩擦力を**最大摩擦力** (maximum frictional force) という．最大摩擦力 F_{m} は垂直抗力 N に比例し

$$F_{\mathrm{m}} = \mu N \tag{2.10}$$

と表わされる．ここで，比例定数 μ を**静止摩擦係数** (coefficient of static friction) といい，その数値は物体の種類と床の種類との組み合わせで決まる．

同様に，運動している物体に働く動摩擦力 F' は

$$F' = \mu' N \tag{2.11}$$

と書ける．係数 μ' を**動摩擦係数** (coefficient of kinetic friction) という．

摩擦角　水平面と角 θ をなす粗い斜面上で質量 m の質点が静止しているとする．図 2-2 に示すように，質点には重力 mg，垂直抗力 N，摩擦力 F が働く．質点は滑り落ちようとするから，それを妨げようとして F は斜面に沿い上向きに働く．斜面に平行および垂直な方向で力の釣合いを考えると

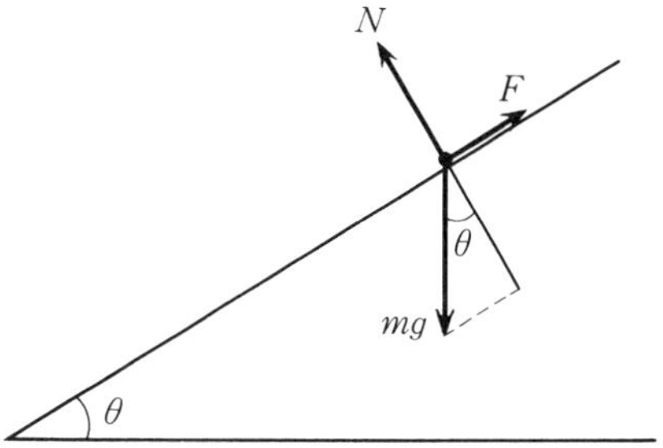

図 2-2　斜面上の質点

$$F = mg\sin\theta, \qquad N = mg\cos\theta \tag{2.12}$$

となる．質点が滑らないためには，F は最大摩擦力 $F_{\rm m}(=\mu N)$ より小さいか，あるいはそれに等しくなければならない．すなわち $F \leqq \mu N$ の条件が必要となる．この条件は(2.12)により $\sin\theta \leqq \mu\cos\theta$ と書ける．したがって，質点が滑らない条件は $\tan\theta \leqq \mu$ で与えられる．ここで

$$\tan\alpha = \mu \tag{2.13}$$

で定義される α を**摩擦角**(angle of friction)という．上の条件は $\theta \leqq \alpha$ と書ける．これからわかるように，θ が α よりちょっとでも大きくなると質点は滑り出す．静止摩擦係数はこのような事実を利用し実験的に測定される．

張力　長さが変化しないような糸を天井からつるし，これに質量 m のおもりをつけたとする．おもりが静止状態にあるとき，これには鉛直下向きに重力 mg が働くから，糸は鉛直上向きに mg の力でおもりを引っ張ることになる．糸がおもりに及ぼすこのような力を糸の**張力**(tension)という．張力をふつう T で表わす．糸の張力は束縛力の一種である．

例題 2-3　長さの変化しない細長い棒の先端に質量 m の物体を固定させたときに，棒が物体に及ぼす束縛力 R と糸の張力との違いについて述べよ．

［解］　物体が鉛直下方にあるとき(図 2-3(a))，物体の釣合いを考えると $R=mg$ となり，このときの束縛力は鉛直上向きである．物体は鉛直上方にあるときでも(図 2-3(b))束縛力は同じである．糸の場合，図 2-3(a)の状態では糸の張力は上の R と同じだが，図 2-3(b)の状態は実現されない．糸は

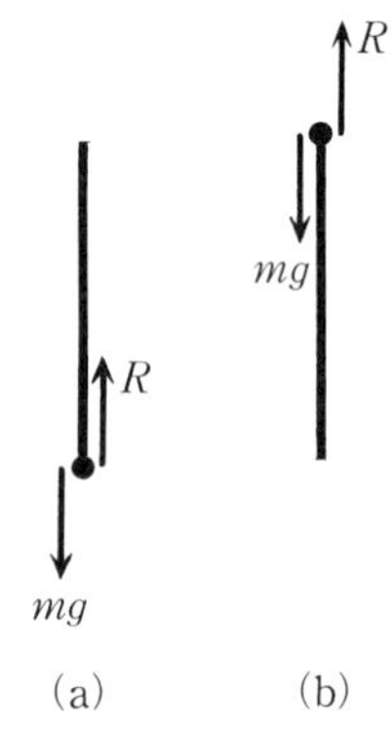

図 2-3　棒の束縛力

物体を引っ張ることはできるが，物体を押すことはできないのである． ▩

2-3 ポテンシャルと保存力

空間座標 x, y, z の適当な関数 U があり，力 $\boldsymbol{F}$ が

$$F_x = -\frac{\partial U}{\partial x}, \quad F_y = -\frac{\partial U}{\partial y}, \quad F_z = -\frac{\partial U}{\partial z} \tag{2.14}$$

で与えられるとき，U を**ポテンシャル**(potential)または**位置エネルギー**(potential energy)という．ただし，例えば $\partial U/\partial x$ の記号は y, z を一定に保ち x で微分することを意味し，これを x に関する偏微分という．$\partial U/\partial y$, $\partial U/\partial z$ も同様な意味をもつ．あるいは，(2.14)の式をひとまとめにし，ベクトル記号で

$$\boldsymbol{F} = -\nabla U, \quad \boldsymbol{F} = -\mathrm{grad}\, U, \quad \boldsymbol{F} = -\frac{\partial U}{\partial \boldsymbol{r}} \tag{2.15}$$

のように表わすこともある．∇ は**ナブラ記号**と呼ばれる．第4章で示すように，(2.14)のような力に対して力学的エネルギー保存則が成り立つので，この種の力を**保存力**(conservative force)という．ポテンシャル U に任意の定数を加えても(2.14)の関係は変わらない．したがって，ポテンシャルは一義的に決まらず，不定性がある．ふつうは適当な基準を決めてこの不定性を除去する．以下，ポテンシャルの2例について述べる．

重力ポテンシャル 便宜上，地表に座標原点O，鉛直上向きに y 軸，水平面を xz 面に選ぶ．そうすると，質量 m の質点に働く重力は $F_x=0$, $F_y=-mg$, $F_z=0$ と書ける．ここで，U を

$$U = mgy \tag{2.16}$$

とおけば，重力が(2.14)のように表わされることは明らかである．この U を**重力ポテンシャル**(gravitational potential)という．(2.16)の重力ポテンシャルでは，$y=0$ すなわち地表でポテンシャルが0になるように基準を決めていることになる．

万有引力のポテンシャル 空間内に適当な座標原点Oを選び，座標系 x,

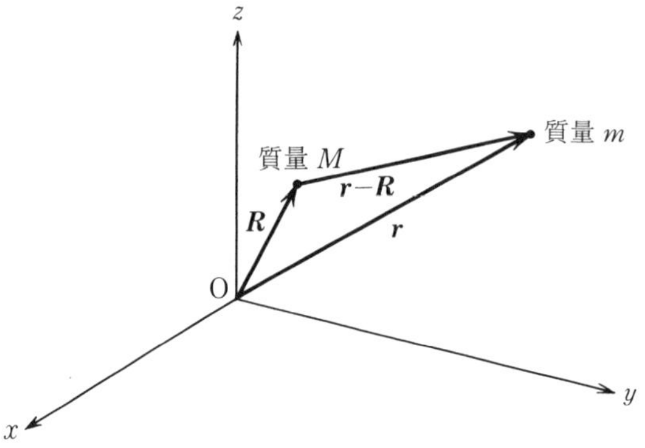

図 2-4　質量 M と質量 m の質点

y, z を導入し，質量 M の質点の位置ベクトルを $\boldsymbol{R}$，質量 m の質点の位置ベクトルを $\boldsymbol{r}$ とおく(図 2-4)．また，$\boldsymbol{R}, \boldsymbol{r}$ を座標で表わしたとき，$\boldsymbol{R}=(X, Y, Z)$, $\boldsymbol{r}=(x, y, z)$ であるとする．M の質点から m の質点へ向かう単位ベクトル(大きさ 1 のベクトル)は $(\boldsymbol{r}-\boldsymbol{R})/|\boldsymbol{r}-\boldsymbol{R}|$ で与えられる．ただし，$|\boldsymbol{r}-\boldsymbol{R}|$ は $\boldsymbol{r}-\boldsymbol{R}$ の大きさを意味する．このようにして，M の質点が m の質点に及ぼす万有引力 $\boldsymbol{F}$ は向き，大きさを考え

$$\boldsymbol{F} = -\frac{GmM}{|\boldsymbol{r}-\boldsymbol{R}|^2}\frac{\boldsymbol{r}-\boldsymbol{R}}{|\boldsymbol{r}-\boldsymbol{R}|} \tag{2.17}$$

と表わされる．ここで，$|\boldsymbol{r}-\boldsymbol{R}|$ は座標で書くと次式のようになる．

$$|\boldsymbol{r}-\boldsymbol{R}| = [(x-X)^2+(y-Y)^2+(z-Z)^2]^{1/2} \tag{2.18}$$

(2.17)の x 成分をとると $F_x=-GmM(x-X)/|\boldsymbol{r}-\boldsymbol{R}|^3$ が得られる．ここで万有引力のポテンシャルが

$$U = -\frac{GmM}{|\boldsymbol{r}-\boldsymbol{R}|} \tag{2.19}$$

で与えられるとする．(2.18)の関係に注意して(2.19)を x で偏微分すると

$$\begin{aligned}
-\frac{\partial U}{\partial x} &= GmM\frac{\partial}{\partial x}\frac{1}{[(x-X)^2+(y-Y)^2+(z-Z)^2]^{1/2}} \\
&= -GmM\frac{x-X}{[(x-X)^2+(y-Y)^2+(z-Z)^2]^{3/2}} \\
&= -\frac{GmM(x-X)}{|\boldsymbol{r}-\boldsymbol{R}|^3}
\end{aligned}$$

となり，前記の F_x と比べ $F_x=-\partial U/\partial x$ の成り立つことがわかる．y, z 方向でもまったく同様で，こうして(2.19)の U が万有引力のポテンシャルであることが示される．なお，この U では，質点間の距離が ∞ になったとき，ポテンシャルが 0 になるよう基準を決めている．

力の和とポテンシャルの和　1つの質点に $\boldsymbol{F}_1, \boldsymbol{F}_2, \cdots, \boldsymbol{F}_n$ という力が同時に働き，これらの力はそれぞれ適当なポテンシャルから導かれるとし，$\boldsymbol{F}_i=-\nabla U_i\,(i=1, 2, \cdots, n)$ であるとする．これらの力の合力 $\boldsymbol{F}$ は

$$\boldsymbol{F} = \boldsymbol{F}_1+\boldsymbol{F}_2+\cdots+\boldsymbol{F}_n = -\nabla(U_1+U_2+\cdots+U_n)$$

と表わされる．したがって，全体のポテンシャル U を

$$U = U_1+U_2+\cdots+U_n \tag{2.20}$$

で定義すれば，合力 $\boldsymbol{F}$ は次式のように書ける．

$$\boldsymbol{F} = -\nabla U \tag{2.21}$$

すなわち，個々のポテンシャルの和が全体のポテンシャルとなる．力はベクトルであるためその和を計算するのはやっかいであるが，ポテンシャルはスカラーなのでその和をとるのは簡単である．このような事情で直接，力を扱うよりポテンシャルを扱った方が便利な点が多い．

例えば，n 個の質点があり，i 番目の質点の質量を M_i，位置ベクトルを $\boldsymbol{R}_i$ とすれば，これらの質点全部が質量 m，位置ベクトル $\boldsymbol{r}$ の質点に及ぼすポテンシャル U は

$$U = -\sum_{i=1}^{n}\frac{GmM_i}{|\boldsymbol{r}-\boldsymbol{R}_i|} \tag{2.22}$$

と表わされ，万有引力の合力 $\boldsymbol{F}$ は(2.21)から求まる．

例題 2-4　密度が一様な半径 a の球が外部に及ぼす万有引力のポテンシャルを求めよ．

［解］　球の中心Oを座標原点とし，z 軸上でOから距離 R のところに質量 m の質点があるとする．物理的な状況はOの回りで球対称であるから，z 軸上の点を考えても一般性を失わない．球によるポテンシャルを求めるため，この球をたくさんの微小部分に分割し，各微小部分は質点とみなせると考える．図2-5のように，1つの微小部分の体積を dv とし，この部分と質

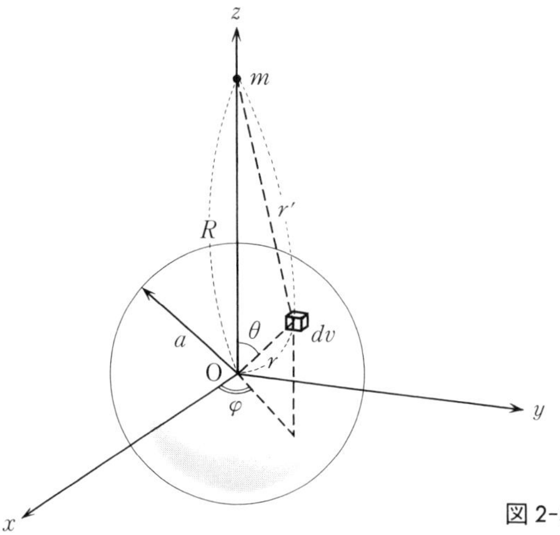

図 2-5 球による万有引力

点との距離を r' とする．また，球の密度を ρ とすれば，球は一様としたから ρ は場所によらない一定値となり，dv 部分の質量は ρdv と表わされる．したがって，dv 部分が質点に及ぼすポテンシャル dU は(2.19)により $dU=-Gm\rho dv/r'$ で与えられる．球全体のポテンシャル U は，(2.22)によりすべての微小部分に対する上式の和として表わされる．この和は，分割を無限に細かくした極限で体積積分となり，結局 U は次のように書ける．

$$U=-Gm\rho\int\frac{dv}{r'} \tag{2.23}$$

(2.23)の積分を計算するため，図 2-5 のように極座標を導入し，dv 部分の極座標を r, θ, φ とする．O から dv に向かう位置ベクトルを $\boldsymbol{r}$，dv から m に向かうものを $\boldsymbol{r}'$，O から m に向かうものを $\boldsymbol{R}$ とすれば，$\boldsymbol{R}=\boldsymbol{r}+\boldsymbol{r}'$ と書けるので $\boldsymbol{r}'=\boldsymbol{R}-\boldsymbol{r}$ となり，これから $r'^2=R^2+r^2-2\boldsymbol{R}\cdot\boldsymbol{r}$ が得られる．$\boldsymbol{R}$ と $\boldsymbol{r}$ とのなす角は θ に等しいので，$r'=(R^2+r^2-2Rr\cos\theta)^{1/2}$ である．一方，微小体積 dv は極座標を用いると $dv=r^2\sin\theta drd\theta d\varphi$ と表わされる(演習問題 2)．このようにして

$$U=-Gm\rho\int\frac{r^2\sin\theta drd\theta d\varphi}{(R^2+r^2-2Rr\cos\theta)^{1/2}} \tag{2.24}$$

が得られる．ただし，(2.24)の積分は球内で行なわれるので，上式の積分範囲は $0 \leqq \varphi \leqq 2\pi$, $0 \leqq \theta \leqq \pi$, $0 \leqq r \leqq a$ である．(2.24)の被積分関数は φ に依存しないから，φ の積分はただちにできて因数 2π が現われる．また θ の積分を実行するため $\cos\theta = x$ という変数変換を行なう．これから $-\sin\theta d\theta = dx$ が得られ，θ が $0 \to \pi$ と変わるとき，x は $1 \to -1$ と変化する．

以上のような考察の結果，U は

$$U = -2\pi Gm\rho \int_0^a r^2 dr \int_{-1}^1 \frac{dx}{(R^2 + r^2 - 2Rrx)^{1/2}} \tag{2.25}$$

と書ける．ここで，x に関する積分は

$$\begin{aligned} \int_{-1}^1 \frac{dx}{(R^2+r^2-2Rrx)^{1/2}} &= -\frac{1}{Rr}(R^2+r^2-2Rrx)^{1/2}\Big|_{-1}^{1} \\ &= \frac{1}{Rr}\Big[(R^2+r^2+2Rr)^{1/2} - (R^2+r^2-2Rr)^{1/2}\Big] \end{aligned} \tag{2.26}$$

と計算される．(2.26)式の第2項は，$(R-r)^2 = R^2 + r^2 - 2Rr$ に注意すると，$(R^2+r^2-2Rr)^{1/2} = |R-r|$ と書ける．仮定により，質点は球外にあるとしたから $R > r$ が成り立ち，$|R-r| = R-r$ である．(2.26)の第1項については，このような注意は不要で，その結果(2.26)は $(1/Rr)[(R+r)-(R-r)] = 2/R$ となる．したがって，(2.25)から U は

$$U = -\frac{4\pi Gm\rho}{R}\int_0^a r^2 dr = -\frac{4\pi Gm\rho a^3}{3R} \tag{2.27}$$

と計算される．ρ は密度すなわち単位体積当たりの質量で，一方，球の体積は $4\pi a^3/3$ であるから，球の質量 M は $M = 4\pi\rho a^3/3$ と書ける．このため

$$U = -\frac{GmM}{R} \tag{2.28}$$

が導かれる．このポテンシャルは，球の中心に球の全質量が集中したと考えたときのポテンシャルに等しい．すなわち，一様な球(全質量 M)が球外の質点(質量 m)に及ぼす万有引力は，球の中心にある質量 M の質点が質量 m の質点に及ぼす万有引力に等しい．ちなみに，同様なことが，一様な球同士に対しても成立する(演習問題 3)． ▩

地球上の重力　地球は大きな球(半径 6.37×10^6 m)で，地球の外側にある物体は地球の各部分から万有引力を受けている．例題 2-4 でわかったように，これらの力を全部加え合わせた引力は，地球の全質量(5.98×10^{24} kg)が地球の中心に集中したと考えたものに等しい．したがって，地表にある質量 1 kg の質点に働く引力の大きさ F は，(2.7), (2.8)により

$$F = 6.67\times10^{-11}\times\frac{5.98\times10^{24}}{(6.37\times10^6)^2}\,\mathrm{N} = 9.83\,\mathrm{N}$$

と計算される．これは重力加速度の値から求まる 9.81 N とほぼ同じである．

2-4　仕事と仕事率

仕事の定義　物体に力が加わり物体が動いたとき，力は物体に**仕事**(work)をしたという．または逆に，物体は力によって仕事をされたという．仕事を定量的に表わすため，水平面上の質点に $\boldsymbol{F}$ の力を加えながら，この質点を微小距離 Δs だけ移動させたとし，$\boldsymbol{F}$ と移動方向とのなす角を θ とする(図 2-6)．質点が水平面から離れないとすれば，質点を引っ張るのに役立つのは力の水平方向の成分 $F\cos\theta$ だけで，垂直成分 $F\sin\theta$ は役に立たない．仕事は $F\cos\theta$ の大きいほど，また Δs の大きいほど大きいと考えられるので，両者の積をとり，質点を Δs だけ移動させたとき力のした仕事 ΔW を

$$\Delta W = F\cos\theta\cdot\Delta s \tag{2.29}$$

で定義する．あるいは，Δs に進行方向まで考慮し，変位ベクトル $\Delta\boldsymbol{r}$ を導入すれば，スカラー積の定義を使って次式のように書ける．

$$\Delta W = \boldsymbol{F}\cdot\Delta\boldsymbol{r} \tag{2.30}$$

MKS 単位系では，1 N の力を加えてその力の向きに質点を 1 m 移動させ

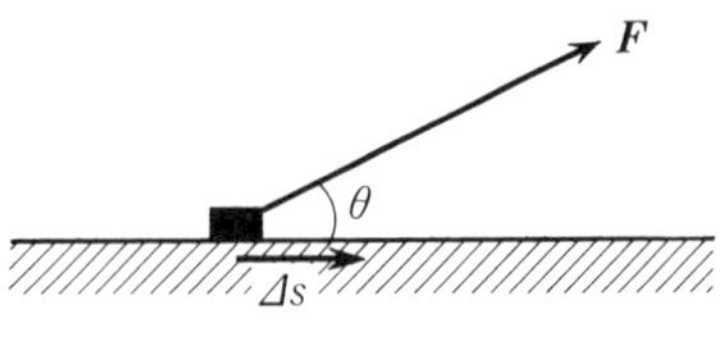

図 2-6　仕事の定義

たときの仕事を単位に使い，これを1ジュール(J)という．1 J=1 N·m と表わされる．

例題 2-5 体重 20 kg の子供が水平面と 30° の角をなす滑り台で 5 m だけ滑った．このとき重力のした仕事を求めよ．

［解］ 子供に働く重力の大きさは 20×9.81 N=196 N で，いまの場合 $\theta = 60^\circ$ すなわち $\cos\theta = 1/2$ となる．したがって，重力のした仕事 W は

$$W = 196 \times 5 \times (1/2)\ \mathrm{N \cdot m} = 490\ \mathrm{J}$$ ▩

仕事率 あるものが(例えば人やモーターが)仕事をしているとき，単位時間当たりにする仕事のことを**仕事率**(power)または**工率**とか**動力**という．仕事率の大きいほど，能率よく仕事をすることになる．1秒間に1 J の仕事をする場合を仕事率の単位とし，これを1ワット(W)という．すなわち

$$1\ \mathrm{W} = 1\ \mathrm{J/s} \tag{2.31}$$

である．仕事率の単位として，ときには馬力を使うこともある．1馬力はほぼ 3/4 kW に等しい(1 kW=10^3 W)．

曲線に沿う移動 空間中の曲線 C で表わされる経路に沿い質点を点 A から点 B まで移動させるとき力のする仕事 W を考える．このため，C を n 個の微小部分に分割し，i 番目の部分に対応する変位ベクトルを $d\boldsymbol{r}_i$，またそこで力はほぼ一定であると仮定しそれを $\boldsymbol{F}_i$ とする(図 2-7)．質点を $d\boldsymbol{r}_1$ だけ移動させるときの仕事は $\boldsymbol{F}_1 \cdot d\boldsymbol{r}_1$，$d\boldsymbol{r}_2$ だけ移動させるときの仕事は $\boldsymbol{F}_2 \cdot d\boldsymbol{r}_2$，以下同様にして，全体の仕事はこれらの和をとり $\boldsymbol{F}_1 \cdot d\boldsymbol{r}_1 + \boldsymbol{F}_2 \cdot d\boldsymbol{r}_2$

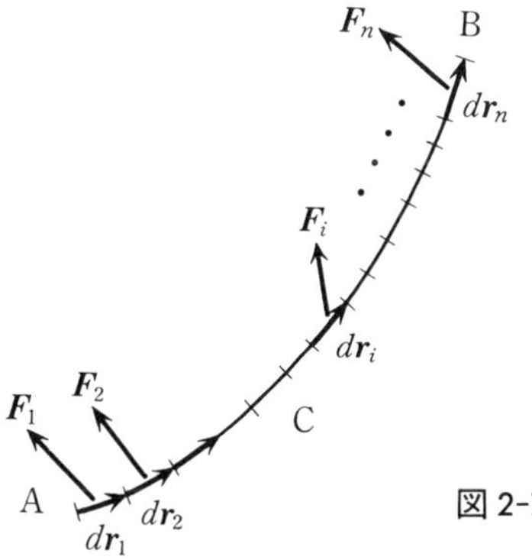

図 2-7 曲線 C に沿っての移動

$+\cdots+\boldsymbol{F}_n\cdot d\boldsymbol{r}_n$ となる．ここで，分割を無限に細かくし $n\to\infty$ の極限をとると，この式は積分の形で表わされる．すなわち，質点を曲線Cに沿って移動させたとき力のする仕事 W は

$$W = \int_{\mathrm{C}} \boldsymbol{F}\cdot d\boldsymbol{r} \tag{2.32}$$

で与えられる．ここで，積分記号の下のCの添字は曲線Cに沿っての積分を明記するためである．このように，ある曲線についての積分を一般に**線積分**(line integral)という．

例題 2-6　図2-8のように，鉛直面(xy 面)内で質量 m の質点を点A$(0, a)$から点B$(a, 0)$まで移動させるときに重力のする仕事を考える．以下の2つの経路に対するそれぞれの仕事を求めよ．

(1)　A→C→Bの経路に対する仕事 W．ただし，Cは (a, a) の点である．

(2)　半径 a の円に沿うA→Bの経路に対する仕事 W'．

[解]　(1)　A→Cの経路では重力と移動方向が垂直なので仕事は0である．一方，C→Bの経路では重力 mg と移動方向は同じ向きで，移動距離は a であるから W は $W=mga$ となる．

(2)　角 θ を図のようにとると，重力と変位ベクトル $d\boldsymbol{r}$ とのなす角は θ に等しい．質点をA→Bと動かすとき，θ は $\pi/2\to 0$ と減少するので $d\theta<0$ である．よって，θ を積分変数に選ぶと $|d\boldsymbol{r}|=-a\,d\theta$ となり，また $\boldsymbol{F}\cdot d\boldsymbol{r}$

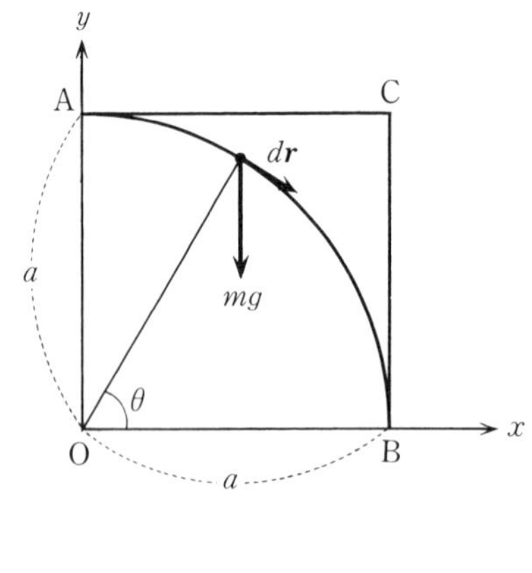

図 2-8　重力のする仕事を2つの経路で考える

$=-mga\cos\theta d\theta$ となる．したがって，W' は以下のように計算される．

$$W' = -mga\int_{\pi/2}^{0}\cos\theta d\theta = -mga\sin\theta\Big|_{\pi/2}^{0} = mga$$

W と W' は同じになるが，これは偶然ではない．その理由については，以下に述べる． ▩

仕事とポテンシャル 力がポテンシャルから導かれる場合，すなわち力が保存力である場合を考えてみよう．$\boldsymbol{F}=-\nabla U$ を(2.32)に代入すると

$$W = -\int_{\mathrm{C}}\nabla U\cdot d\boldsymbol{r} \tag{2.33}$$

である．ここで被積分関数を成分で表わすと

$$\nabla U\cdot d\boldsymbol{r} = \frac{\partial U}{\partial x}dx+\frac{\partial U}{\partial y}dy+\frac{\partial U}{\partial z}dz = dU \tag{2.34}$$

が得られる．ただし，dU は $dU=U(x+dx, y+dy, z+dz)-U(x, y, z)$ を表わし，この dU を全微分という場合もある．(2.33), (2.34)により

$$W = -\int_{\mathrm{A}}^{\mathrm{B}}dU = U(\mathrm{A})-U(\mathrm{B}) \tag{2.35}$$

と表わされる．ただし，$U(\mathrm{A})$, $U(\mathrm{B})$ はそれぞれ点 A, B における U の値を意味する．上式からわかるように，保存力の場合，質点を A → B へと移動するとき，どんな経路をとっても力のする仕事は同じである．この性質を**仕事の原理**(principle of work)という．

例題 2-6 で重力ポテンシャルは mgy と書けるから，$U(\mathrm{A})=mga$, $U(\mathrm{B})=0$ となり，したがって(2.35)により W も W' もともに mga となるのである．前に述べたように，ポテンシャルには定数を加えてもよいが，仕事のような物理量を計算するさい，(2.35)から明らかなようにこの定数は相殺し，結果には影響を及ぼさない．

束縛力のする仕事 質点が滑らかな束縛を受けているとき，その束縛力は曲線ないし曲面に対して垂直な方向に働く．したがって，滑らかな曲線に沿って質点が動くとき，束縛力は変位ベクトルと垂直になり，このため束縛力のする仕事は 0 となる．滑らかな曲面上を質点が動くときも同じである．す

なわち，滑らかな束縛の場合，束縛力は仕事をしない．例えば，滑らかな斜面上を質点が滑り落ちるとき，垂直抗力は質点の移動方向と垂直なので仕事をしない．

2-5 仮想仕事の原理

1 個の質点に $\boldsymbol{F}$ の力が働き，その質点が平衡の状態にあるとき，2-2 節で述べたように

$$\boldsymbol{F} = 0 \tag{2.36}$$

の関係が成り立つ．あるいは，$\boldsymbol{F}$ の x, y, z 成分を X, Y, Z とすれば

$$X = 0, \qquad Y = 0, \qquad Z = 0 \tag{2.37}$$

と書ける．X, Y, Z が座標 x, y, z の関数としてわかっていれば，上式を解くことにより質点の平衡の位置すなわち平衡点が決まる．

ここで，平衡点にある質点に，仮想的に $\delta\boldsymbol{r}$ という微小変位を与えたとしよう．$\delta\boldsymbol{r}$ を**仮想変位**(virtual displacement)という．この変位は質点が実際に行なう変位ではなく，いわば勝手に考えられるもので，このため仮想変位と呼ばれる．この変位による力 $\boldsymbol{F}$ のする仕事 δW は $\delta W = \boldsymbol{F}\cdot\delta\boldsymbol{r}$ で与えられる．質点が平衡にあるとき，$\delta\boldsymbol{r} = (\delta x, \delta y, \delta z)$ とすれば(2.36)により，

$$\delta W = X\delta x + Y\delta y + Z\delta z = 0 \tag{2.38}$$

が成り立つ．すなわち，質点が平衡の状態にあると，これに任意の微小変位をさせたとき働く力のする仕事は 0 である．これを**仮想仕事の原理**(principle of virtual work)という．(2.38)でとくに $\delta y = \delta z = 0$，$\delta x \neq 0$ とすれば $X = 0$ が導かれ，このようにして，(2.37)と(2.38)とが数学的に等価であることがわかる．仮想仕事の原理は当然のことを述べているようにみえるが，実は第 5 章で示すように解析力学の基礎ともいうべき重要な概念である．

質点系への拡張　以上の原理は，容易に質点系に拡張することができる．質点系の場合，それに含まれるすべての質点が静止しているとき，その質点系は平衡の状態にあるという．注目する質点系が n 個の質点を含むとし，i 番目の質点に働く力を $\boldsymbol{F}_i$ とすれば，すべての質点が静止しているための条

件は $\boldsymbol{F}_i=0\,(i=1,2,\cdots,n)$ と表わされる．この場合，i 番目の質点に $\delta\boldsymbol{r}_i$ の仮想変位を与えると

$$\delta W = \sum_{i=1}^{n}\boldsymbol{F}_i\cdot\delta\boldsymbol{r}_i = 0 \tag{2.39}$$

という仮想仕事の原理が成り立つ．

滑らかな束縛の場合　仮想仕事の原理の 1 つの応用例として，滑らかな曲面上に束縛されている質点の平衡を考えよう．曲面からの束縛力 $\boldsymbol{R}$ は曲面と垂直に働くから，仮想変位 $\delta\boldsymbol{r}$ を面内にとれば $\boldsymbol{R}\cdot\delta\boldsymbol{r}=0$ が成り立ち，そのため仮想仕事を考えるとき，束縛力は考慮しなくてもよい．これが仮想仕事の原理の 1 つの利点である．質点に対する束縛条件が

$$f(x,y,z) = 0 \tag{2.40}$$

で与えられるとすれば，$\delta\boldsymbol{r}$ は曲面上にあるとしたから

$$f(x+\delta x, y+\delta y, z+\delta z) = 0 \tag{2.41}$$

が成立する．あるいは，上式を展開し高次の項を無視すると

$$\frac{\partial f}{\partial x}\delta x+\frac{\partial f}{\partial y}\delta y+\frac{\partial f}{\partial z}\delta z = 0 \tag{2.42}$$

が得られる．一方，仮想仕事の原理により

$$X\delta x+Y\delta y+Z\delta z = 0 \tag{2.43}$$

と書け，(2.42), (2.43) の連立方程式を解いて，平衡点の座標 x, y, z が決められる．このような方程式を取り扱うときよく使われるのは**ラグランジュの未定乗数法**(Lagrange's method of undetermined multipliers) である．(2.42) に適当な定数(ラグランジュの未定乗数) λ を掛け (2.43) に加えると

$$\left(X+\lambda\frac{\partial f}{\partial x}\right)\delta x+\left(Y+\lambda\frac{\partial f}{\partial y}\right)\delta y+\left(Z+\lambda\frac{\partial f}{\partial z}\right)\delta z = 0 \tag{2.44}$$

となる．ここで，λ を δz の係数が 0 となるよう選んだとしよう．いまの場合，運動の自由度は 2 で $\delta x, \delta y$ は任意に変えられるから，(2.44) の $\delta x, \delta y$ の係数がともに 0 でなければならない．こうして，結局，x, y, z に対して次の対称的な関係が導かれたことになる．

$$X+\lambda\frac{\partial f}{\partial x}=0, \qquad Y+\lambda\frac{\partial f}{\partial y}=0, \qquad Z+\lambda\frac{\partial f}{\partial z}=0 \tag{2.45}$$

(2.45)の応用例については演習問題5を参照せよ．

質点系の場合　(2.45)は質点系に一般化することができる．記号を簡単にするため，ベクトル記号を用い例えば関数 $f(x, y, z)$ を $f(\boldsymbol{r})$ と書き，またナブラ記号のかわりに $\partial/\partial\boldsymbol{r}$ の記号を利用する．n 個の質点から構成される質点系を考え，これには

$$f_k(\boldsymbol{r}_1, \boldsymbol{r}_2, \cdots, \boldsymbol{r}_n)=0 \qquad (k=1, 2, \cdots, r) \tag{2.46}$$

という r 個の束縛条件が課せられているとする．この場合の運動の自由度は $3n-r$ と表わされる．

i 番目の質点に $\delta\boldsymbol{r}_i$ の仮想変位を与えたとき，これらの変位は束縛条件を満たすとする．前と同様滑らかな束縛を仮定すると，束縛力は仕事をしないから，(2.39)の $\boldsymbol{F}_i$ は i 番目の質点に働く(束縛力を除く)力であるとしてよい．また，$\delta\boldsymbol{r}_i$ は(2.46)を満足するので

$$f_k(\boldsymbol{r}_1+\delta\boldsymbol{r}_1, \boldsymbol{r}_2+\delta\boldsymbol{r}_2, \cdots, \boldsymbol{r}_n+\delta\boldsymbol{r}_n)=0$$

と書ける．これを展開すれば

$$\sum_{i=1}^{n}\frac{\partial f_k}{\partial\boldsymbol{r}_i}\cdot\delta\boldsymbol{r}_i=0 \qquad (k=1, 2, \cdots, r) \tag{2.47}$$

と表わされる．

(2.39)と(2.47)を扱うのに，1個の質点の場合と同じく，ラグランジュの未定乗数法を利用する．いまの場合，r 個の束縛条件があるので，$\lambda_1, \lambda_2, \cdots, \lambda_r$ という r 個の未定乗数を導入する．そうして，(2.47)に λ_k を掛け，k に関して和をとり(2.39)に加える．その結果

$$\sum_i\left(\boldsymbol{F}_i+\sum_k\lambda_k\frac{\partial f_k}{\partial\boldsymbol{r}_i}\right)\cdot\delta\boldsymbol{r}_i=0 \tag{2.48}$$

が得られる．前と同様な論法を用いると，上式の $\delta\boldsymbol{r}_i$ の係数はすべて0であると考えてよい．すなわち質点系の平衡の位置を決める方程式として

$$\boldsymbol{F}_i+\sum_k\lambda_k\frac{\partial f_k}{\partial\boldsymbol{r}_i}=0 \qquad (i=1, 2, \cdots, n) \tag{2.49}$$

が導かれる．ここで，$\boldsymbol{r}_i$ と λ_k とでは全部で $3n+r$ 個の未知数があるが，これらは(2.49)の $3n$ 個の関係と(2.46)の r 個の関係とから決められる．

第 2 章 演習問題

1. xy 面上，質量 M_A の質点 A が $(a, 0)$ に，質量 M_B の質点 B が $(-a, 0)$ に，また質量 m の質点 C が $(0, b)$ に置かれている．

（i） A が C に及ぼす万有引力 $\boldsymbol{F}_\mathrm{A}$，B が C に及ぼす万有引力 $\boldsymbol{F}_\mathrm{B}$ を計算せよ．

（ii） $\boldsymbol{F}_\mathrm{A}$ と $\boldsymbol{F}_\mathrm{B}$ との合力 $\boldsymbol{F}$ を求めよ．

2. 極座標を用いたとき，微小部分の体積 dv が

$$dv = r^2 \sin\theta dr d\theta d\varphi$$

と書けることを示せ．

3. 一様な球の間に働く万有引力について論ぜよ．

4. 静止摩擦力は保存力であるか，ないか．理由を付して答えよ．

5. 半径 a の滑らかな球面上に質量 m の質点が束縛されているときその平衡点を求めよ．

3 運動の法則と運動方程式

物体の運動を記述するための基本的な法則は**運動の法則**(law of motion)である．この法則を用いると，物体の運動を決めるための方程式，すなわち**運動方程式**(equation of motion)を導くことができる．本章では運動の法則に基づいてニュートンの運動方程式を導き，いくつかの典型的な運動を論じる．

3-1 運動の法則とニュートンの運動方程式

質点の運動を考えるさい，その基礎となる法則は，ニュートン(I. Newton)によって発見された次の 3 つの**運動の法則**である．

第 1 法則 力を受けない質点は，静止したままであるか，あるいは等速直線運動を行なう．

第 2 法則 質量 m の質点に力 $\boldsymbol{F}$ が作用すると，力の方向に加速度 $\boldsymbol{a}$ を生じ，加速度の大きさは F に比例し m に逆比例する．

第 3 法則 1 つの質点 A が他の質点 B に力 $\boldsymbol{F}$ を及ぼすとき，質点 A には質点 B による力 $-\boldsymbol{F}$ が働く．この場合，$\boldsymbol{F}$，$-\boldsymbol{F}$ は A, B を結ぶ直線に沿って働く．

運動の第 1 法則を**慣性の法則**(law of inertia)，第 3 法則を**作用反作用の法則**(law of action and reaction)ともいう．また，第 1 法則が成り立つような座標系のことを**慣性座標系**(inertial frame of reference)あるいは単に**慣性系**(inertial system)という．第2法則は，このような慣性系に対して成り立つ．例えば，惑星の運動を考えるときには，太陽に原点をおき恒星に対し固定している座標系が慣性系となる．しかし，地球表面上の狭い範囲内で起こる運動を扱う場合には，地表面に固定した座標系を近似的に慣性系であるとみなしてよい．

以上述べた運動の法則の正しさは，各種の実験により確かめられている．例えば，地球上から打ち上げられたロケットが計算通りの軌道を描き，木星や海王星に接近してそれらの写真を地球に送ってくる事実からも，運動の法則の正しさが納得できよう．ただし，上述の運動の法則には適用限界がある点に注意する必要がある．分子，原子，電子といったミクロの対象に上の法則をそのまま適用すると，その結果は実験事実と矛盾してしまう．このようなミクロの体系を扱うには量子力学を用いねばならない．また，物体の速さが光の速さに近いときには相対論を使わねばならない．しかし，通常の物体の力学を論じる場合には，量子力学も相対論も不要で前述の法則が成り立つとしてよい．このような力学を**ニュートン力学**(Newtonian mechanics)とか**古典力学**(classical mechanics)とよぶこともある．

ニュートンの運動方程式

運動の第2法則によると，質量 m，加速度 $\boldsymbol{a}$，力 $\boldsymbol{F}$ の間には，$m\boldsymbol{a}=k\boldsymbol{F}$ という関係が成り立つ．ここで，k は比例定数である．力の単位を適当に選んで $k=1$ ととることにすれば，第2法則は

$$m\boldsymbol{a} = m\ddot{\boldsymbol{r}} = \boldsymbol{F} \tag{3.1}$$

と表わされる．これを**ニュートンの運動方程式**(Newton's equation of motion)という．力 $\boldsymbol{F}$ の x, y, z 成分をそれぞれ F_x, F_y, F_z とすれば，(3.1)の成分をとり

$$m\ddot{x} = F_x, \quad m\ddot{y} = F_y, \quad m\ddot{z} = F_z \tag{3.2}$$

が得られる．F_x, F_y, F_z が，位置 $\boldsymbol{r}$，速度 $\boldsymbol{v}$，時間 t の関数としてわかっていれば，(3.2)の微分方程式を解くことにより，x, y, z が時間 t の関数として決まる．ただし，その際，微分方程式の解の中には積分のため現われる任

意定数が含まれるので，それらを決定する必要がある．ある時刻(例えば $t=0$)において，質点の位置 $\boldsymbol{r}_0$，初速度 $\boldsymbol{v}_0$ を指定するという条件がよく使われる．この条件を**初期条件**(initial conditions)という．初期条件を与えると，(3.2)の解は一義的に決定され，したがって質点の運動も確定する．すなわち，原因を与えるとそれ以後の結果が決まってしまうわけで，この性質を**因果律**(causality)が成り立つという．

力の単位　(3.1)の関係，あるいはそれを大きさの関係として表わした $F=ma$ は，力の単位を決めるためにも使われる．MKS 単位系では，質量 1 kg の質点に作用し 1 m/s^2 の加速度を生じるような力が力の単位となり，これを 1 **ニュートン**(記号 N)という．例えば，質量 3 kg の質点が 5 m/s^2 の加速度で運動しているとき，この質点に働く力の大きさは $F=ma$ の関係に $m=3$, $a=5$ を代入し $F=15$ N と計算される．

3-2 一様な重力場での運動

地球は物体に万有引力を及ぼすが，地球を一様な球とみなせば，第 2 章で学んだように，物体は地球の中心に向かうような力を受ける．この力が重力であるが，一般に重力の働くような空間を**重力場**(gravitational field)という．地表に近い質量 m の質点に働く重力は水平面と垂直で下向きに働き，その大きさ F は $F=mg$ で与えられる．人工衛星のように，地球的なスケールで運動が起こる場合には重力加速度 g は必ずしも一定とはいえないが，地表上の狭い範囲内で起こる運動のときには g は一定としてよい．以下，ニュートンの運動方程式を用い，一様な重力場での質点の運動について考えていく．

自由落下　物体が静止状態から鉛直下方に落下する運動を**自由落下**(free fall)という．質量 m の質点が自由落下するときを考え，鉛直下向きに x 軸をとり，時刻 t における質点の座標を x とする．運動方程式は

$$\ddot{x} = g \tag{3.3}$$

と表わされる．このように，質点は一定の加速度をもつから，この運動は

1-2 節で述べた等加速度運動である．とくに，いまの場合，運動は一直線上で起こるので，それは等加速度直線運動となる．

(3.3) を時間に関して積分すると，速度 v は $v=\dot{x}=gt+A$ と書ける．ここで，A は積分定数である．自由落下の場合，$t=0$ における質点の速度すなわち初速度は 0 であるから，$A=0$ となり v は

$$v = gt \tag{3.4}$$

で与えられる．また，(3.4) をさらに時間で積分し，$t=0$ での質点の位置を座標原点 O に選ぶと ($t=0$ で $x=0$ とすると)，次式が得られる．

$$x = \frac{1}{2}gt^2 \tag{3.5}$$

初速度が 0 でない場合　上述の自由落下では初速度は 0 としたが，一般に初速度は 0 でないとしてこれを v_0 とすれば，$A=v_0$ となり，v は

$$v = v_0+gt \tag{3.6}$$

となる．(3.6) をさらに時間で積分すれば上と同様にして

$$x = v_0t+\frac{1}{2}gt^2 \tag{3.7}$$

が導かれる．なお，以上の議論では，質点に空気などによる抵抗力は働かないと仮定した．しかし，実際には質点が落下するとき抵抗力が作用する．このときの運動については後で述べる．

例題 3-1　(3.6), (3.7) を用いて

$$2gx = v^2-{v_0}^2 \tag{3.8}$$

の関係が成立することを示せ．

[解]　(3.6) から $t=(v-v_0)/g$ となり，これを (3.7) に代入すると

$$x = v_0\frac{(v-v_0)}{g}+\frac{1}{2}g\frac{(v-v_0)^2}{g^2} = \frac{v^2-{v_0}^2}{2g}$$

と表わされ，(3.8) が導かれる．この結果は第 4 章で述べるようにエネルギー保存則と関係している．■

放物運動　質点を水平面に対し斜めに投げ上げると，質点は放物線の軌道を描いて運動する．この運動を**放物運動** (parabolic motion) という．いやむ

しろ話は逆で，放物線という言葉はこのような質点の運動に由来するものである．$t=0$ で質点を投げ上げるとし，この点を原点O，水平面に沿って投げる向きに x 軸，鉛直上方に y 軸をとる．質点を投げ上げる方向は水平面と仰角(ぎょうかく) θ をなすとし，また初速度の大きさは v_0 であるとする．また，xz 面は水平面を表わす．重力は y 成分だけをもち，その方向は鉛直下向きであるから，質点の質量を m とすれば，重力の y 方向の成分は $-mg$ と表わされる．したがって，運動方程式は

$$\ddot{x} = 0, \qquad \ddot{y} = -g, \qquad \ddot{z} = 0 \tag{3.9}$$

となる．ただし，空気の抵抗などは無視した．$\ddot{z}$ を積分すると，$z=At+B$ (A, B は積分定数)が得られる．ところが，$t=0$ で $z=0, \dot{z}=0$ であるから，$A=B=0$，すなわち $z=0$ となり，質点の運動は xy 面内で起こることがわかる．すなわち，この場合の運動は平面運動となり，その運動の自由度は2である．初期条件すなわち $t=0$ における条件は

$$\dot{x} = v_0 \cos\theta, \qquad \dot{y} = v_0 \sin\theta \tag{3.10}$$

$$x = 0, \qquad y = 0 \tag{3.11}$$

と書ける．(3.9)を積分し，積分定数を初期条件から決めると

$$x = v_0 t \cos\theta \tag{3.12}$$

$$y = v_0 t \sin\theta - \frac{1}{2}gt^2 \tag{3.13}$$

が導かれる．

例題3-2 (3.12), (3.13)から決まる質点の軌道は放物線であることを示せ．

［解］ (3.12)から $t=x/v_0\cos\theta$ で，これを(3.13)に代入すると

$$y = x\tan\theta - \frac{g}{2{v_0}^2\cos^2\theta}x^2 \tag{3.14}$$

で，これは xy 面内における放物線を表わす(図3-1)． ▨

例題3-3 放物運動で，投げ上げた質点が再び水平面に到着したとき，質点の進んだ距離(到達距離) d を求めよ．また，質点が最高点に達したときの高さ h を計算せよ．

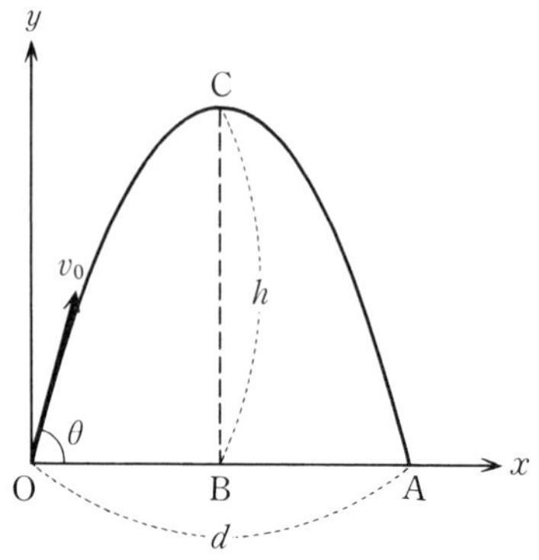

図 3-1 放物運動

［解］ 水平面では $y=0$ であるから，(3.14)で $y=0$ とおくと，1つの根として $x=0$ が得られるが，これは原点を表わす．他の根が到達距離 d で

$$d=\frac{2v_0{}^2\cos^2\theta}{g}\tan\theta=\frac{2v_0{}^2\cos\theta\sin\theta}{g}=\frac{v_0{}^2\sin2\theta}{g} \tag{3.15}$$

が得られる．この d は図3-1のOA間の距離に等しい．OAの中点をB，放物線の頂点をCとすれば，h はBC間の距離で，したがって(3.14)に $x=v_0{}^2\cos\theta\sin\theta/g$ を代入し h は次のように計算される．

$$\begin{aligned}h&=\frac{v_0{}^2\cos\theta\sin\theta}{g}\tan\theta-\frac{g}{2v_0{}^2\cos^2\theta}\frac{v_0{}^4\cos^2\theta\sin^2\theta}{g^2}\\&=\frac{v_0{}^2\sin^2\theta}{2g}\end{aligned} \tag{3.16}$$ ▨

抵抗があるときの落体の運動 質量 m の質点が落下運動をするとき，重力以外に空気による抵抗力が働く場合を考察しよう．この抵抗力の大きさは，質点の速さが小さいとき，速さに比例するとしてよい．このため，質点の落下方向に x 軸をとると，抵抗力は負の方向を向くので，運動方程式は

$$m\ddot{x}=mg-m\gamma v_x \tag{3.17}$$

と書ける．ただし，γ は正の比例定数である．v_x を簡単に v とおけば，$\dot{x}=v$ であるから，(3.17)から v に対する次の微分方程式が導かれる．

$$\dot{v}+\gamma v=g \tag{3.18}$$

(3.18)を解くため $v=v_1+v_2$ とおき，v_1, v_2 はそれぞれ

$$\dot{v}_1 + \gamma v_1 = 0, \qquad \dot{v}_2 + \gamma v_2 = g \tag{3.19}$$

を満たすと仮定する．その結果，$v = v_1 + v_2$ が(3.18)を満足することは明らかであろう．(3.19)の v_2 はとにかく(3.18)を満たす1つの解で，これを**特殊解**(particular solution)という．(3.19)からわかるように，v_2＝定数＝g/γ とおけば，これが特殊解になる．一方，v_1 を解くため(3.19)の左式を $\dot{v}_1/v_1 = -\gamma$，ゆえに $d(\ln v_1)/dt = -\gamma$ と変形する．これを積分すると $\ln v_1 = -\gamma t + A$ (A は積分定数)となり，したがって v_1 は

$$v_1 = Ce^{-\gamma t} \tag{3.20}$$

と表わされる．ただし，$C = e^A$ である．

このようにして，(3.18)の解は

$$v = Ce^{-\gamma t} + \frac{g}{\gamma} \tag{3.21}$$

で与えられることがわかる．上のような任意定数を含む解を**一般解**(general solution)という．以下の例題で示すように，(3.21)中の C は適当な初期条件から決められる．

例題 3-4　初期条件として，$t=0$ で $v=v_0, x=0$ であると仮定する．この場合 C はどのように表わされるか．また，質点の速度 v，座標 x を時間 t の関数として求めよ．

[解]　(3.21)で $t=0$ のときを考えると，$v_0 = C + g/\gamma$ と書け，これから $C = v_0 - g/\gamma$ となる．したがって，v は

$$v = \left(v_0 - \frac{g}{\gamma}\right)e^{-\gamma t} + \frac{g}{\gamma}$$

と表わされる．また，$v = \dot{x}$ に注意し，上式を t で積分すると

$$x = \left(\frac{g}{\gamma^2} - \frac{v_0}{\gamma}\right)e^{-\gamma t} + \frac{g}{\gamma}t + A$$

であるが，$t=0$ で $x=0$ の条件から A を決めると，下記の結果が求まる．

$$x = \left(\frac{v_0}{\gamma} - \frac{g}{\gamma^2}\right)(1 - e^{-\gamma t}) + \frac{g}{\gamma}t$$ ■

終速度　(3.21)で $t \to \infty$ の極限を考えると，任意定数 C のいかんにかか

わらず，v は

$$v = \frac{g}{\gamma} \tag{3.22}$$

となる．すなわち，どんな初期条件から出発しても，質点の速さは最終的に(3.22)の一定値に到達する．この速さを**終速度**(terminal velocity)という．

3-3 束縛運動

本節では束縛運動の例について論じていく．束縛運動を扱う場合には，質点に本来働く力と同時に，2-2 節で述べたような束縛条件から生じる束縛力を考慮しなければならない．

粗い斜面上の落下運動　水平面と角 θ をなす粗い斜面を考えたとき，2-2 節で学んだように θ が摩擦角より小さいか，等しい場合には斜面上の質点は静止したままである．しかし，θ が摩擦角より大きいと，斜面上の質点は滑り落ちる．このとき，動摩擦力 F' は質点の運動を妨げようとして，斜面に沿い上向きに働く．質点には F' 以外に斜面からの垂直抗力 N，重力 mg (m は質点の質量)が働くので，図 3-2 に示すように，斜面に沿って x 軸，それと垂直な向きに y 軸をとると，運動方程式は

$$m\ddot{x} = mg\sin\theta - F', \qquad m\ddot{y} = N - mg\cos\theta \tag{3.23}$$

と表わされる．質点は斜面上に束縛されているから，当然 $\ddot{y}=0$ で，(3.23)の右式から $N=mg\cos\theta$ が得られる．よって，(2.11)より $F'=mg\mu'\cos\theta$ となり，これを(3.23)の左式に代入すると

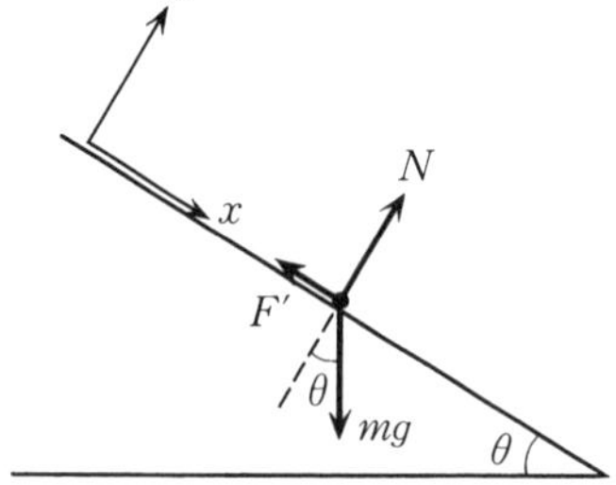

図 3-2　粗い斜面上の質点

$$\ddot{x} = g(\sin\theta - \mu' \cos\theta) \tag{3.24}$$

が導かれる．(3.24)の右辺は定数であり，したがって質点は等加速度運動を行なうので，適当な初期条件を与えれば運動を決定することができる．なお，滑らかな斜面を滑り落ちる質点の場合には(3.24)で $\mu'=0$ とおけばよい．

運動する台上の質点　物体を手のひらにのせ，手をゆっくり上げても物体は手のひらから離れないが，手を急激に上げ静止させると物体は手のひらから離れてとび上がる．このような現象を模型的に理解するため，図 3-3 を考え，AB は水平方向を向き，上下に運動する台であるとする．鉛直上向きに x 軸をとり，最初，台の静止していた点を座標原点 O とする．この台上に質量 m の質点が束縛されているとすれば，質点には重力 mg，台からの垂直抗力 N が働くので，質点に対する運動方程式は以下のように書ける．

$$m\ddot{x} = N - mg \tag{3.25}$$

ここで，手のひらの運動の 1 つのモデルとして，時刻 0 まで台は静止しているとし，それ以後，台の速度 $\dot{x}$ が時間 t の関数として図 3-4 のように与

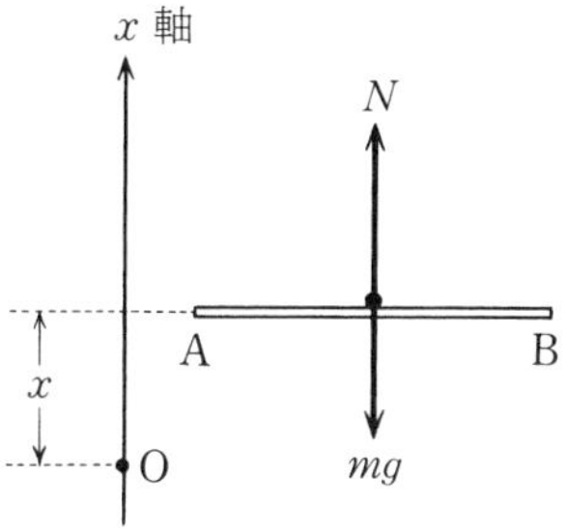

図 3-3　運動する台上の質点

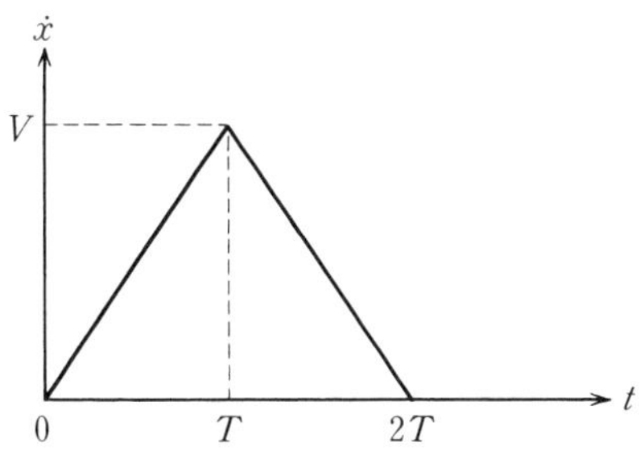

図 3-4　台の速度

えられるとする．$0<t<T$ では $\ddot{x}=V/T$ と書けるので，(3.25)により N は $N=m(g+V/T)$ となる．この N は正である．一方，$T<t<2T$ では $\ddot{x}=-V/T$ であるので(3.25)により N は $N=m(g-V/T)$ と計算される．この N は $g>V/T$ なら正であるが，$g<V/T$ だと負になる．質点が台上に束縛されているためには，垂直抗力は重力に逆らい鉛直上向きになっていないといけない．すなわち，N は正であることが要求される．逆にいうと，N が負であることは，もはや台が質点を束縛できないことを意味する．このため $g<V/T$ の条件が満たされると，時刻 T まで質点は台に束縛される(質点は台から離れない)が，時刻 T のとき質点は台から離れてしまう．逆に $g>V/T$ だと質点が台から離れることはない．

単振り子　長さの変化しない，質量の無視できる糸または棒の一端に小さなおもりをつけ，他端を固定しておもりを鉛直面内で振らせるようにした振り子を**単振り子**(simple pendulum)という．図3-5のように，糸の支点を原点O，振動の起こる鉛直面内に x, y 軸をとり，x 軸は鉛直下方，y 軸は水平方向を向くようにする．また，糸の長さを l，おもりの質量を m とし，おもりは十分小さくて質点とみなせるとする．

糸によっておもりは束縛されているから，この運動は束縛運動である．糸がおもりに及ぼす張力を T とすれば，図のように角 φ をとると，おもりに対する運動方程式は

$$m\ddot{x} = mg - T\cos\varphi, \qquad m\ddot{y} = -T\sin\varphi \tag{3.26}$$

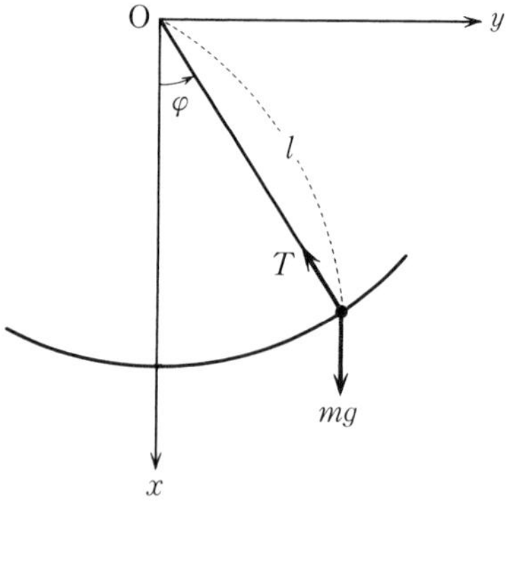

図3-5　単振り子

と表わされる．いまの問題では運動の自由度は1であるから，独立変数として φ をとるのが適当である．2次元の極座標の場合と同様，$x=l\cos\varphi$，$y=l\sin\varphi$ と書け，l は一定としているから

$$\dot{x} = -l\sin\varphi\cdot\dot{\varphi}, \qquad \ddot{x} = -l\cos\varphi\cdot\dot{\varphi}^2 - l\sin\varphi\cdot\ddot{\varphi} \tag{3.27}$$

$$\dot{y} = l\cos\varphi\cdot\dot{\varphi}, \qquad \ddot{y} = -l\sin\varphi\cdot\dot{\varphi}^2 + l\cos\varphi\cdot\ddot{\varphi} \tag{3.28}$$

である．一方，(3.26)の両式から T を消去すると

$$m(\ddot{x}\sin\varphi - \ddot{y}\cos\varphi) = mg\sin\varphi \tag{3.29}$$

が得られる．上式の左辺に(3.27), (3.28)を代入し整理すると

$$\ddot{\varphi} = -\frac{g}{l}\sin\varphi \tag{3.30}$$

となる．この微分方程式の解は初等関数で表わすことができず，楕円関数で与えられる．しかし，φ が十分小さいとき，後で述べるように φ の運動は近似的に単振動として記述される．単振り子に関する問題は後の章でも再び取り上げる．

接線加速度と法線加速度　ここで，少々違った観点から(3.30)を導くことにしよう．単振り子に限らずもっと一般的な場合を考え，平面上の1つの曲線に沿って運動する質点があるとし，曲線上の適当な点から測った質点までの曲線の長さを s とする．ただし，便宜上，質点の運動に伴い s は増加するようにとる．曲線上の点Pにおける接線方向で質点の進む向きをもつ単位ベクトルを $\boldsymbol{t}$ とすれば，点Pにおける質点の速度 $\boldsymbol{v}$ は $\boldsymbol{t}$ の方向を向き，その大きさは $\dot{s}$ に等しい．すなわち $\boldsymbol{v}=\dot{s}\boldsymbol{t}$ が成り立つ．これを時間で微分すると，点Pにおける質点の加速度 $\boldsymbol{a}$ は

$$\boldsymbol{a} = \ddot{s}\boldsymbol{t} + \dot{s}\dot{\boldsymbol{t}} \tag{3.31}$$

と表わされる．ここで，$\dot{\boldsymbol{t}}$ を求めるため，図3-6の左に示すように，時刻 t で点Pにいた質点が微小時間 Δt 後に点P′に移動したとする．点P, P′における接線方向の単位ベクトルをそれぞれ $\boldsymbol{t}$, $\boldsymbol{t}+\Delta\boldsymbol{t}$ とし，これらに垂直な線を引きその交点をOとする．また，OPの長さを ρ，PP′間の曲線の長さを Δs と書く．図のような角 $\Delta\varphi$ を定義すれば，これは図の右に示したように，$\boldsymbol{t}$ と $\boldsymbol{t}+\Delta\boldsymbol{t}$ とのなす角に等しい．よって，$\boldsymbol{t}$ が単位ベクトルであること

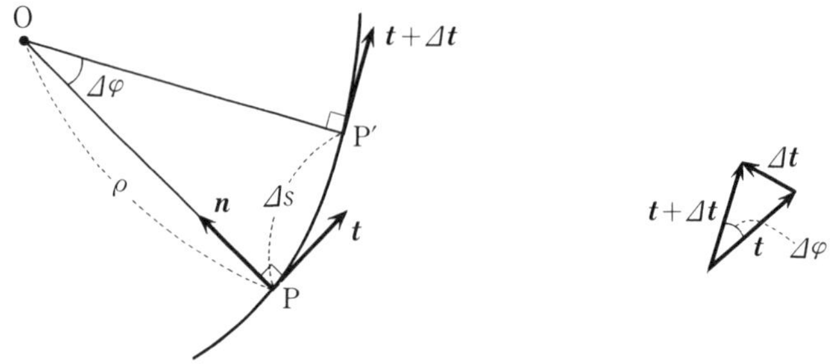

図 3-6　曲率中心と曲率半径

に注意すれば，$|\Delta \boldsymbol{t}|=\Delta\varphi$ で $|\Delta \boldsymbol{t}|/\Delta s=\Delta\varphi/\rho\Delta\varphi=1/\rho$ となる．一方，点 P で O を向くような法線方向の単位ベクトルを $\boldsymbol{n}$ とすれば，$\Delta s\to 0$ の極限で $\Delta\boldsymbol{t}$ は $\boldsymbol{n}$ の方向を向く．こうして，$\Delta s\to 0$ の極限で

$$\frac{d\boldsymbol{t}}{ds}=\frac{\boldsymbol{n}}{\rho} \tag{3.32}$$

が得られる．点 O を**曲率中心**(center of curvature)，また ρ を**曲率半径**(radius of curvature)という．点 P 近傍の曲線を円で近似したときの円の中心およびその半径がそれぞれ曲率中心，曲率半径である．

以上，$\boldsymbol{t}$ は s の関数と考えたが，s は時間 t の関数であり，したがって

$$\frac{d\boldsymbol{t}}{dt}=\frac{d\boldsymbol{t}}{ds}\frac{ds}{dt}=\frac{\boldsymbol{n}}{\rho}v \tag{3.33}$$

となる．ただし，$ds/dt=v$ の関係を用いた．ここで v は質点の速さである．(3.33)を(3.31)に代入し，$\ddot{s}=\dot{v}$ に注意すると

$$\boldsymbol{a}=a_{\mathrm{t}}\boldsymbol{t}+a_{\mathrm{n}}\boldsymbol{n},\qquad a_{\mathrm{t}}=\dot{v},\qquad a_{\mathrm{n}}=\frac{v^2}{\rho} \tag{3.34}$$

が得られる．上式は加速度 $\boldsymbol{a}$ を接線方向と法線方向に分解したことに相当するが，接線方向の成分 a_{t} を**接線加速度**(tangential acceleration)，法線方向の成分 a_{n} を**法線加速度**(normal acceleration)という．

接線方向，法線方向の運動方程式　質点に働く力を $\boldsymbol{F}$ とし，その接線方向，法線方向の成分をそれぞれ F_{t}，F_{n} とすれば，運動方程式 $m\boldsymbol{a}=\boldsymbol{F}$ の成分をとり，$ma_{\mathrm{t}}=F_{\mathrm{t}}$，$ma_{\mathrm{n}}=F_{\mathrm{n}}$ が求まる．したがって，(3.34)により，接線

方向，法線方向の運動方程式として，次の式が得られる．

$$m\dot{v} = F_{\mathrm{t}}, \qquad m\frac{v^2}{\rho} = F_{\mathrm{n}} \tag{3.35}$$

これまで質点は平面上の曲線に沿って運動すると仮定してきたが，同様な議論は3次元空間中の曲線に拡張できる．しかし，その話はかなり複雑になるので，この問題にはこれ以上深く立ち入らないことにする．

例題 3-5 単振り子の場合，接線方向の運動方程式を用いて，(3.30)を導け．また，法線方向の運動方程式から糸の張力 T に対して

$$m\frac{v^2}{l} = T - mg\cos\varphi \tag{3.36}$$

の関係が成り立つことを示せ．

［解］ 図3-5からわかるように，単振り子では曲率中心は糸の支点Oと一致し，また曲線半径は糸の長さ l に等しい．$\dot{\varphi}>0$ だと $\boldsymbol{t}$ は右上方を向き，このため $F_{\mathrm{t}}=-mg\sin\varphi$ と書ける．また，この場合 $v=l\dot{\varphi}$ が成り立ち，よって(3.35)の左式から $ml\ddot{\varphi}=-mg\sin\varphi$ となり，(3.30)が得られる．逆に $\dot{\varphi}<0$ のときには，v は速さで正の量である点に注意すれば $v=-l\dot{\varphi}$ である．このときには $\boldsymbol{t}$ が左下方を向くので，$F_{\mathrm{t}}=mg\sin\varphi$ となり，結局上と同じことで，$\dot{\varphi}$ の正負にかかわらず(3.30)が導かれる．一方，図3-5からわかるように $F_{\mathrm{n}}=T-mg\cos\varphi$ となり，$\rho=l$ に注意すれば，(3.35)の右式から(3.36)が得られる．なお，運動方程式の x, y 成分から(3.36)を導くこともできるが，それについては演習問題2を参照せよ． ▩

3-4 単振動と強制振動

ある点から変位した質点にいつもその点に戻るような力が働くとき，この力を**復元力**(restoring force)という．とくに，力の大きさが変位の距離に比例する場合，この復元力を線形復元力という．一直線(x 軸)上を運動する質点に線形復元力が働くと，その質点は単振動を行なう．質点に働く線形復元力 F を便宜上

$$F = -m\omega^2 x \tag{3.37}$$

と表わす(m は質点の質量). $x>0$ だと $F<0$, $x<0$ だと $F>0$ となり(3.37)で与えられる力は常に原点Oを向くことがわかる.

質点に対する運動方程式は $m\ddot{x}=-m\omega^2 x$, すなわち

$$\ddot{x} = -\omega^2 x \tag{3.38}$$

と書ける. この微分方程式を解くため, $x=e^{\alpha t}$ と仮定する. これを時間で2回微分し, (3.38)に代入すると $\alpha^2 e^{\alpha t}=-\omega^2 e^{\alpha t}$, ゆえに $\alpha=\pm i\omega$ が求まる. ただし, i は虚数単位で $i^2=-1$ である. このようにして(3.38)の1つの解は下記のように表わされる.

$$x = e^{i\omega t} \tag{3.39}$$

オイラーの公式を利用すると上の x は

$$x = \cos\omega t + i\sin\omega t \tag{3.40}$$

と書け, これが(3.38)の解となる. ところで, x は本来実数の量であるから, 複素数の解は物理的に意味がない. しかし, 上式の実数部分 $\cos\omega t$ と虚数部分 $\sin\omega t$ がそれぞれ(3.38)の解であることは, これらの関数を(3.38)に代入し容易に確かめることができる. したがって, a, b を任意定数としたとき, (3.38)の一般解は次式で与えられる.

$$x = a\sin\omega t + b\cos\omega t \tag{3.41}$$

(3.41)で $a=A\cos\alpha$, $b=A\sin\alpha$ とおけば, 三角関数の加法定理を用い

$$x = A\sin(\omega t+\alpha) \tag{3.42}$$

となり, 単振動に対する式が得られる. もし, 線形復元力が

$$F = -kx \qquad (k>0) \tag{3.43}$$

という形で記述されるなら, (3.37)と比較して $m\omega^2=k$ となり, 角振動数 ω および振動の周期 T はそれぞれ

$$\omega = \sqrt{\frac{k}{m}}, \qquad T = \frac{2\pi}{\omega} = 2\pi\sqrt{\frac{m}{k}} \tag{3.44}$$

で与えられる. なお, 単振動を(3.39)のような複素数で表わすと便利な点が多い. これを単振動の**複素数表示**(complex representation)という. 今後も場合によりこの種の表示を利用する.

単振動の例　前節で述べた単振り子に対する運動方程式(3. 30)で φ が十分小さければ，$\sin\varphi \simeq \varphi$ という近似式が適用でき，$\ddot{\varphi} = -(g/l)\varphi$ が導かれる．これは(3. 38)と同形の方程式であり，角振動数 ω は $\omega = \sqrt{g/l}$ で与えられることがわかる．したがって，周期 T は

$$T = 2\pi\sqrt{\frac{l}{g}} \tag{3. 45}$$

と表わされる．すなわち，糸の長さ l の単振り子が微小振動するとき，その振動は(3. 45)の周期をもつ単振動である．また，この周期は振動の振幅と無関係であるが，この性質を**等時性**(isochronism)という．例えば，$l = 0.5\,\mathrm{m}$ のとき，その周期は $T = 2\pi\sqrt{0.5/9.81}\,\mathrm{s} = 1.42\,\mathrm{s}$ と計算される．

強制振動　一直線(x 軸)上を運動する質量 m の質点に，線形復元力 $-m\omega^2 x$ と外力 $F(t)$ とが同時に働くと，運動方程式は

$$m\ddot{x} = -m\omega^2 x + F(t) \tag{3. 46}$$

と表わされる．このような運動を一般に**強制振動**(forced vibration)という．とくに重要なのは，$F(t)$ が

$$F(t) = mF_0 \cos\omega_0 t \tag{3. 47}$$

のように，角振動数 ω_0 で振動する場合である(F_0 は定数)．

(3. 47)を(3. 46)に代入すると

$$\ddot{x} + \omega^2 x = F_0 \cos\omega_0 t \tag{3. 48}$$

という微分方程式が得られる．これを解くには，前に抵抗があるときの落体の運動を扱ったのと同じように，(3. 48)の特殊解と(3. 48)の右辺を 0 とおいた方程式の解との和をとればよい．後者は単振動の解であるから $a\sin\omega t + b\cos\omega t$ で与えられる．一方，特殊解を求めるため，B を定数として $x = B\cos\omega_0 t$ とおき(3. 48)に代入すると $B(\omega^2 - \omega_0{}^2)\cos\omega_0 t = F_0\cos\omega_0 t$ となる．したがって，$\omega \neq \omega_0$ の場合，B は $F_0/(\omega^2 - \omega_0{}^2)$ と計算される．このようにして，(3. 48)の解は $\omega \neq \omega_0$ なら

$$x = a\sin\omega t + b\cos\omega t + \frac{F_0}{\omega^2 - \omega_0{}^2}\cos\omega_0 t \tag{3. 49}$$

と書ける．ここで，a, b は初期条件によって決定される．(3. 49)から明らか

なように，x は元来の調和振動子の角振動数 ω で振動する部分と，外部からの角振動数 ω_0 で振動する部分の和として表わされる．

共振　(3.49) で $\omega=\omega_0$ とおくと，振幅が無限大となってしまい，物理的に不合理である．この場合の正しい解を導くため

$$\frac{F_0}{\omega^2-\omega_0{}^2}(\cos\omega_0 t-\cos\omega t) \tag{3.50}$$

という特殊解を考える．(3.50) は (3.49) で $a=0$, $b=-F_0/(\omega^2-\omega_0{}^2)$ とおき，$\omega\to\omega_0$ で有限になるように選んだ解である．(3.50) はとにかく (3.48)

Coffee Break

身の回りの共振現象

風に揺れる木の枝，水に浮かんだ物体の上下振動，ブランコの振動など，振動は日常生活においてもよくみられる現象である．振動の振幅が十分小さいと，振動は近似的に単振動とみなすことができる．したがって，振動する体系はその体系に固有な振動数をもち，これを**固有振動数** (eigenfrequency) という．固有振動数 f をもつ振動系に振動数 f_0 をもつ周期的な外力が作用し強制振動が行なわれる場合，f が f_0 に等しいと強制振動の振幅がいちじるしく大きくなる．この現象が共振である．

共振を実際に確かめるのは極めて簡単で，適当な糸とおもりを準備すればよい．糸におもりをつるし，糸の一端を手で固定し単振り子として振動させる．次に手を振動の面内で左右にゆらし単振り子の振動と同調させると，振動は次第に激しくなる．これは演習問題 5 の実験的検証でもある．ブランコをこぐとき体をうまく前後に動かすと，振幅が次第に大きくなることは幼児体験として読者の記憶にも残っていよう．一方，地震の振動が建物の固有振動と共振すると，被害は大きくなる．巨大なつり橋が風と共振を起こして壊れてしまった例もある．時として，共振は思わぬ災害を招くことがある．

を満たすから，特殊解としての資格をもつ．(3.50)で $\omega\to\omega_0$ の極限をとると同式は $F_0 t\sin\omega_0 t/2\omega_0$ と表わされる．したがって，$\omega=\omega_0$ だと(3.48)の一般解は

$$x = a\sin\omega_0 t+b\cos\omega_0 t+\frac{F_0 t}{2\omega_0}\sin\omega_0 t \tag{3.51}$$

となる．この場合，$\sin\omega_0 t$ の振幅は時間とともに大きくなっていくが，このような現象を**共振**(resonance)または共鳴という．実際には，質点に働く抵抗力のため，振幅は有限にとどまるが，これについては後で述べる．

3-5 減衰振動

空気中で単振り子を振動させると，空気の抵抗とか支点における摩擦などの影響で，振動の振幅は次第に小さくなり，最後には振動が止まってしまう．このような振動を**減衰振動**(damped oscillation)という．減衰振動の1つの例として，x 軸上を運動する質量 m の質点に線形復元力 $-m\omega^2x$ と抵抗力 $-2m\gamma\dot{x}$ とが働くとしよう．ただし，γ は正の定数とする．この場合の運動方程式は，$m\ddot{x}=-m\omega^2x-2m\gamma\dot{x}$，すなわち

$$\ddot{x}+2\gamma\dot{x}+\omega^2x = 0 \tag{3.52}$$

と表わされる．

単振動の場合と同様，(3.52)を解くため $x=e^{\alpha t}$ とおき，(3.52)に代入すると，α を決めるための方程式として $\alpha^2+2\gamma\alpha+\omega^2=0$ が求まる．この α に対する2次方程式を解いて，α は

$$\alpha = -\gamma\pm\sqrt{\gamma^2-\omega^2} \tag{3.53}$$

と計算される．もし $\gamma<\omega$ だと，上の平方根中の量は負になり，α は

$$\alpha = -\gamma\pm\sqrt{\omega^2-\gamma^2}\,i \tag{3.54}$$

となる．よって，x は平方根の前の + 符号をとり

$$\begin{aligned} x &= e^{-\gamma t}e^{\sqrt{\omega^2-\gamma^2}\,it} \\ &= e^{-\gamma t}(\cos\sqrt{\omega^2-\gamma^2}\,t+i\sin\sqrt{\omega^2-\gamma^2}\,t) \end{aligned} \tag{3.55}$$

と表わされる．この式の実数部分と虚数部分とがそれぞれ(3.52)の解である

ことは，直接代入して確かめられる．(3.54)で平方根の前の − 符号をとっても同じ結論が得られる．あるいは，下の例題のように考えてもよい．

例題 3-6 (3.52)を満たす複素数の解があるとき，その実数部分および虚数部分も方程式の解であることを証明せよ．

［解］ (3.52)の複素数の解を z とすれば，これは $\ddot{z}+2\gamma\dot{z}+\omega^2 z=0$ を満たす．ここで，z を実数部分 x_1 と虚数部分 x_2 とに分け，$z=x_1+ix_2$ とおく．これを上の方程式に代入すると

$$\ddot{x}_1+2\gamma\dot{x}_1+\omega^2 x_1+i(\ddot{x}_2+2\gamma\dot{x}_2+\omega^2 x_2) = 0$$

となる．ところで，ある複素数が 0 であるということは，その実数部分および虚数部分が 0 であることを意味し，したがって，x_1 も x_2 も(3.52)の解であることがわかる．ただし，この結果が成り立つのは γ, ω が実数であるからで，そうでないときには成立しない． ▨

こうして，単振動のときと同様，a, b を任意定数とし，(3.52)の一般解は

$$x = e^{-\gamma t}(a\sin\sqrt{\omega^2-\gamma^2}\,t+b\cos\sqrt{\omega^2-\gamma^2}\,t) \tag{3.56}$$

と表わされる．さらに，前と同じく $a=A\cos\alpha$，$b=A\sin\alpha$ とおけば

$$x = Ae^{-\gamma t}\sin(\sqrt{\omega^2-\gamma^2}\,t+\alpha) \tag{3.57}$$

が得られる．上の三角関数は角振動数 $\sqrt{\omega^2-\gamma^2}$ の単振動を表わす．(3.57)の x は，この単振動の振幅が $Ae^{-\gamma t}$ というふうに時間とともに減衰していく振動を表わすので(図 3-7)，これを減衰振動とよぶのである．

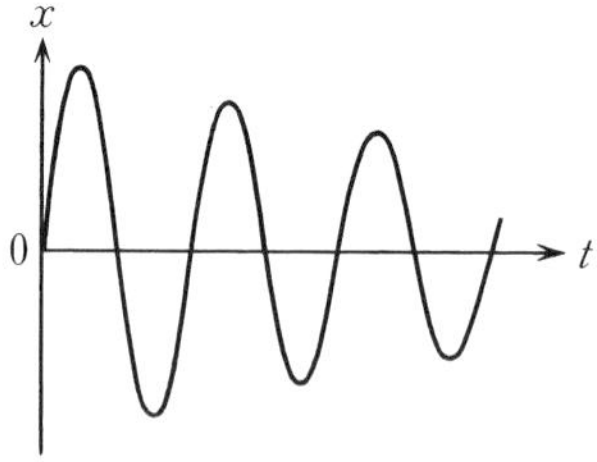

図 3-7 減衰振動

過減衰 以上の議論では，抵抗力が小さくて $\gamma<\omega$ が成り立つとしてきたが，逆に $\gamma>\omega$ だと，(3.53)の平方根中の量は正で α は実数となる．このときの α を $\alpha=-\Gamma$ と書けば，Γ には

$$\Gamma_1 = \gamma+\sqrt{\gamma^2-\omega^2}, \qquad \Gamma_2 = \gamma-\sqrt{\gamma^2-\omega^2} \tag{3.58}$$

の 2 つの可能性がある．Γ_1 も Γ_2 も正の実数である．$e^{-\Gamma_1 t}$ も $e^{-\Gamma_2 t}$ も，ともに(3.52)を満たすから，いまの場合，方程式の解は a, b を任意定数として

$$x = ae^{-\Gamma_1 t} + be^{-\Gamma_2 t} \tag{3.59}$$

で与えられる．上式には，(3.57)と違って振動を表わす三角関数が現われない．このような非周期的な運動を**過減衰**(overdamping)という．すなわち，抵抗力が大きいと，質点が 1 回振動する前に抵抗のため振幅が事実上 0 となってしまい，質点の運動は振動という形をとらないのである．

例題 3-7 上の過減衰でとくに $\gamma=\omega$ の関係が成立するときの運動について考えよ．

［解］ (3.58)で $\gamma=\omega$ とおくと $\Gamma_1=\Gamma_2=\gamma$ となり，とにかく $e^{-\gamma t}$ が方程式の解であることがわかる．(3.52)はいまの場合 $\ddot{x}+2\gamma\dot{x}+\gamma^2 x=0$ と書けるが，これは 2 階の微分方程式であるから，独立な解が 2 つ存在するはずである．$e^{-\gamma t}$ と独立な解を探すため，$x=f(t)e^{-\gamma t}$ とおく．これを上の方程式に代入すると

$$\dot{x} = \dot{f}e^{-\gamma t} - \gamma fe^{-\gamma t}, \qquad \ddot{x} = \ddot{f}e^{-\gamma t} - 2\gamma\dot{f}e^{-\gamma t} + \gamma^2 fe^{-\gamma t}$$

を用いて，$\ddot{f}=0$ の結果が得られる．したがって，a, b を任意定数として $f=a+bt$ となり，一般解は次のように表わされる．

$$x = (a+bt)e^{-\gamma t} \tag{3.60}$$

この場合の運動をとくに**臨界制動**(critical damping)という． ▨

外力が働くときの減衰振動 上述の減衰振動にさらに外力が働くときを考えてみよう．あるいは同じことだが，(3.46)の運動方程式でさらに $-2m\gamma\dot{x}$ の抵抗力が働く場合であるとみなしてもよい．外力は(3.47)の形をもつとすれば，運動方程式は次のように書ける．

$$\ddot{x} + 2\gamma\dot{x} + \omega^2 x = F_0 \cos \omega_0 t \tag{3.61}$$

(3.61)の解は，これまでと同様，右辺を 0 とおいた解，すなわち減衰振動の解と特殊解 x_1 との和で与えられる．時間が十分経過すると，減衰振動の寄与は事実上 0 となってしまうので，この場合には x_1 だけを考慮すればよい．x_1 を求めるため，(3.61)の右辺が $F_0 e^{i\omega_0 t}$ の実数部分であることに注意し，また z を複素数として

$$\ddot{z}+2\gamma\dot{z}+\omega^2 z = F_0 e^{i\omega_0 t} \tag{3.62}$$

という方程式を考える．例題 3-6 と同じように，z を実数部分と虚数部分にわけ，(3.62)の実数部分をとると(3.61)が導かれる．したがって，(3.62)の解の実数部分が求める特殊解 x_1 となる．

(3.62)を解くため，B を t に依存しない適当な複素数として $z=Be^{i\omega_0 t}$ と仮定する．$\dot{z}=Bi\omega_0 e^{i\omega_0 t}$, $\ddot{z}=-B\omega_0{}^2 e^{i\omega_0 t}$ であるから，(3.62)に代入して $-B\omega_0{}^2+2\gamma Bi\omega_0+\omega^2 B=F_0$ となり，これから B は

$$B = \frac{F_0}{\omega^2-\omega_0{}^2+2\gamma\omega_0 i} \tag{3.63}$$

と求まる．また，A, α を実数として B を

$$B = Ae^{-i\alpha} \tag{3.64}$$

とおく．(3.63), (3.64)の実数部分，虚数部分をそれぞれ等しいとおくと

$$A\cos\alpha = \frac{(\omega^2-\omega_0{}^2)F_0}{(\omega^2-\omega_0{}^2)^2+4\gamma^2\omega_0{}^2} \tag{3.65a}$$

$$A\sin\alpha = \frac{2\gamma\omega_0 F_0}{(\omega^2-\omega_0{}^2)^2+4\gamma^2\omega_0{}^2} \tag{3.65b}$$

が導かれる．さらに，(3.65a), (3.65b)から A, α は

$$A = \frac{F_0}{\sqrt{(\omega^2-\omega_0{}^2)^2+4\gamma^2\omega_0{}^2}}, \qquad \tan\alpha = \frac{2\gamma\omega_0}{\omega^2-\omega_0{}^2} \tag{3.66}$$

と計算される．このようにして，(3.62)の特殊解 x_1 は

$$x_1 = \mathrm{Re}\,(Be^{i\omega_0 t}) = \mathrm{Re}\,[Ae^{i(\omega_0 t-\alpha)}] \tag{3.67}$$

と書ける．ただし，Re の記号は実数部分をとるという意味である．(3.67)から x_1 は

$$x_1 = A\cos(\omega_0 t-\alpha) \tag{3.68}$$

となり，x_1 は外力と同様，角振動数 ω_0 の単振動として表わされることがわかる．このときの振幅 A は(3.66)の左式で与えられるが，ω_0, γ, F_0 を固定しておき A を ω の関数とみなせば，A は $\omega=\omega_0$ のとき最大となる．この結果は前節で述べた共振に対応している．

第3章 演習問題

1. 初速度 v_0, 水平面との仰角 θ で質点を投げ上げた. 空気の抵抗などは働かないとして以下の問に答えよ.

(i) v_0 を一定にしたとき質点の到達距離を最大にするような θ を求めよ.

(ii) 到達距離の最大値を d_m とする. d_m を計算せよ.

(iii) d_m を 100 m とするための v_0 の値はいくらか.

2. 単振り子のおもりの速さを v とするとき, (3.26)を用い

$$m\frac{v^2}{l} = T - mg\cos\varphi$$

の関係が成立することを証明せよ.

3. 平面上で半径 A の等速円運動する質点(質量 m)には常に円の中心に向かうような力が働く. この力を**向心力**(centripetal force)という. 質点の速さを v として向心力の大きさ F を求めよ.

4. 一直線(x 軸)を運動する質量 m の質点があり, この質点には $F=F_0-kx$ の力が働くとする(k は正の定数).

(i) 質点が静止しているときの x 座標 x_0 を求めよ.

(ii) x_0 のまわりで質点が運動するとき, この運動は単振動であることを示せ.

5. 横揺れする電車の中につるされたつり輪の運動を考えるため, 図 3-5 の単振り子に対する図で糸の支点が y 軸上で $y=y_0\cos\omega_0 t$ の単振動を行なうとする. φ が十分小さいとすれば, φ の運動は強制振動として記述されることを示せ.

4 運動量と力学的エネルギー

運動量と力学的エネルギーは力学における重要な概念である．一般に，仕事をする能力のことを**エネルギー**(energy)というが，物理学に現われるエネルギーには，力学的エネルギー，熱エネルギー，電気エネルギーなどいろいろな種類がある．このうち，力学的エネルギーはもっとも基本的なものである．また，力学的エネルギー保存則は重要な物理法則であるばかりではなく，具体的な力学の問題を解くのに役立つ．

4-1 運動量

質量 m の質点が速度 $\boldsymbol{v}$ で運動しているとき

$$\boldsymbol{p} = m\boldsymbol{v} \tag{4.1}$$

で定義される $\boldsymbol{p}$ をその質点の**運動量**(momentum)という．m が一定の場合，ニュートンの運動方程式は

$$\frac{d\boldsymbol{p}}{dt} = \boldsymbol{F} \tag{4.2}$$

と表わすことができる．したがって，運動の第2法則は，運動量の時間微分はその質点に働く力に等しいとも表現される．(4.2)で $\boldsymbol{F}=0$ のとき，すなわち質点に力が働かないときには，運動量は時間 t によらず一定となる．このように，運動の間中，一定となっている量を**運動の定数**(constant of motion)という．なお，$\boldsymbol{F} \neq 0$ の場合でも $\boldsymbol{p}$ のある成分が運動の定数となることもある．すなわち，(4.2)の成分をとると

$$\dot{p}_x = F_x, \quad \dot{p}_y = F_y, \quad \dot{p}_z = F_z \tag{4.3}$$

であるが，例えば $F_y=0, F_z=0$ で F_x が 0 でないとき，p_y と p_z とはともに運動の定数となる．

力積　(4.2)の両辺を時刻 t_1 から時刻 t_2 まで時間に関して積分すると

$$\boldsymbol{p}_2 - \boldsymbol{p}_1 = \boldsymbol{I} \tag{4.4}$$

と書ける．ただし，$\boldsymbol{p}_1, \boldsymbol{p}_2$ はそれぞれ時刻 t_1, t_2 における運動量で，また $\boldsymbol{I}$ は

$$\boldsymbol{I} = \int_{t_1}^{t_2} \boldsymbol{F} dt \tag{4.5}$$

で定義される．この $\boldsymbol{I}$ を**力積**(impulse)という．(4.4), (4.5)からわかるように，ある時間内の運動量の増加はその時間内に質点に作用する力積に等しい．

撃力　力積を考えるるとくに便利なのは大きな力が瞬間的に働く場合で，このような力を**撃力**(impulsive force)という．例えば，金づちで釘を打ち込むとき，野球のバットでボールを打ち返すときなどに働く力は撃力である．撃力が働くとき，力 $\boldsymbol{F}$ は非常に大きくても，力の働いている時間 Δt は非常に短いので，その結果，力積の大きさ $F\Delta t$ は有限になると考えられる．

撃力を数学的に表現するため，図 4-1 に示すような t の関数を考え $\Delta t \to 0$

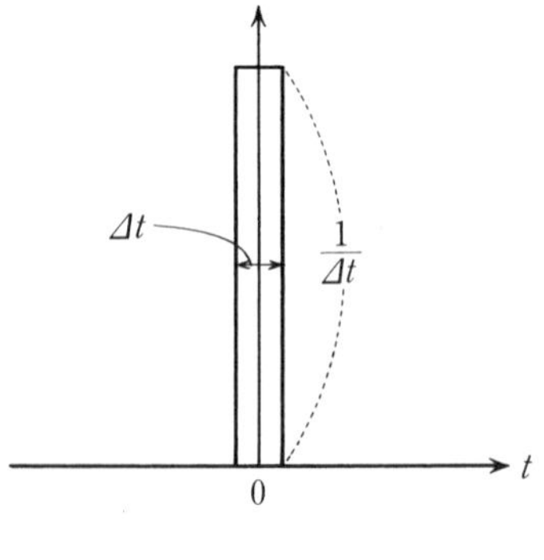

図 4-1　デルタ関数($\Delta t \to 0$ の極限をとる)

の極限をとるとしよう．このような極限で得られる t の関数 $\delta(t)$ をディラック(P. A. M. Dirac)の**デルタ関数**(delta function)という．以上のデルタ関数の構成法からわかるように，$\delta(t)$ は t に関する偶関数で $\delta(-t)=\delta(t)$ を満たし，また

$$\delta(t) = \begin{cases} 0 & (t \neq 0) \\ \infty & (t=0) \end{cases} \qquad \int_{-\infty}^{\infty} \delta(t)dt = 1 \tag{4.6}$$

の性質をもつ．いわば，$\delta(t)$ は $t=0$ における，無限に大きい，しかし面積1のピークで表わされるような関数である．上の右式で便宜上，積分範囲を $-\infty$ から ∞ にしたが，左式の性質により，ε を正の微小量としたときこの積分範囲を $-\varepsilon$ から ε にしてもよい．時刻 t' で瞬間的に働く撃力 $\boldsymbol{F}(t)$ はその力積を $\boldsymbol{I}$ として，次式で与えられる．

$$\boldsymbol{F}(t) = \boldsymbol{I}\delta(t-t') \tag{4.7}$$

例題 4-1　x 軸上で運動する質量 m の質点に，$F(t)=I\delta(t-t')$ の撃力が働いたとする．t' の前後における質点の速度の変化はどうなるか．また，質点の座標の変化はどのようになるか．

［解］　質点の速度，運動量の x 成分を簡単のためそれぞれ v, p と書く．質点に働く撃力以外の力の x 成分を F とすれば，(4.2)の x 成分をとった式は

$$\dot{p} = F + I\delta(t-t')$$

と表わされる．$t=t'+\varepsilon$ における p の値を p_+，$t=t'-\varepsilon$ における p の値を p_- と書き，上式を t に関し $t'-\varepsilon$ から $t'+\varepsilon$ まで積分する．F からの寄与は $\varepsilon\to 0$ の極限で無視できるので，δ 関数の性質を使い $p_+-p_-=I$ となる．したがって，v に対し上と同様の v_+, v_- を定義すれば，$p=mv$ の関係を使い $v_+-v_-=I/m$ が得られる．このため，v は $t=t'$ で不連続となる(図4-2)．一方，質点の x 座標の場合，同じような x_+, x_- に対して

$$x_+ - x_- = \int_{t'-\varepsilon}^{t'+\varepsilon} v dt$$

が成り立つが，図4-2からわかるように，$\varepsilon\to 0$ の極限で上式の積分値は0となる．よって，x は t' で連続となる．このように，撃力が働く場合，質

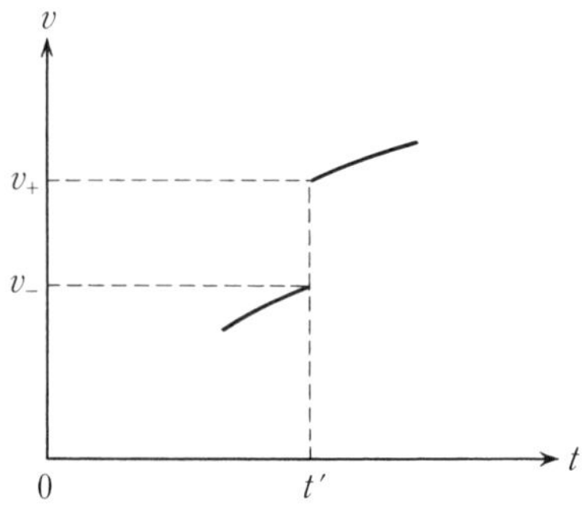

図 4-2

点の座標は連続的，運動量(あるいは速度)は不連続的に変化する．

4-2 質点系の運動方程式と全運動量

運動量の概念は質点系に拡張することができる．その議論に入る前に，話の順序として質点系に対する運動方程式を考えよう．いま，n 個の質点から構成される質点系を考え，i 番目の質点の質量を m_i，その位置ベクトルを $\boldsymbol{r}_i$ とする($i=1, 2, \cdots, n$)．これらの質点は互いに相互作用を及ぼし合うし，また質点系以外のものからも力を受ける．一般に，注目している質点系の外部から作用する力を**外力**(external force)，質点系内の質点同士に働く力を**内力**(internal force)という．i 番目の質点に働く外力を $\boldsymbol{F}_i$，j 番目の質点($j \neq i$)がそれに及ぼす内力を $\boldsymbol{F}_{ij}$ と書く．そうすると，個々の質点に対するニュートンの運動方程式は

$$\left\{\begin{array}{l} m_1\ddot{\boldsymbol{r}}_1 = \boldsymbol{F}_1+\boldsymbol{F}_{12}+\boldsymbol{F}_{13}+\cdots+\boldsymbol{F}_{1n} \\ m_2\ddot{\boldsymbol{r}}_2 = \boldsymbol{F}_2+\boldsymbol{F}_{21}+\boldsymbol{F}_{23}+\cdots+\boldsymbol{F}_{2n} \\ \quad\cdots\cdots\cdots\cdots\cdots \\ m_n\ddot{\boldsymbol{r}}_n = \boldsymbol{F}_n+\boldsymbol{F}_{n1}+\boldsymbol{F}_{n2}+\cdots+\boldsymbol{F}_{n,n-1} \end{array}\right. \tag{4.8}$$

と表わされる．ただし，質点はそれ自身に力を及ぼすことはないので，上式で例えば $\boldsymbol{F}_{22}$ といった項は現われない．

運動の第3法則により $\boldsymbol{F}_{ij}=-\boldsymbol{F}_{ji}$ が成り立つから，(4.8)のすべての式を加え合わせると，例えば $\boldsymbol{F}_{12}$ は $\boldsymbol{F}_{21}$ と打ち消し合う．同様なことがすべての

内力で起こり，結局

$$m_1\ddot{\boldsymbol{r}}_1+m_2\ddot{\boldsymbol{r}}_2+\cdots+m_n\ddot{\boldsymbol{r}}_n = \boldsymbol{F}_1+\boldsymbol{F}_2+\cdots+\boldsymbol{F}_n \tag{4.9}$$

という方程式が導かれる．

全運動量 i 番目の質点の運動量を $\boldsymbol{p}_i$ とすれば，$\boldsymbol{p}_i=m_i\boldsymbol{v}_i=m_i\dot{\boldsymbol{r}}_i$ と書ける．ここで，各質点の運動量の総和をとり

$$\boldsymbol{P} = \boldsymbol{p}_1+\boldsymbol{p}_2+\cdots+\boldsymbol{p}_n = m_1\dot{\boldsymbol{r}}_1+m_2\dot{\boldsymbol{r}}_2+\cdots+m_n\dot{\boldsymbol{r}}_n \tag{4.10}$$

で定義される $\boldsymbol{P}$ を質点系の**全運動量**(total momentum)という．$m_1, m_2, \cdots, m_n$ が時間によらないとすれば，(4.9)から明らかなように

$$\frac{d\boldsymbol{P}}{dt} = \boldsymbol{F} \tag{4.11}$$

が成立する．ただし，$\boldsymbol{F}$ は

$$\boldsymbol{F} = \sum_{i=1}^{n}\boldsymbol{F}_i \tag{4.12}$$

で与えられる質点系に作用する外力の総和である．(4.11)からわかるように，全運動量に注目すると，1個の質点に対する(4.2)と同形の方程式が成り立つ．

重心に対する運動方程式 以下の式

$$\boldsymbol{r}_{\mathrm{G}} = \frac{m_1\boldsymbol{r}_1+m_2\boldsymbol{r}_2+\cdots+m_n\boldsymbol{r}_n}{m_1+m_2+\cdots+m_n} \tag{4.13}$$

の位置ベクトルで決まる点を質点系の**重心**(center of gravity)という．質点系中に含まれる質点の全質量を M とすれば $M=m_1+m_2+\cdots+m_n$ であるから，(4.13)の例えば x 成分をとると

$$x_{\mathrm{G}} = \frac{m_1x_1+m_2x_2+\cdots+m_nx_n}{M} \tag{4.14}$$

と書け，同様な式が $y_{\mathrm{G}}, z_{\mathrm{G}}$ に対しても成り立つ．

(4.13)を(4.9)に代入すると

$$M\ddot{\boldsymbol{r}}_{\mathrm{G}} = \boldsymbol{F} \tag{4.15}$$

という重心に対する運動方程式が導かれる．これからわかるように，質点系の全質量が重心に集中したとし，各質点に働くすべての外力の和が重心に働

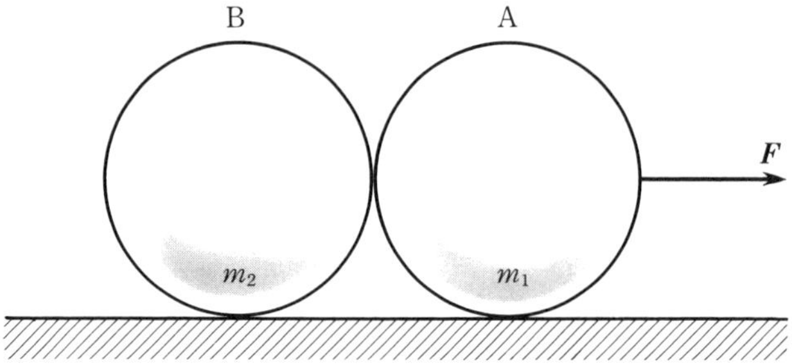

図 4-3　接着剤で固定した 2 つの小球

くと考えると，あたかも重心を質点のように取り扱ってニュートンの運動方程式が適用できる．一般に，質点系中の個々の質点の運動は複雑であるが，重心の運動は 1 個の質点に対する力学の問題に帰着する．

例題 4-2　小球 A(質量 m_1) に小球 B(質量 m_2) を接着剤で固定し，A に図 4-3 のように一定の力 $\boldsymbol{F}$ を加えながら，滑らかな水平の床の上を運動させる．小球は質点とみなせるとして以下の設問に答えよ．

(1)　体系全体の加速度 $\boldsymbol{a}$ を計算せよ．

(2)　A, B 間に働く力を求めよ．

［解］　(1)　A, B は一体となって運動するので，A, B および重心の加速度は共通の値 $\boldsymbol{a}$ をもつ．A, B を合わせて 1 つの質点系とみなせば，これに働く外力は $\boldsymbol{F}$ であるから (4. 15) により $(m_1+m_2)\boldsymbol{a}=\boldsymbol{F}$ となり，$\boldsymbol{a}$ は

$$\boldsymbol{a} = \frac{\boldsymbol{F}}{m_1+m_2}$$

と計算される．

(2)　A が B に及ぼす内力を $\boldsymbol{R}$ とすれば，B の運動方程式を考え $m_2\boldsymbol{a}=\boldsymbol{R}$ となりこれから $\boldsymbol{R}$ は以下のように求まる．

$$\boldsymbol{R} = \frac{m_2}{m_1+m_2}\boldsymbol{F}$$ ■

有限な大きさをもつ物体　有限な大きさをもつ物体を多数の微小部分に分割したと考え，各微小部分の質量をもつ質点でこの部分を代表させるとすれば，物体全体を質点系とみなすことができる．分割を無限に細かくすれば，

物体はいくらでも正確にこのような質点系で表わしうる．したがって，有限の大きさをもつ物体の場合，その質量を M，重心の位置ベクトルを $\boldsymbol{r}_G$，物体全体に働く外力を $\boldsymbol{F}$ とすれば，(4.15)の運動方程式がそのまま成立する．この式は第8章で示すように，剛体の運動を記述するための基礎方程式の1つである．

運動量保存則

質点系に働く外力の総和 $\boldsymbol{F}$ が0の場合，(4.11)により

$$\frac{d\boldsymbol{P}}{dt} = 0 \qquad \therefore \quad \boldsymbol{P} = \text{一定のベクトル} \tag{4.16}$$

が成立する．これからわかるように，質点系の全運動量は，その質点系に外部から力が働かない限り一定に保たれる．これを**運動量保存則**(momentum conservation law)という．この法則は外力が働かないとき全運動量は運動の定数であることを意味する．4-1節で述べたのと同様，$\boldsymbol{F}$ が0でなくても，例えばそれの x 成分が0であれば，P_x=一定 である．一般に，$\boldsymbol{F}$ のある方向の成分が0であれば，その方向にとった $\boldsymbol{P}$ の成分は運動の定数となる．運動量保存則は具体的な力学の問題に適用することができる．

例題 4-3　滑らかな水平面上を n 個の質点が運動しているとき，これらの質点の全運動量は運動の定数であることを示せ．

［解］　各質点には，重力と面からの垂直抗力が働くが，これらの力は水平面と垂直であるから，水平面内の任意の方向で成分をもたない．したがって，上述のように，水平面内の任意の方向にとった全運動量の成分は一定となる．一方，質点の各運動量 $\boldsymbol{p}_1, \boldsymbol{p}_2, \cdots, \boldsymbol{p}_n$ はいずれも水平面内にあり，このため

$$\boldsymbol{p}_1 + \boldsymbol{p}_2 + \cdots + \boldsymbol{p}_n = \text{一定}$$

という関係が得られる．この関係は質点が何回か衝突したりしても成り立つ．　■

4-3 力学的エネルギーとその保存則

力学的エネルギー　質量 m の質点が $\boldsymbol{v}$ の速度で運動しているとき

$$K = \frac{1}{2}mv^2 \tag{4.17}$$

で定義される K をその質点の**運動エネルギー**(kinetic energy)という．一方，質点に働く力 $\boldsymbol{F}$ が $\boldsymbol{F} = -\nabla U$ と表わされるとき，2-3 節で述べたように U を位置エネルギーとよぶ．ここで

$$E = K+U \tag{4.18}$$

で与えられる E を**力学的エネルギー**(mechanical energy)という．すなわち，力学的エネルギーは運動エネルギーと位置エネルギーの和である．

例題 4-4　運動エネルギー，位置エネルギーの MKS 単位系における単位は J であることを示せ．

［解］　運動エネルギーの単位は，(4.17)の定義からわかるように $\mathrm{kg \cdot m^2/s^2}$ で与えられる．一方 $\mathrm{J = N \cdot m}$, $\mathrm{N = kg \cdot m/s^2}$ であるから，$\mathrm{kg \cdot m^2/s^2 = N \cdot m = J}$ となる．また，位置エネルギーの次元は (力)×(長さ)と書け，よってその単位も J である．■

運動エネルギーと仕事　質量 m の質点に力 $\boldsymbol{F}$ が働くとき，運動方程式は

$$m\ddot{\boldsymbol{r}} = \boldsymbol{F} \tag{4.19}$$

と書ける．質点は時刻 t_A において空間中の 1 点 A を出発し，C の経路をへて時刻 t_B において点 B に達するとし，A, B における速度をそれぞれ $\boldsymbol{v}_A$, $\boldsymbol{v}_B$ とする．(4.19)の両辺と $\dot{\boldsymbol{r}}$ とのスカラー積を作ると $m\dot{\boldsymbol{r}} \cdot \ddot{\boldsymbol{r}} = \boldsymbol{F} \cdot \dot{\boldsymbol{r}}$ であるが $d\dot{\boldsymbol{r}}^2/dt = 2\dot{\boldsymbol{r}} \cdot \ddot{\boldsymbol{r}}$ に注意すると

$$\frac{d}{dt}\left(\frac{1}{2}m\dot{\boldsymbol{r}}^2\right) = \boldsymbol{F} \cdot \dot{\boldsymbol{r}} \tag{4.20}$$

と書ける．上式を t に関し t_A から t_B まで積分し，質点の速度 $\boldsymbol{v}$ が $\boldsymbol{v} = \dot{\boldsymbol{r}}$ であることを利用すると

$$\frac{1}{2}mv_B{}^2-\frac{1}{2}mv_A{}^2=\int_{t_A}^{t_B}\boldsymbol{F}\cdot\dot{\boldsymbol{r}}dt \tag{4.21}$$

が導かれる．上式の右辺で $\dot{\boldsymbol{r}}dt=d\boldsymbol{r}$ とすれば，この項は A→B と質点が運動したとき力のする仕事 W に等しいことがわかる．したがって，(4.17)を使うと，(4.21)は

$$K(\mathrm{B})-K(\mathrm{A})=W \tag{4.22}$$

と表わされる．ただし，$K(\mathrm{A}), K(\mathrm{B})$ は A, B における運動エネルギーである．(4.22)から結論されるように，質点の運動エネルギーの増加は，質点に働く力のした仕事に等しい．

例題 4-5　質量 0.2 kg の弾丸を固定されている材木に打ち込む．ただし，材木からの抵抗力は一定であると仮定する．弾丸の速さが 150 m/s のとき，弾丸は 3 cm だけ材木にくいこんで止まった．材木からの抵抗力を求めよ．

［解］　材木からの抵抗力の大きさを F とし，弾丸が静止するまで弾丸は距離 s だけ材木中を移動したとすれば，抵抗力のした仕事は $-Fs$ である．弾丸が最初もっていた速さを v とすれば，(4.22)により $-mv^2/2=-Fs$ が成り立つ．すなわち $F=mv^2/2s$ となり，3 cm＝0.03 m に注意し数値を代入すれば，$F=75000$ N と計算される．■

力学的エネルギー保存則

力が保存力の場合，(2.35)により $W=U(\mathrm{A})-U(\mathrm{B})$ と表わされる．したがって，(4.22)から $K(\mathrm{B})+U(\mathrm{B})=K(\mathrm{A})+U(\mathrm{A})$ となる．あるいは，(4.18)を使えば $E(\mathrm{B})=E(\mathrm{A})$ が得られる．B は軌道上の任意の点であるから，保存力の場合，質点の力学的エネルギーは一定に保たれることがわかる．これを**力学的エネルギー保存則**(law of conservation of mechanical energy)という．

例題 4-6　力が保存力の場合，(4.20)を利用して上記の保存則を導け．

［解］　$\boldsymbol{F}=-\nabla U$ だと(4.20)の右辺は $-\dot{\boldsymbol{r}}\cdot\nabla U$ となる．ここで，U は $U=U(x, y, z)$ と書け，あらわには時間を含まないとする．質点がある軌道に沿って運動するとき，質点の座標 x, y, z は t の関数となり，したがって U も t の関数となる．この場合，偏微分の公式により

$$\frac{d}{dt}U(x, y, z) = \frac{\partial U}{\partial x}\dot{x} + \frac{\partial U}{\partial y}\dot{y} + \frac{\partial U}{\partial z}\dot{z} = \dot{\boldsymbol{r}}\cdot\nabla U$$

が成り立つ．こうして，(4.20)は

$$\frac{d}{dt}\left[\frac{1}{2}m\dot{\boldsymbol{r}}^2 + U(x, y, z)\right] = 0$$

と変形され，$dE/dt=0$ が得られる．すなわち，E は運動の定数となり，力学的エネルギー保存則が導かれたことになる． ▩

単振動における力学的エネルギー保存則　力学的エネルギー保存則の簡単な例として1次元調和振動子を考えよう．x 軸上を運動する質量 m の質点に線形復元力 $F=-m\omega^2x$ が働くと，3-4 節で学んだように質点は単振動を行なう．一般に，1次元の運動では座標として x だけを考慮すればよいから，力 F が保存力の場合，$\boldsymbol{F}=-\nabla U$ の関係は $F=-dU(x)/dx$ と書ける．ただし，1変数を考えるので，偏微分の記号でなく通常の微分記号を用いた．上述の線形復元力では，付加定数を除き位置エネルギー $U(x)$ が

$$U(x) = \frac{1}{2}m\omega^2x^2 \tag{4.23}$$

で与えられる．実際，(4.23)から力 F は $F=-m\omega^2x$ と計算される．こうして，質点の速度を v とすれば力学的エネルギー E は

$$E = \frac{1}{2}mv^2 + \frac{1}{2}m\omega^2x^2 \tag{4.24}$$

で与えられる．一方，単振動の場合，座標 x は $x=A\sin(\omega t+\alpha)$ と書け，速度 v は $v=\dot{x}=\omega A\cos(\omega t+\alpha)$ と表わされる．これらを(4.24)に代入すると

$$E = \frac{1}{2}m\omega^2A^2 \tag{4.25}$$

となり，E は時間に依存しない定数であることが確かめられる．(4.25)を振動のエネルギーということもある．

滑らかな束縛があるときの力学的エネルギー保存則　質点が滑らかな束縛を受けていると，U から導かれる力以外に束縛力 $\boldsymbol{R}$ が質点に働く．したが

って，質点に対する運動方程式は

$$m\ddot{\boldsymbol{r}} = -\nabla U + \boldsymbol{R} \tag{4.26}$$

と表わされる．2-4 節で述べたように，この場合，質点の変位 $d\boldsymbol{r}$ に対し $\boldsymbol{R}\cdot d\boldsymbol{r}=0$ が成り立つので $\boldsymbol{R}\cdot\dot{\boldsymbol{r}}=0$ である．したがって，(4.26) と $\dot{\boldsymbol{r}}$ とのスカラー積を作ると，$m\dot{\boldsymbol{r}}\cdot\ddot{\boldsymbol{r}}=-\dot{\boldsymbol{r}}\cdot\nabla U$ が得られる．このため，例題 4-6 と同じようにして $dE/dt=0$ の結果が導かれる．すなわち，質点が滑らかな束縛を受けていても，力学的エネルギー保存則が成立する．

質点系に対する力学的エネルギー保存則　n 個の質点から構成される質点系を考えると，i 番目の質点に対する運動方程式は $m_i\ddot{\boldsymbol{r}}_i=\boldsymbol{F}_i$ と表わされる．ここで，$U(\boldsymbol{r}_1, \boldsymbol{r}_2, \cdots, \boldsymbol{r}_n)$ という関数から $\boldsymbol{F}_i$ が $\boldsymbol{F}_i=-\nabla_i U$ の関係によって与えられるとする．ただし ∇_i は i 番目の質点の座標に関するナブラ記号である．このような U が質点系に対する位置エネルギーである．上記の運動方程式と $\dot{\boldsymbol{r}}_i$ とのスカラー積を作り，i について和をとると

$$\sum_{i=1}^{n} m_i\dot{\boldsymbol{r}}_i\cdot\ddot{\boldsymbol{r}}_i = -\sum_{i=1}^{n}\dot{\boldsymbol{r}}_i\cdot\nabla_i U \tag{4.27}$$

と表わされる．ここで

$$\frac{d}{dt}U(\boldsymbol{r}_1, \boldsymbol{r}_2, \cdots, \boldsymbol{r}_n) = \sum_{i=1}^{n}(\nabla_i U)\cdot\dot{\boldsymbol{r}}_i$$

の関係を利用すると，(4.27) は

$$\frac{d}{dt}\left[\sum_{i=1}^{n}\frac{1}{2}m_i\dot{\boldsymbol{r}}_i^2 + U(\boldsymbol{r}_1, \boldsymbol{r}_2, \cdots, \boldsymbol{r}_n)\right] = 0 \tag{4.28}$$

と書き換えられる．したがって，i 番目の質点の速度を $\boldsymbol{v}_i$ とし，質点系の全運動エネルギー K を

$$K = \sum_{i=1}^{n}\frac{1}{2}m_i\boldsymbol{v}_i^2 \tag{4.29}$$

で定義すれば，(4.28) から

$$K + U = 一定 \tag{4.30}$$

という質点系に対する力学的エネルギー保存則が得られる．この一定値は適当な初期条件などによって決められる．

4-4 力学的エネルギー保存則の応用

力学的エネルギー保存則は，それ自身物理学における重要な法則であるが，それだけでなく，運動方程式を解くとか，束縛力を求めるといった力学の具体的な問題に応用することができる．以下，そのような例をいくつか紹介しよう．

質点の落下運動　鉛直下向きに x 軸をとり，質量 m の質点が x 軸上で落下する場合を考える．重力は mg と表わされるので，重力の位置エネルギーは付加定数を除き $U=-mgx$ で与えられる．したがって，力学的エネルギー保存則は

$$\frac{1}{2}mv^2-mgx = 一定 \tag{4.31}$$

と書ける．$x=0$ での質点の速度を v_0 とすれば，(4.31)の一定値は $mv_0{}^2/2$ となり

$$2gx = v^2-v_0{}^2 \tag{4.32}$$

が得られる．上式は(3.8)の結果と一致する．

1次元の運動　一直線(x 軸)上を運動する質量 m の質点があり，これに $F=-dU(x)/dx$ で与えられる保存力 F が働くと仮定する．質点の速度は $\dot{x}$ と書けるから，力学的エネルギー保存則は

$$\frac{1}{2}m\dot{x}^2+U(x) = E \tag{4.33}$$

となる．ここで，E は力学的エネルギーを表わし，定数である．(4.33)から $\dot{x}=\pm\sqrt{2/m}\sqrt{E-U(x)}$，すなわち

$$\pm\sqrt{\frac{m}{2}}\frac{dx}{\sqrt{E-U(x)}} = dt \tag{4.34}$$

が導かれる．これを積分すると

$$\pm\sqrt{\frac{m}{2}}\int\frac{dx}{\sqrt{E-U(x)}} = t+C \tag{4.35}$$

となり，左辺の積分が計算できれば，質点の運動を決めることができる．なお，上式の ± の符号の決め方については少し後で述べる．

例題 4-7 (4.35)を利用して，1次元調和振動子の運動を求めよ．

［解］ 線形復元力 $F=-m\omega^2 x$ に対する位置エネルギー U は(4.23)で与えられる．$E=m\omega^2 A^2/2$，$\omega C=\beta$ とおけば(4.35)は

$$\pm\int\frac{dx}{\sqrt{A^2-x^2}} = \omega t+\beta$$

と書ける．左辺の積分を実行すると

$$\mp \cos^{-1}(x/A) = \omega t+\beta$$

となり，両辺の cos をとると $\cos(-x)=\cos x$ が成り立つから，∓ の符号のいかんにかかわらず $x/A=\cos(\omega t+\beta)$ と表わされる．ここで $\beta=\alpha-\pi/2$ とおくと，$x=A\sin(\omega t+\alpha)$ となって，単振動に対する式が得られる． ▩

運動の定性的な様子 (4.35)の積分が具体的に計算できなくても，運動の定性的な様子は次のような考察からわかる．いま，$U(x)$ を x の関数として図示したとき，例えば図 4-4 のような曲線で表わされるとする．(4.33)を $(m/2)\dot{x}^2=E-U(x)$ と書けばわかるように

$$E \geqq U(x) \tag{4.36}$$

が成り立つ．したがって，質点の運動は(4.36)の条件を満たすような領域で起こる．この点に注意し，図 4-4 の縦軸に定数 E をとり，図のように x 軸に平行な直線を引く．定数が E_1 のときこの直線は2点 P_1, P_2 で曲線と交わ

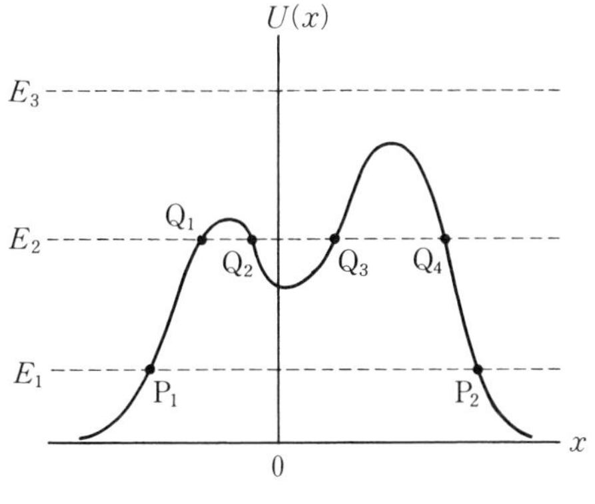

図 4-4 $U(x)$ の一例

るが，(4.36)の条件を満たす領域は P_1 の左側か，P_2 の右側である．運動はこのうちどちらかの領域で起こる．前者の領域で右向きに進む質点があると，質点が P_1 に近づくにつれその速さは小さくなる．なぜなら，$E-U(x)$ が速さの 2 乗に比例するからである．この場合には $\dot{x}>0$ なので，(4.34)あるいは(4.35)で $+$ の符号をとる．質点が P_1 に到達すると，速さは 0 となり，質点は P_1 で折り返し，以後は左向きに運動していく．よって，上とは逆に，(4.34)あるいは(4.35)で $-$ の符号を採用する．P_2 の右側で起こる運動の様子も同様な考え方で知ることができる．

質点の力学的エネルギーが大きくて E_2 の値をとるときには，図のように Q_1, Q_2, Q_3, Q_4 の 4 つの交点が現われる．Q_1 より左側，Q_4 より右側で起こる運動は基本的に前述のものと同じである．いまの場合，Q_2 と Q_3 との間の領域でも運動が可能であるが，右向きに進む質点は Q_3 で折り返し左向きに進み，さらに Q_2 で折り返して右向きに進み，以下，同様の運動を繰り返す．よって，質点はこの領域内で周期運動を行なう．質点のエネルギーがさらに大きく E_3 の値をもつと，$U(x)$ との交点がなくなり，運動は x の全領域 $(-\infty<x<\infty)$ で起こる．このときには，質点は一方向きに運動する．すなわち，はじめ右向きに質点が進むといつまでも右向きの運動を続けるので，このような場合には，(4.34)あるいは(4.35)の符号として $+$ をとればよい．

単振り子の糸の張力　図 4-5 のように，長さ l の糸の先端に質量 m のおもりをつけた単振り子を考えよう．糸の張力は，常におもりの運動方向と垂直であるから，仕事をしない．したがって，空気の抵抗などがなければ，前

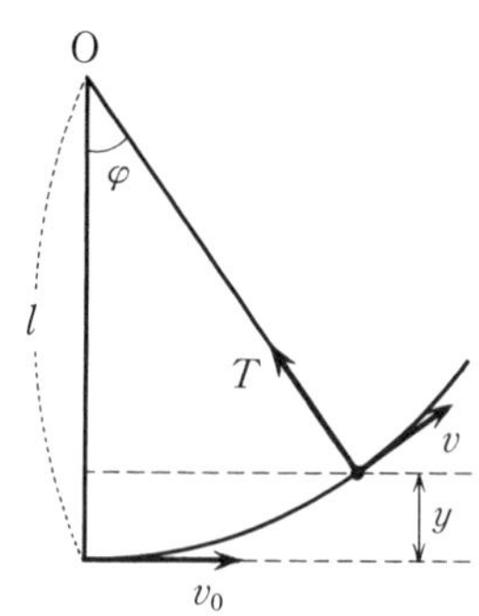

図 4-5　単振り子

に述べたようにこの場合でも力学的エネルギー保存則が適用できる．糸が鉛直方向から φ だけ傾いたときのおもりの速さを v，またその高さを図のように y とする．おもりの最下点 $(\varphi=0)$ をエネルギーの基準にとると，重力の位置エネルギーは $U=mgy$ で与えられる．したがって，力学的エネルギー E は

$$\frac{1}{2}mv^2+mgy = E \tag{4.37}$$

と表わされる．最下点におけるおもりの速さを v_0 とすれば，$E=mv_0{}^2/2$ である．また，図からわかるように，$y=l(1-\cos\varphi)$ が成り立つ．こうして (4.37) から次式が得られる．

$$v^2 = v_0{}^2-2gl(1-\cos\varphi) \tag{4.38}$$

一方，法線方向の運動方程式は，(3.36) により

$$m\frac{v^2}{l} = T-mg\cos\varphi \tag{4.39}$$

と書ける．(4.38), (4.39) から T は

$$T = m\frac{v_0{}^2}{l}-2mg+3mg\cos\varphi \tag{4.40}$$

と計算される．ところで，糸がおもりを束縛するためには $T>0$ でないといけない．$T<0$ の状態は糸がおもりを押すことを意味し，糸の場合このような状況は起こりえない．したがって，$T=0$ のところで糸がたるんでしまう．糸がたるむと，その直後のおもりの運動は放物運動となる．

張力 T を φ の関数と考えれば，$\cos\varphi$ は $\varphi=\pi$ すなわち図 4-5 で半径 l の円の最上点で最小値 -1 をとり，したがって T の最小値 $T_{\rm m}$ は

$$T_{\rm m} = m\frac{v_0{}^2}{l}-5mg \tag{4.41}$$

と表わされる．もし $T_{\rm m}>0$ であれば，いいかえると $mv_0{}^2/l>5mg$，すなわち

$$v_0{}^2 > 5gl \tag{4.42}$$

の条件が満たされると，常に $T>0$ となり，糸がたるむことなくおもりは回

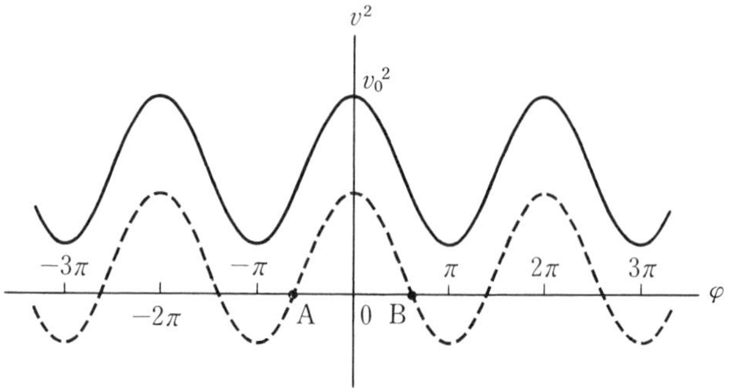

図 4-6

転運動を続ける.

例題 4-8 単振り子で糸のかわりに質量の無視できる棒の先におもりをつけたとする．このとき，おもりが回転運動を続けるための条件および振動を行なうための条件を求めよ．

［解］ 棒だと $T>0$ のとき T は張力，$T<0$ ならば T は棒がおもりを押す力となり，糸と違ってどちらの場合も可能である．よって，$T>0$ という条件を考慮する必要はなく，(4.38)の関係だけを考えればよい．φ を横軸，v^2 を縦軸にとり両者の関係を図示すると，図 4-6 のようになる．図の実線のようになっていれば，図 4-4 の場合と同様な議論で，おもりが回転運動を続けることになる．このための条件は，$\varphi=\pi$ での v^2 の最小値が正であること，すなわち ${v_0}^2>4gl$ と表わされる．逆に，${v_0}^2<4gl$ という条件が満たされると，図の破線で示した曲線が得られ，おもりは図の点 A, B 間で振動する． ▩

4-5 力学的エネルギーの散逸

力が保存力であれば，4-3 節で述べたように力学的エネルギー保存則が成り立つ．ところで，現実の力がいつも保存力であるとは限らない．例えば，第 2 章の演習問題 4 で学んだように静止摩擦力は保存力でないし，同様な理由により，動摩擦力や空気の抵抗力なども保存力ではない．このような非保存力が働くと，体系の力学的エネルギーが減少していくが，このように力学的エネルギーが失われる現象を力学的エネルギーの**散逸**(dissipation)という．この失われたエネルギーは，熱エネルギー，音のエネルギーなど他の種類のエネルギーに変わる．現実の問題では，体系に多少とも摩擦とか抵抗が働くから，必ず力学的エネルギーの散逸が起こる．このような観点でいえば，力学的エネルギー保存則は理想的な体系だけについて成立する物理法則である．

力学的エネルギーの散逸を調べるため，質量 m の質点に，保存力 $-\nabla U$ と非保存力(摩擦力とか抵抗力など) $\boldsymbol{F}'$ が同時に働くとする．運動方程式は

$$m\ddot{\boldsymbol{r}} = -\nabla U + \boldsymbol{F}' \tag{4.43}$$

と書けるが，上式と $\dot{\boldsymbol{r}}$ とのスカラー積をとりその結果を変形すると

$$\frac{d}{dt}\left[\frac{1}{2}m\dot{\boldsymbol{r}}^2 + U(x, y, z)\right] = \boldsymbol{F}'\cdot\dot{\boldsymbol{r}} \tag{4.44}$$

と表わされる．[　] 内の量は力学的エネルギーであるから，これを E と書く．非保存力が働く場合には(4.44)の右辺は 0 でないから，E は定数とならず，力学的エネルギー保存則が破れることになる．なお，質点が束縛運動するときでも，垂直抗力 $\boldsymbol{N}$ については $\boldsymbol{N}\cdot\dot{\boldsymbol{r}}=0$ が成り立つので，以下の議論はこのような場合にも適用できる．

(4.44)を時刻 t_{A} から t_{B} まで t に関して積分すると

$$E(\mathrm{B}) - E(\mathrm{A}) = \int_{t_{\mathrm{A}}}^{t_{\mathrm{B}}} \boldsymbol{F}'\cdot\dot{\boldsymbol{r}}dt \tag{4.45}$$

となる．ただし，$E(\mathrm{B}), E(\mathrm{A})$ はそれぞれ $t_{\mathrm{B}}, t_{\mathrm{A}}$ における力学的エネルギーである．(4.45)の右辺は t_{A} から t_{B} まで質点が運動したとき力 $\boldsymbol{F}'$ のした仕事 W' に等しい．したがって，(4.45)は

$$E(\mathrm{B}) - E(\mathrm{A}) = W' \tag{4.46}$$

と書ける．これからわかるように，力学的エネルギーの増加は非保存力のした仕事に等しい．質点が運動する際，摩擦力とか抵抗力は，必ずその運動を妨げる向きに働く．したがって，力 $\boldsymbol{F}'$ は質点の変位 $d\boldsymbol{r}$ と逆向きとなり，このため $\boldsymbol{F}'\cdot d\boldsymbol{r}<0$ となる．すなわち，(4.46)の W' は常に負で，力学的エネルギーは摩擦などが働くと必ず減少することがわかる．

例題 4-9 質量 m の質点が鉛直線上を自由落下するとき，その速さ v に比例する大きさ $m\gamma v$ の抵抗力が働くとして，以下の設問に答えよ．

(1) 初速度 0 で落下を始めた質点が時間 T の間に失った力学的エネルギーの量 Q を求めよ．

(2) $T\to\infty$ の極限における Q を計算せよ．また，得られた結果の物理的な意味について考察せよ．

［解］ (1) (3.21)の結果で $t=0$ で $v=0$ という初期条件を用いると，$C=-g/\gamma$ が得られ，v は

$$v=\frac{g}{\gamma}(1-e^{-\gamma t})$$

と書ける．失われた力学的エネルギー Q は $-W'$ に等しいから，速度が抵抗力と逆向きであることに注意すれば，次式が得られる．

$$\begin{aligned}Q&=m\gamma\int_0^T v^2dt=m\frac{g^2}{\gamma}\int_0^T(1-e^{-\gamma t})^2dt\\&=m\frac{g^2}{\gamma}\left[T-\frac{2}{\gamma}(1-e^{-\gamma T})+\frac{1}{2\gamma}(1-e^{-2\gamma T})\right]\end{aligned}$$

(2) 上式で $T\to\infty$ とすれば

$$Q=m\frac{g^2}{\gamma}T$$

と表わされる．この場合，質点は終速度 g/γ で等速直線運動をするとみなされる．したがって，時間 T の間に移動する距離は gT/γ となる．一方，この場合，抵抗力は重力と釣合うと考えられるので，その大きさは mg で与えられる．このため $W'=-mg^2T/\gamma$ で，符号を逆転すれば上の結果が導かれる． ■

第4章 演習問題

1. 滑らかな水平面上を v の速さで運動する質量 m の小球 A が，前方に静止している質量 M の小球 B に衝突した結果，A の進路が角 θ だけ曲がり，その

速さが v' になった．衝突前の A の進行方向と衝突後の B の進行方向とのなす角を φ とする．$\tan\varphi$ を求めよ．また，衝突後の B の速さ V を求めよ(図参照)．

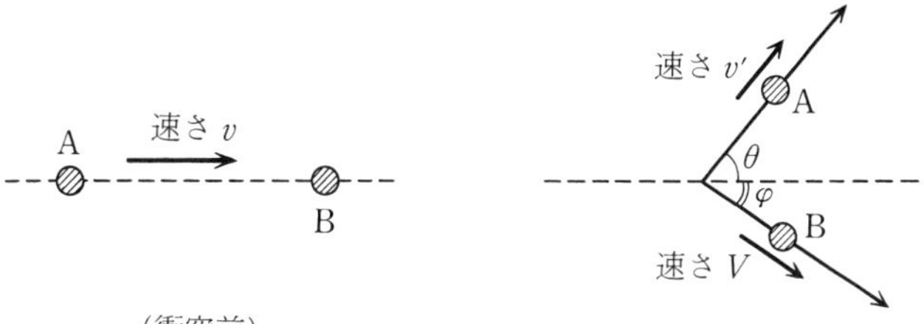

(衝突前)　(衝突後)

2. 真空中にある点電荷(電気量 e)と点電荷(電気量 e')との間に働くクーロン力は

$$F = \frac{1}{4\pi\varepsilon_0}\frac{ee'}{r^2}$$

と表わされる．ただし，r は点電荷間の距離，また ε_0 は真空の誘電率である($\varepsilon_0 = 8.854\times10^{-12}\ \mathrm{C^2N^{-1}m^{-2}}$)．

(i) クーロン力を表わすポテンシャルを**クーロンポテンシャル**(Coulomb potential)という．これを求めよ．

(ii) 水素原子の模型として，静止している陽子(電気量 e)を中心とし質量 m，電気量 $-e$ の電子が等速円運動しているような体系を考える．円の半径が a の場合，体系の力学的エネルギーを計算せよ．

3. ヘリウムやアルゴンなどの希ガスでは，原子間のポテンシャルとして

$$U(r) = \varepsilon\left[\left(\frac{r_0}{r}\right)^{12} - 2\left(\frac{r_0}{r}\right)^{6}\right]$$

の形を仮定することがある．ただし，r は原子間の距離である．これを**レナード・ジョーンズ・ポテンシャル**(Lennard-Jones potential)という．いま，x 軸上で $x>0$ の範囲を運動する質点があり，その位置エネルギーは $U(x)$ で与えられるとする．質点が周期運動するための力学的エネルギーに対する条件を求めよ．

4. 一定の仕事率 P のエンジンをもつ自動車(質量 M)が，静止状態から動き出し水平面上で直線運動を行なうとする．自動車には R の抵抗力が働くとする．

（i） 自動車に対する運動方程式を求めよ．

（ii） 動き出してから時間が T だけ経過したときを考え，(4.45)に対応する運動エネルギーに対する方程式を導き，その物理的な意味について述べよ．

5. 一直線上を運動する質量 m_1 の小球と質量 m_2 の小球が衝突する場合，図のように衝突直前の速度を v_1, v_2 とし，また衝突直後の速度を v_1', v_2' とすれば

$$-\frac{v_2'-v_1'}{v_2-v_1}=e$$

の関係が成り立つ．ここで，e は**反発係数**(coefficient of restitution)とよばれる．

（i） 衝突によって失われる力学的エネルギー Q を計算せよ．

（ii） $Q \geqq 0$ という物理的な要請から $0 \leqq e \leqq 1$ の関係が導かれることを示せ．

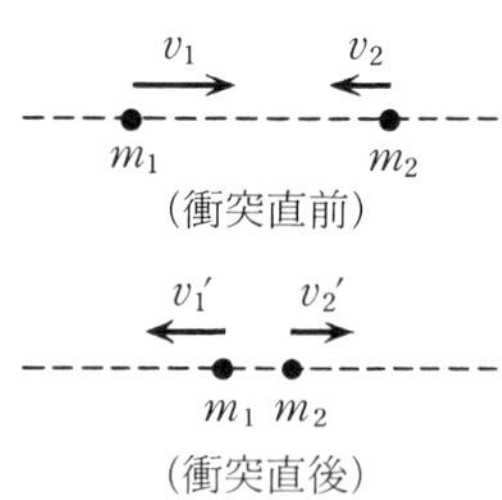

Coffee Break

ニュートンの人間像

ニュートン(Sir Isaac Newton, 1642-1727)が物理学史上の巨人であることはいうまでもない．このためか，ニュートンは神格化され，子供の頃読んだ偉人伝では，謙虚で寛容なまさに聖人君子のように描かれていた．しかし，何年か前にニュートンの本格的な伝記(島尾永康著『ニュートン』岩波新書)を読み，それまで抱いていたニュートンの人間像とはあまりにも違う面を知り大きなショックを受けたことがある．

フックの法則で有名なフックはニュートンより7歳の年長者だが，彼はニュートンの光学研究に対し鋭い批判を加えた．こうして，ニュートンとフックの間には抜き差しならない確執が生じ，フックの死後，王立協会の会長に就任したニュートンは，フックにまつわるすべて(肖像，手紙，科学機器，建造物など)を抹消したといわれている．

ニュートンはフラムスティードやライプニッツとも論争している．ちなみに，これまで用いてきた時間微分を表わすニュートンの点記号 $\dot{x}$ は1691年頃，またライプニッツの記号 dx/dt は1675年に導入された．フラムスティードはニュートンを「陰険で，野心的で，賞賛を過度に熱望し，反駁されると我慢ならない」性格と見ていたようだ．上の「…」は，物理学者なら誰でもが多少は持ち合わせている性格であろう．

人間臭のぷんぷん漂うニュートンは，聖人君子よりはるかにわれわれにとってなじみやすい存在であろう．

5 解析力学における運動方程式

ニュートンの運動方程式と等価ないくつかの原理を用いると，力学の問題を解析的に扱うのが容易になり，一般座標に対する運動方程式を導くことができる．このような形式の力学を**解析力学**(analytical mechanics)という．本章では，解析力学について述べていく．

5-1 ダランベールの原理

n 個の質点から構成される質点系を考え，i 番目の質点の質量を m_i，これに働く力を $\boldsymbol{F}_i$ とする．各質点に対するニュートンの運動方程式は $m_i\ddot{\boldsymbol{r}}_i=\boldsymbol{F}_i$ $(i=1, 2, \cdots, n)$ と書けるが，それを $\boldsymbol{F}_i-m_i\ddot{\boldsymbol{r}}_i=0$ と書き直してみる．この方程式の解釈として，i 番目の質点が $\ddot{\boldsymbol{r}}_i$ の加速度で運動しているとき $\boldsymbol{F}_i$ に $-m_i\ddot{\boldsymbol{r}}_i$ の力を加えればその質点はあたかも平衡状態にあるかのように考えることができる．これを**ダランベールの原理**(d'Alembert's principle)といい，また $-m_i\ddot{\boldsymbol{r}}_i$ を**慣性抵抗**(inertial resistance)という．ただし，$\ddot{\boldsymbol{r}}_i$ は一般に時間とともに変化していくから，2-2 節のように 1 つの平衡状態が持続するのではなく，いわば次々と変わる平衡状態が実現されていく．

ここで，以上の平衡状態に対して 2-5 節で学んだ仮想仕事の原理を適用しよう．上記のように平衡状態は時間とともに変わっていくので，ある瞬間すなわち $t=$一定 の場合を考えるとする．いわば，実際に起こる質点系の運動をビデオにとり，テープをある時間のところで止めておいて，その画面上で仮想変位を想定することになる．このようにして，(2.39)に対応し

$$\sum_{i=1}^{n}(\boldsymbol{F}_i - m_i\ddot{\boldsymbol{r}}_i)\cdot\delta\boldsymbol{r}_i = 0 \tag{5.1}$$

の関係が得られる．

注目している質点系には，(2.46)に対応して

$$f_k(\boldsymbol{r}_1, \boldsymbol{r}_2, \cdots, \boldsymbol{r}_n, t) = 0 \qquad (k=1, 2, \cdots, r) \tag{5.2}$$

という r 個の束縛条件が課せられているとする．ただし，現在の仮想変位はある瞬間を考えるので，上の束縛条件は(2.46)と異なり，t にあらわに依存してよいとする．ただし，1つの前提として，ある瞬間で(5.2)を満たすような仮想変位を与えたとき，束縛力は仕事をしないとする．また，質点に働く力は保存力でも非保存力(摩擦力や抵抗力)でもよいとする．なお，このような質点系では，$3n$ 個の変数に対して r 個の条件が加わるので，運動の自由度は $f=3n-r$ で与えられる．(5.1)の $\delta\boldsymbol{r}_i$ が束縛条件を満たすとすれば，上述のように，束縛力は考えなくてもよいから，$\boldsymbol{F}_i$ は i 番目の質点に働く(束縛力を除く)力であるとしてよい．また，$\delta\boldsymbol{r}_i$ が(5.2)を満足すれば

$$f_k(\boldsymbol{r}_1+\delta\boldsymbol{r}_1, \boldsymbol{r}_2+\delta\boldsymbol{r}_2, \cdots, \boldsymbol{r}_n+\delta\boldsymbol{r}_n, t) = 0$$

が成り立つ．したがって，$\delta\boldsymbol{r}_i$ に関して展開し

$$\sum_{i=1}^{n}\frac{\partial f_k}{\partial \boldsymbol{r}_i}\cdot\delta\boldsymbol{r}_i = 0 \qquad (k=1, 2, \cdots, r) \tag{5.3}$$

が得られる．

運動方程式　(5.1)と(5.3)を扱うのにラグランジュの未定乗数法を利用する．(5.3)に λ_k を掛け，k に関して和をとり(5.1)に加える．その結果

$$\sum_i\left(\boldsymbol{F}_i - m_i\ddot{\boldsymbol{r}}_i + \sum_k \lambda_k\frac{\partial f_k}{\partial \boldsymbol{r}_i}\right)\cdot\delta\boldsymbol{r}_i = 0$$

となる．ラグランジュの未定乗数法では，上式の $\delta\boldsymbol{r}_i$ の係数はすべて0であると考えてよい．このようにして

$$m_i\ddot{\boldsymbol{r}}_i = \boldsymbol{F}_i + \sum_k \lambda_k\frac{\partial f_k}{\partial \boldsymbol{r}_i} \qquad (i=1, 2, \cdots, n) \tag{5.4}$$

の関係が導かれる．

(5.4)は一種の運動方程式で，もし束縛条件がないとすれば右辺第2項は不要となり，上式は通常の運動方程式に帰着する．右辺第2項は束縛条件のため現われる力，すなわち束縛力を表わす(演習問題1参照)．2-5節の場合と同様，$\boldsymbol{r}_i$ と λ_k とでは全体で $3n+r$ 個の変数があるが，これらは(5.4)の $3n$ 個の方程式と(5.2)の r 個の束縛条件から決められる．ただし，いまの場合，時間を固定して仮想変位をとるので，λ_k は単なる定数ではなく時間 t の関数となる．(5.4)は今後の議論の出発点ともいうべき基本的な方程式である．

5-2 ハミルトンの原理

(5.2)の束縛条件を考慮して(5.4)を解いたとすれば，原理的に $\boldsymbol{r}_i$ は t の関数として決まる．これを

$$\boldsymbol{r}_i = \boldsymbol{r}_i(t) \qquad (i=1, 2, \cdots, n) \tag{5.5}$$

と書こう．$x_1, y_1, z_1, x_2, y_2, z_2, \cdots, x_n, y_n, z_n$ を $3n$ 次元空間の直交座標系に対する座標であると考えれば，(5.5)を表わす点はこの空間中におけるある曲線Cの上を運動していく．この曲線を質点系の軌道とよぼう．$n=1$ の場合，すなわち1個の質点では $\boldsymbol{r}=\boldsymbol{r}(t)$ は3次元空間中の質点の位置ベクトルで，上の曲線Cは質点が実際に描く軌道を表わす．

質点系の全運動エネルギー K は $K=(1/2)\sum m_i\dot{\boldsymbol{r}}_i^2$ で与えられる．ただし，$\sum$ は i に関する総和を意味する．この K に(5.5)を代入すると K は t の関数となる．したがって，K を t_{A} から t_{B} まで時間に関して積分した

$$I = \int_{t_{\mathrm{A}}}^{t_{\mathrm{B}}} K dt \tag{5.6}$$

は，$t_{\mathrm{A}}, t_{\mathrm{B}}$ を固定すれば，ある一定値をもつ量となる．ここで，実際の軌道Cと違った $\bar{\mathrm{C}}$ という仮想的な軌道を考えてみよう(図5-1参照)．ただし，t_{A} と t_{B} においては両者の表わす点は一致するものと仮定する．$\bar{\mathrm{C}}$ の軌道は $\bar{\boldsymbol{r}}_i(t)$ で記述されるとし，$\bar{\boldsymbol{r}}_i(t)$ を

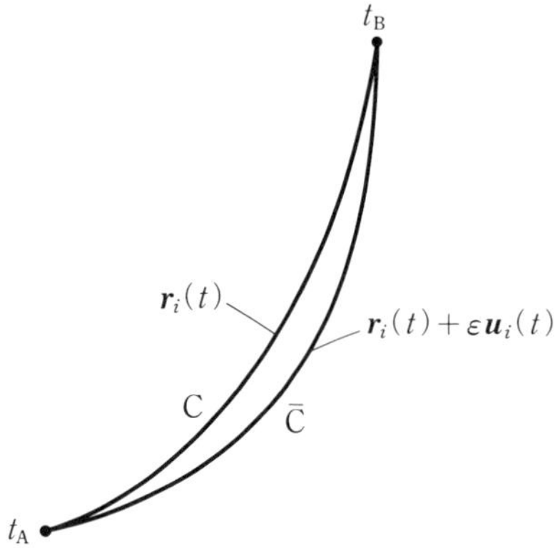

図 5-1 実際の軌道と仮想的な軌道

$$\bar{\boldsymbol{r}}_i(t) = \boldsymbol{r}_i(t)+\varepsilon\boldsymbol{u}_i(t) \tag{5.7}$$

と表わす．t_A, t_B で C と $\bar{C}$ は一致すると仮定しているから，当然

$$\boldsymbol{u}_i(t_A) = \boldsymbol{u}_i(t_B) = 0 \tag{5.8}$$

が成り立つ．また，ε は十分小さな微小量であるとする．すなわち，$\bar{C}$ は C とあまり変わらないと考える．(5.7)で $\varepsilon\boldsymbol{u}_i(t)$ は実際の軌道からのずれを表わす量で，これを $\boldsymbol{r}_i$ の**変分**(variation)といい，場合によってはこれを $\delta\boldsymbol{r}_i$ と書く．$\delta\boldsymbol{r}_i$ は前節で考えた仮想変位と基本的には同じものである．

質点系が $\bar{C}$ の軌道に沿って運動すると，i 番目の質点の速度は(5.7)により $\dot{\bar{\boldsymbol{r}}}_i=\dot{\boldsymbol{r}}_i+\varepsilon\dot{\boldsymbol{u}}_i$ と表わされ，この場合の全運動エネルギー $\bar{K}$ は，$\bar{K}=(1/2)\sum m_i\dot{\bar{\boldsymbol{r}}}_i{}^2$ と書ける．上式を代入し，ε^2 のオーダーの項を無視すると

$$\bar{K} = K+\varepsilon\sum_i m_i\dot{\boldsymbol{r}}_i\cdot\dot{\boldsymbol{u}}_i \tag{5.9}$$

が得られる．(5.6)の K の代わりに $\bar{K}$ とおいたものを $\bar{I}$ とし，$\delta I=\bar{I}-I$ とおけば，(5.9)により

$$\delta I = \varepsilon\int_{t_A}^{t_B}\sum_i m_i\dot{\boldsymbol{r}}_i\cdot\dot{\boldsymbol{u}}_i dt \tag{5.10}$$

が得られる．上式の積分に部分積分を適用すると

$$\delta I = \varepsilon\left\{\left[\sum_i m_i\dot{\boldsymbol{r}}_i\cdot\boldsymbol{u}_i\right]_{t_A}^{t_B}-\int_{t_A}^{t_B}\sum_i m_i\ddot{\boldsymbol{r}}_i\cdot\boldsymbol{u}_i dt\right\}$$

と書ける．ここで(5.8)の条件を使うと，右辺第1項は0となる．また，

$m_i\ddot{\boldsymbol{r}}_i$ に(5.4)の運動方程式を代入すると，上式は

$$\delta I = -\int_{t_A}^{t_B}\sum_i\left(\boldsymbol{F}_i+\sum_k\lambda_k\frac{\partial f_k}{\partial \boldsymbol{r}_i}\right)\cdot\delta\boldsymbol{r}_i dt$$

と表わされる．ただし，$\delta\boldsymbol{r}_i=\varepsilon\boldsymbol{u}_i$ とおいた．ここで，t を固定したとき $\bar{\boldsymbol{r}}_i(t)$ は(5.2)の束縛条件を満たすとすれば，(5.3)が成り立つので，上式は

$$\delta\int_{t_A}^{t_B}Kdt+\int_{t_A}^{t_B}\sum_i\boldsymbol{F}_i\cdot\delta\boldsymbol{r}_i dt = 0 \tag{5.11}$$

と書くことができる．

(5.11)の左辺第2項の被積分関数を

$$\delta W = \sum_i\boldsymbol{F}_i\cdot\delta\boldsymbol{r}_i \tag{5.12}$$

とおけば，この δW はある瞬間に実際の軌道 C 上の 1 点からそれに対応する仮想的な軌道 $\bar{\mathrm{C}}$ 上の 1 点へと質点系を移動させるとき力のする仮想仕事である．このようにして

$$\delta\int_{t_A}^{t_B}Kdt+\int_{t_A}^{t_B}\delta Wdt = 0 \tag{5.13}$$

の結果が導かれた．(5.13)を**ハミルトンの原理**(Hamilton's principle)という．この原理は，一見複雑で回りくどいように思われるが，種々の面で便利であり解析力学の基礎ともいうべきものとなっている．この点は以下の議論により次第に明らかになっていくであろう．

最小作用の原理

これまで考えてきた $\boldsymbol{F}_i$ は束縛力を除く力であるが，$\boldsymbol{F}_i$ が保存力でポテンシャルから導かれる場合，ハミルトンの原理は簡単な形に表現される($\boldsymbol{F}_i$ が非保存力を含む場合は後で論じる)．いま，$\boldsymbol{F}_i$ がポテンシャル $U(\boldsymbol{r}_1, \boldsymbol{r}_2, \cdots, \boldsymbol{r}_n)$ により

$$\boldsymbol{F}_i = -\frac{\partial U}{\partial \boldsymbol{r}_i} \tag{5.14}$$

で与えられるとしよう．従来は ∇ 記号を用いてきたが，本章でこれまで使ってきた記号と合わせるため，$\boldsymbol{F}_i$ を上式のように表わす．また，第 4 章で

の議論と同様，ポテンシャルはあらわに時間 t に依存しないとする．(5.14)を(5.12)に代入すると

$$\delta W = \sum_i \boldsymbol{F}_i \cdot \delta \boldsymbol{r}_i = -\sum_i \frac{\partial U}{\partial \boldsymbol{r}_i} \cdot \delta \boldsymbol{r}_i$$

となり，したがって(5.13)の左辺第2項は

$$\int_{t_A}^{t_B} \delta W dt = -\int_{t_A}^{t_B} \sum_i \frac{\partial U}{\partial \boldsymbol{r}_i} \cdot \delta \boldsymbol{r}_i dt \tag{5.15}$$

と表わされる．

さて，ここで次の積分

$$\int_{t_A}^{t_B} U dt$$

を導入し，$\boldsymbol{r}_i \to \boldsymbol{r}_i + \delta \boldsymbol{r}_i$ の変化に伴う上の積分の変化分を求めると

$$\delta \int_{t_A}^{t_B} U dt = \int_{t_A}^{t_B} \sum_i \frac{\partial U}{\partial \boldsymbol{r}_i} \cdot \delta \boldsymbol{r}_i dt \tag{5.16}$$

が得られる．したがって，(5.15), (5.16)からハミルトンの原理(5.13)は

$$\delta \int_{t_A}^{t_B} (K-U) dt = 0 \tag{5.17}$$

と表わされる．

一般に，運動エネルギー K から位置エネルギー U を引いたものを L と書き，すなわち

$$L = K - U \tag{5.18}$$

とし，L を**ラグランジアン**(Lagrangian)という．この定義を使うと(5.17)は

$$\delta \int_{t_A}^{t_B} L dt = 0 \tag{5.19}$$

と書ける．上式に現われる積分，すなわち

$$S = \int_{t_A}^{t_B} L dt \tag{5.20}$$

を**作用**(action)という．(5.19)からわかるように，実際の運動に対しては，

運動の状態を仮想的に変化させても作用の値には1次の変化がない．これを**最小作用の原理**(principle of least action)という．最小という言葉がつくのは，作用が単に極値をとるだけでなく最小値をとることが知られているからである(下の例題5-1を参照せよ)．(5.19)のような形，すなわちある関数の積分が極値をとるといった形式は，力学だけでなく物理学の他の分野でもしばしば現われる．このような原理を一般に**変分原理**(variational principle)という．

例題5-1 力を受けずに運動する質量 m の質点がある．質点の実際の運動に対して作用が最小になっていることを示せ．

[解] ポテンシャルは0と考えてよいから，この場合のラグランジアンは運動エネルギーに等しく，作用 S は

$$S=\int_{t_\mathrm{A}}^{t_\mathrm{B}}\frac{m}{2}\dot{\boldsymbol{r}}^2dt$$

と書ける．力が働かないので質点は等速運動を行ない，その速度を $\boldsymbol{v}_0$ とすれば，質点の実際の軌道Cは $\boldsymbol{r}=\boldsymbol{r}_0+\boldsymbol{v}_0t$ で記述される．ただし，$\boldsymbol{r}_0$ は時間に依存しないベクトルである．$\dot{\boldsymbol{r}}=\boldsymbol{v}_0$ であるから，Cに対する作用の値 S_0 は

$$S_0=\int_{t_\mathrm{A}}^{t_\mathrm{B}}\frac{m}{2}\boldsymbol{v}_0{}^2dt$$

で与えられる．ここで，Cと異なる仮想的な軌道 $\bar{\mathrm{C}}$ を考え，それは $\bar{\boldsymbol{r}}=\boldsymbol{r}_0+\boldsymbol{v}_0t+\boldsymbol{u}(t)$ で記述されるとする．ただし，(5.8)により $\boldsymbol{u}(t_\mathrm{A})=\boldsymbol{u}(t_\mathrm{B})=0$ の条件が課せられているとする．上の $\bar{\boldsymbol{r}}$ に対する作用 $\bar{S}$ は

$$\bar{S}=\int_{t_\mathrm{A}}^{t_\mathrm{B}}\frac{m}{2}\dot{\bar{\boldsymbol{r}}}^2dt=\int_{t_\mathrm{A}}^{t_\mathrm{B}}\frac{m}{2}(\boldsymbol{v}_0{}^2+2\boldsymbol{v}_0\cdot\dot{\boldsymbol{u}}+\dot{\boldsymbol{u}}^2)dt$$

と表わされる．右式(　)内の第1項は S_0 を与え，第2項は $\boldsymbol{u}$ に対する条件のため0となり，第3項は負にならない．このようにして $\bar{S}\geqq S_0$ となり，実際の軌道に対して作用が最小になっていることがわかる．■

5-3 ラグランジュの運動方程式

最小作用の原理を利用すると，ニュートンの運動方程式を一般化した方程式を導出することができる．この方程式は，必ずしもデカルト座標だけではなく 1-5 節で述べた一般座標にも適用できること，束縛力を考慮する必要はないこと，束縛条件があらわに時間に依存してもよいことなど，すぐれた利点をもっている．さしあたり力がポテンシャルから導かれるとして，このような方程式について論じていく．

いま，n 個の質点から構成される質点系を考え，これには r 個の束縛条件が課せられているとする．この場合の運動の自由度 f は $f=3n-r$ で与えられ，体系の運動状態を決めるには f 個の変数を導入すれば十分である．そこで，これらの変数としては一般座標をとり，それらを $q_1, q_2, \cdots, q_f$ とする．ここで，例えば i 番目の質点の位置ベクトル $\boldsymbol{r}_i$ を一般座標で表わしたとき

$$\boldsymbol{r}_i = \boldsymbol{r}_i(q_1, q_2, \cdots, q_f, t) \tag{5.21}$$

のように t をあらわに含んでいてもよいとする．(5.21)から

$$\dot{\boldsymbol{r}}_i = \sum_{j=1}^{f} \frac{\partial \boldsymbol{r}_i}{\partial q_j}\dot{q}_j + \frac{\partial \boldsymbol{r}_i}{\partial t} \tag{5.22}$$

となるので，一般に質点系の全運動エネルギー K は $q_1, q_2, \cdots, q_f, \dot{q}_1, \dot{q}_2, \cdots, \dot{q}_f, t$ の関数となる．また，位置エネルギー U は(5.14)の下で述べたように $\boldsymbol{r}_1, \boldsymbol{r}_2, \cdots, \boldsymbol{r}_n$ の関数であるとする．これに(5.21)を代入すれば，U は $q_1, q_2, \cdots, q_f, t$ の関数となる．このようにして，一般に L は $q_1, q_2, \cdots, q_f, \dot{q}_1, \dot{q}_2, \cdots, \dot{q}_f, t$ の関数であることがわかる．この関係を

$$L = L(q_1, q_2, \cdots, q_f, \dot{q}_1, \dot{q}_2, \cdots, \dot{q}_f, t) \tag{5.23}$$

と書くことにする．以下，$q_1, q_2, \cdots, q_f, \dot{q}_1, \dot{q}_2, \cdots, \dot{q}_f$ は互いに独立な変数であると考える．

さて，最小作用の原理により

$$\delta\int_{t_A}^{t_B} L dt = 0 \tag{5.24}$$

が成り立つ．q_j に対する変分を δq_j，$\dot{q}_j$ に対する変分を $\delta\dot{q}_j$ と書こう．$\delta\dot{q}_j$ の意味を調べるため

$$\dot{q}_j = v_j \tag{5.25}$$

とおけば，v_j は明らかに一般座標 q_j の速度という意味をもつ．また，$\delta\dot{q}_j = \delta v_j$ と表わされる．ここで，前節で述べた仮想的な軌道 $\bar{\mathrm{C}}$ に対する一般座標を $\bar{q}_j$，速度を $\bar{v}_j$ とすれば，$\bar{q}_j = q_j + \delta q_j$，$\bar{v}_j = v_j + \delta v_j$ と書ける．前者の式を時間 t で微分すると，$\bar{v}_j = d\bar{q}_j/dt$ であるから

$$\bar{v}_j = \dot{q}_j + \frac{d}{dt}\delta q_j$$

となり，一方 $\bar{v}_j = v_j + \delta v_j$ が成り立つので，結局

$$\delta v_j = \delta\dot{q}_j = \delta\frac{dq_j}{dt} = \frac{d(\delta q_j)}{dt} \tag{5.26}$$

が導かれる．これからわかるように，δ の演算と d/dt の演算とは互いに交換可能であるとしてよい．ここで L を

$$\begin{aligned} &L(q_1+\delta q_1, \cdots, q_f+\delta q_f, \dot{q}_1+\delta\dot{q}_1, \cdots, \dot{q}_f+\delta\dot{q}_f, t) \\ &\quad = L(q_1, \cdots, q_f, \dot{q}_1, \cdots, \dot{q}_f, t) + \sum_j \left(\frac{\partial L}{\partial q_j}\delta q_j + \frac{\partial L}{\partial \dot{q}_j}\delta\dot{q}_j\right) \end{aligned} \tag{5.27}$$

と展開しよう．ただし，$\delta q_j, \delta\dot{q}_j$ の 1 次までを考慮し，高次の項は省略する．(5.24) と (5.27) から

$$\int_{t_A}^{t_B} \sum_j \left(\frac{\partial L}{\partial q_j}\delta q_j + \frac{\partial L}{\partial \dot{q}_j}\delta\dot{q}_j\right) dt = 0 \tag{5.28}$$

が得られる．(5.26) を利用し上式の左辺第 2 項に部分積分を適用すると

$$\sum_j \frac{\partial L}{\partial \dot{q}_j}\delta q_j \bigg|_{t_A}^{t_B} + \int_{t_A}^{t_B} \sum_j \left[\frac{\partial L}{\partial q_j} - \frac{d}{dt}\left(\frac{\partial L}{\partial \dot{q}_j}\right)\right] \delta q_j dt = 0 \tag{5.29}$$

となる．t_A, t_B で変分は 0 であるから，上式の第 1 項は 0 である．また，$\delta q_1, \delta q_2, \cdots, \delta q_f$ の変分は互いに勝手に変えられるので，(5.29) が成立するためには [　] 内の量が 0 となる必要がある．こうして

$$\frac{d}{dt}\left(\frac{\partial L}{\partial \dot{q}_j}\right)-\frac{\partial L}{\partial q_j}=0 \qquad (j=1, 2, \cdots, f) \tag{5.30}$$

が導かれる．これを**ラグランジュの運動方程式**(Lagrange's equation of motion)という．力学の問題を取り扱う際，ラグランジュの方程式はニュートンの方程式より便利な点が多い．例えば，自由度に等しいだけの変数，すなわち必要にしてかつ十分な変数だけを用いればよいこと，問題に応じてもっとも適切な一般座標を使えることなどである．次節でラグランジュの方程式の例をいくつか紹介する．

第2種ラグランジュ方程式　これまで質点に作用する(束縛力を除く)力 $\boldsymbol{F}_i$ はポテンシャルから導かれること，すなわちそれは保存力であると仮定してきた．ここで話を一般化し，力に非保存力が含まれるような場合を考えよう．そのための出発点はハミルトンの原理(5.13)であるが，まず(5.12)で与えられる仮想仕事 δW を考察する．i 番目の質点の座標 $\boldsymbol{r}_i$ は(5.21)のように表わされるとするが，いまの場合，時間を固定して仮想変位をとるので(5.21)を用いると $\delta \boldsymbol{r}_i$ は

$$\delta \boldsymbol{r}_i=\sum_j \frac{\partial \boldsymbol{r}_i}{\partial q_j}\delta \dot{q}_j \tag{5.31}$$

と書ける．これを(5.12)に代入すると

$$\delta W=\sum_j Q_j \delta q_j \tag{5.32}$$

が得られる．ただし，Q_j は

$$Q_j=\sum_i \boldsymbol{F}_i \cdot \frac{\partial \boldsymbol{r}_i}{\partial q_j} \tag{5.33}$$

で定義され，これを**一般化された力**という．一方，(5.22)の下で述べたように，K は $q_1, \cdots, q_f, \dot{q}_1, \cdots, \dot{q}_f, t$ の関数であるが，(5.13)の左辺第1項を求めるには，(5.24)から(5.29)に至る方程式で $L \to K$ の置き換えを行なえばよい．このようにして

$$\int_{t_{\mathrm{A}}}^{t_{\mathrm{B}}}\sum_j\left[\frac{\partial K}{\partial q_j}-\frac{d}{dt}\left(\frac{\partial K}{\partial \dot{q}_j}\right)+Q_j\right]\delta q_j dt=0 \tag{5.34}$$

となり，δq_j は任意であるから

$$\frac{d}{dt}\left(\frac{\partial K}{\partial \dot{q}_j}\right)-\frac{\partial K}{\partial q_j} = Q_j \tag{5.35}$$

が導かれる．これを**第2種ラグランジュ方程式**という．この方程式は非保存力が働くような場合にも適用できる．

例題 5-2 力がポテンシャルから導かれるとき第2種ラグランジュ方程式は(5.30)に帰着することを示せ．

［解］ $\boldsymbol{F}_i$ が $\boldsymbol{F}_i=-\partial U/\partial \boldsymbol{r}_i$ と書ければ，(5.33)により Q_j は

$$Q_j = -\sum_i \frac{\partial U}{\partial \boldsymbol{r}_i}\cdot\frac{\partial \boldsymbol{r}_i}{\partial q_j} = -\frac{\partial U}{\partial q_j}$$

と表わされる．U が $\dot{q}_1, \cdots, \dot{q}_f$ に依存しないことに注意し，上式を(5.35)に代入すれば

$$\frac{d}{dt}\left(\frac{\partial (K-U)}{\partial \dot{q}_j}\right)-\frac{\partial (K-U)}{\partial q_j} = 0$$

となって，ラグランジュの運動方程式が得られる． ■

5-4 ラグランジュの運動方程式の応用

以下，ラグランジュの方程式の応用例をいくつか紹介しよう．

例1. 1個の質点の力学 質量 m の質点が $U(x, y, z)$ というポテンシャルの作用下で運動する場合を考える．一般座標として x, y, z のデカルト座標をとると，L は

$$L = \frac{1}{2}m(\dot{x}^2+\dot{y}^2+\dot{z}^2)-U(x, y, z) \tag{5.36}$$

で与えられる．L を $\dot{x}$ で偏微分するとは，$\dot{y}, \dot{z}, x, y, z$ を一定にしておき $\dot{x}$ で微分することを意味する．したがって(5.36)から

$$\frac{\partial L}{\partial \dot{x}} = m\dot{x} \tag{5.37}$$

となる．また

$$\frac{\partial L}{\partial x} = -\frac{\partial U}{\partial x} \tag{5. 38}$$

である．こうして，ラグランジュの運動方程式

$$\frac{d}{dt}\left(\frac{\partial L}{\partial \dot{x}}\right) - \frac{\partial L}{\partial x} = 0$$

から

$$m\ddot{x} = -\frac{\partial U}{\partial x} \tag{5. 39}$$

となり，同様にして $m\ddot{y} = -\partial U/\partial y$, $m\ddot{z} = -\partial U/\partial z$ が導かれる．質点に働く力 $\boldsymbol{F}$ は $\boldsymbol{F} = -\nabla U$ と書けるから，ラグランジュの方程式は

$$m\ddot{\boldsymbol{r}} = \boldsymbol{F} \tag{5. 40}$$

となって，ニュートンの運動方程式と一致する．

例 2. 単振り子　長さ l の糸に質量 m のおもりをつけた単振り子を考え，一般座標として図 3-5 で示した角 φ をとる．おもりの速度 v は $l\dot{\varphi}$ と書け，また重力のポテンシャルの基準点としておもりの最下点を選ぶと，$U = mgl(1-\cos\varphi)$ と表わされる．したがって，L は

$$L = \frac{1}{2}ml^2\dot{\varphi}^2 - mgl(1-\cos\varphi) \tag{5. 41}$$

で与えられる．$\partial L/\partial\dot{\varphi} = ml^2\dot{\varphi}$, $\partial L/\partial\varphi = -mgl\sin\varphi$ を利用すれば，ラグランジュの運動方程式から

$$ml^2\ddot{\varphi} + mgl\sin\varphi = 0 \tag{5. 42}$$

が導かれる．(5. 42) は (3. 30) と一致する．いまの場合，糸の張力といった束縛力を考慮することなく，必要な φ に対する方程式が求められる．

例 3. 支点が運動する単振り子　図 5-2 に示すように，単振り子の支点が y 軸上で運動し，その座標は $y_0(t)$ で表わされるとする．$y_0(t) = y_0\cos\omega_0 t$ という特別な場合は第 3 章の演習問題 5 で扱ったが，ここでは $y_0(t)$ は t の任意関数であるとする．一般座標として上の例 2 と同様，図の φ を選ぶと，おもりの x, y 座標はそれぞれ

$$x = l\cos\varphi, \qquad y = y_0 + l\sin\varphi$$

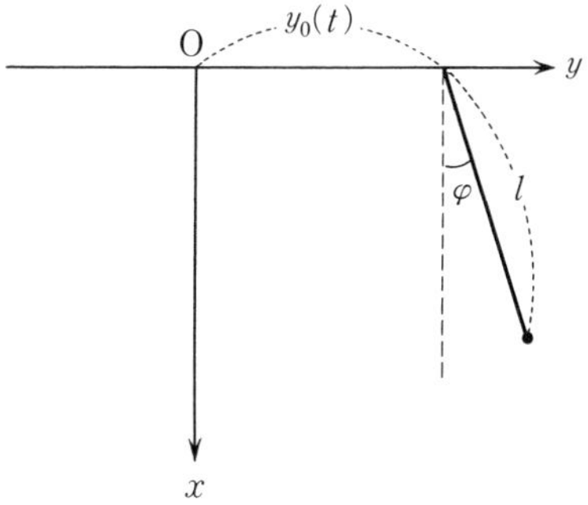

図 5-2　支点が運動する単振り子

と書け，これから

$$\dot{x} = -l\sin\varphi\cdot\dot{\varphi}, \qquad \dot{y} = \dot{y}_0 + l\cos\varphi\cdot\dot{\varphi}$$

となる．これから運動エネルギーを計算し，重力ポテンシャルを例 2 と同様にとれば，ラグランジアン L は

$$L = \frac{1}{2}m(l^2\dot{\varphi}^2 + 2l\dot{y}_0\dot{\varphi}\cos\varphi + \dot{y}_0{}^2) - mgl(1-\cos\varphi) \tag{5.43}$$

と表わされる．ここで

$$\frac{\partial L}{\partial\dot{\varphi}} = ml^2\dot{\varphi} + ml\dot{y}_0\cos\varphi$$
$$\frac{d}{dt}\left(\frac{\partial L}{\partial\dot{\varphi}}\right) = ml^2\ddot{\varphi} + ml\ddot{y}_0\cos\varphi - ml\dot{y}_0\dot{\varphi}\sin\varphi$$
$$\frac{\partial L}{\partial\varphi} = -ml\dot{y}_0\dot{\varphi}\sin\varphi - mgl\sin\varphi$$

であるから，ラグランジュの運動方程式から

$$\ddot{\varphi} + \frac{g}{l}\sin\varphi = -\frac{\ddot{y}_0}{l}\cos\varphi \tag{5.44}$$

が求まる．とくに，$y_0(t) = y_0\cos\omega_0 t$ とおくと，(5.44) は第 3 章の演習問題 5 で導いた結果に帰着する．演習問題の解法では，ニュートンの運動方程式から糸の張力を消去して，φ に対する方程式を求めた．これに反し，いまの方法では，運動エネルギーと位置エネルギーから一度ラグランジアンを作れば，あとは機械的な微分を実行するだけで必要な方程式が得られる点を強調

しておきたい．この方法を用いると，複雑な問題でも過ちを犯すことが少なくなる．

例 4. 力学的エネルギー保存則　ラグランジュの運動方程式から導かれる一般的な結論として，第 4 章で述べた力学的エネルギー保存則について述べよう．(5. 30) に $\dot{q}_j$ を掛け j に関して加え，多少変形すると

$$\sum_j\left[\dot{q}_j\frac{d}{dt}\left(\frac{\partial L}{\partial \dot{q}_j}\right)-\dot{q}_j\frac{\partial L}{\partial q_j}\right]=\sum_j\left[\frac{d}{dt}\left(\dot{q}_j\frac{\partial L}{\partial \dot{q}_j}\right)-\frac{\partial L}{\partial \dot{q}_j}\ddot{q}_j-\frac{\partial L}{\partial q_j}\dot{q}_j\right]$$
$$=0 \tag{5. 45}$$

が得られる．一方，ラグランジアンはあらわに t に依存しないと仮定し

$$L=L(q_1, q_2, \cdots, q_f, \dot{q}_1, \dot{q}_2, \cdots, \dot{q}_f)$$

とすれば，これを t で微分し

$$\frac{dL}{dt}=\sum_j\left(\frac{\partial L}{\partial q_j}\dot{q}_j+\frac{\partial L}{\partial \dot{q}_j}\ddot{q}_j\right) \tag{5. 46}$$

となり，(5. 45), (5. 46) から

$$\frac{d}{dt}\left(\sum_j\dot{q}_j\frac{\partial L}{\partial \dot{q}_j}-L\right)=0$$

と表わされる．したがって

$$\sum_j\dot{q}_j\frac{\partial L}{\partial \dot{q}_j}-L=\text{一定} \tag{5. 47}$$

であることがわかる．ラグランジアンの $\dot{q}_j$ 依存性は運動エネルギー K の部分から生じるので，その依存性について調べてみよう．

n 個の質点から成り立つ質点系を考え，i 番目の質点の位置ベクトル $\boldsymbol{r}_i$ を一般座標 $q_1, q_2, \cdots, q_f$ で表わしたとき，その表式はあらわに t を含まないと仮定する．その結果，(5. 22) 右辺の第 2 項は出現しないので，i 番目の質点の速度 $\boldsymbol{v}_i$ は

$$\boldsymbol{v}_i=\sum_j\frac{\partial \boldsymbol{r}_i}{\partial q_j}\dot{q}_j \tag{5. 48}$$

と表わされる．(5. 48) を利用すると全運動エネルギー K は

$$K = \sum_{ijk} \frac{1}{2} m_i \left(\frac{\partial \boldsymbol{r}_i}{\partial q_j} \cdot \frac{\partial \boldsymbol{r}_i}{\partial q_k} \right) \dot{q}_j \dot{q}_k \tag{5.49}$$

と書ける．あるいは

$$a_{jk} = \sum_i m_i \left(\frac{\partial \boldsymbol{r}_i}{\partial q_j} \cdot \frac{\partial \boldsymbol{r}_i}{\partial q_k} \right) \tag{5.50}$$

と定義すれば，K は

$$K = \frac{1}{2} \sum_{jk} a_{jk} \dot{q}_j \dot{q}_k \tag{5.51}$$

という 2 次形式で与えられる．(5.50)の定義からわかるように，a_{jk} は q_1, $q_2, \cdots, q_f$ だけの関数で $\dot{q}_1, \dot{q}_2, \cdots, \dot{q}_f$ には依存しない．また，次の対称性が成立する．

$$a_{jk} = a_{kj} \tag{5.52}$$

(5.51), (5.52)から

$$\frac{\partial L}{\partial \dot{q}_j} = \frac{\partial K}{\partial \dot{q}_j} = \sum_k a_{jk} \dot{q}_k \tag{5.53}$$

となり，よって

$$\sum_j \dot{q}_j \frac{\partial L}{\partial \dot{q}_j} = \sum_{jk} a_{jk} \dot{q}_j \dot{q}_k = 2K$$

が得られる．これを(5.47)に代入すると $2K-L=$一定 である．$L=K-U$ を使うと，$K+U=E=$一定 という力学的エネルギー保存則が導かれる．

例 5．平衡点の付近の振動　ラグランジュの運動方程式を利用して質点系の平衡に関連した問題を考察しよう．ただし，これからの議論の前提として，運動エネルギー K は(5.51)の形で表わされるとする．平衡状態が実現すると，質点系の一般座標は時間に依存しないから(5.30)の左辺第 1 項は 0 となり，また $K=0$ が成り立つので，平衡点を決めるべき条件として

$$\frac{\partial U}{\partial q_j} = 0 \qquad (j=1, 2, \cdots, f) \tag{5.54}$$

が導かれる．デカルト座標では，例えば j 番目の質点に働く力の x 成分は $F_{jx} = -\partial U/\partial x_j$ と書けるが，これを一般化すると $-\partial U/\partial q_j$ はいわば q_j 方向

の力の成分であると解釈することができる．(5.54)は，平衡状態の場合，このような力の成分が 0 であることを意味している．

(5.54)から決まる q_j の値を $q_j{}^0$ とし，平衡点の付近で起こる質点系の運動を考えよう．このため

$$q_j = q_j{}^0 + q_j' \tag{5.55}$$

とおき，q_j' を新たに一般座標にとる．また，q_j' は微小量であるとする．U を $q_j{}^0$ の回りでテイラー展開すると，q_j' の 1 次の項は(5.54)の条件のため現われない．また，展開は 2 次の項まで実行し，より高次の項は省略する．このようにして

$$U = U(q_1{}^0, \cdots, q_f{}^0) + \frac{1}{2}\sum_{jk} b_{jk} q_j' q_k' \tag{5.56}$$

が得られる．ただし，b_{jk} は平衡点における $\partial^2 U/\partial q_j \partial q_k$ の値である．これに対しては(5.52)と同様

$$b_{jk} = b_{kj} \tag{5.57}$$

の対称性が成り立つ．(5.56)の右辺第 1 項は定数で，質点系の運動に関与しない．そこで，以下この項は省略する．また，(5.55)から明らかなように $\dot{q}_j = \dot{q}_j'$ が成り立ち，よって K を q_j' で表わすには(5.51)の q にダッシュをつければよい．また，高次の項を無視すれば，a_{jk} 中の q_j を $q_j{}^0$ で置き換えてよい．したがって，a_{jk} は時間によらない定数とみなせる．以後，記号を簡単にするため上述のダッシュを落とすことにする．

以上のような手続きの結果，平衡点付近の運動を記述するラグランジアンとして

$$L = \frac{1}{2}\sum_{jk} a_{jk}\dot{q}_j\dot{q}_k - \frac{1}{2}\sum_{jk} b_{jk} q_j q_k \tag{5.58}$$

が得られる．この L からラグランジュの運動方程式を求めると，(5.52)，(5.57)の対称性を利用し

$$\begin{aligned} a_{11}\ddot{q}_1 + a_{12}\ddot{q}_2 + \cdots + a_{1f}\ddot{q}_f &= -b_{11}q_1 - b_{12}q_2 - \cdots - b_{1f}q_f \\ a_{21}\ddot{q}_1 + a_{22}\ddot{q}_2 + \cdots + a_{2f}\ddot{q}_f &= -b_{21}q_1 - b_{22}q_2 - \cdots - b_{2f}q_f \\ &\cdots\cdots\cdots\cdots\cdots \end{aligned}$$

$$a_{f1}\ddot{q}_1+a_{f2}\ddot{q}_2+\cdots+a_{ff}\ddot{q}_f = -b_{f1}q_1-b_{f2}q_2-\cdots-b_{ff}q_f$$

が導かれる．あるいはこれらの方程式をまとめて表わすと

$$\sum_{k=1}^{f} a_{jk}\ddot{q}_k = -\sum_{k=1}^{f} b_{jk}q_k \qquad (j=1, 2, \cdots, f) \tag{5.59}$$

となる．(5.59)を扱うため線形代数の手法を利用しよう(この方面に不慣れな読者は巻末にあげた参考書を参照してほしい)．まず，次の行列

$$A = \begin{pmatrix} a_{11} & \cdots & a_{1f} \\ \vdots & & \vdots \\ a_{f1} & \cdots & a_{ff} \end{pmatrix} \qquad B = \begin{pmatrix} b_{11} & \cdots & b_{1f} \\ \vdots & & \vdots \\ b_{f1} & \cdots & b_{ff} \end{pmatrix} \tag{5.60}$$

を導入し，列ベクトル $|q\rangle$ およびその時間微分を

$$|q\rangle = \begin{pmatrix} q_1 \\ \vdots \\ q_f \end{pmatrix} \qquad \frac{d^2|q\rangle}{dt^2} = \begin{pmatrix} \ddot{q}_1 \\ \vdots \\ \ddot{q}_f \end{pmatrix} \tag{5.61}$$

とする．さらに行ベクトルを

$$\langle q| = (q_1, q_2, \cdots, q_f) \tag{5.62}$$

と表わす．$\langle\ |, |\ \rangle$ の記号は量子力学でよく使われ，前者をブラ・ベクトル，後者をケット・ベクトルという．ブラとかケットはディラックの命名によるもので，これらの名称は bracket の c を挟む前半，後半の部分から由来する．上記のような記号を使うと(5.59)は次のように書ける．

$$A\frac{d^2|q\rangle}{dt^2} = -B|q\rangle \tag{5.63}$$

運動エネルギーは常に正であるから，(5.51)の K は正の 2 次形式であり，したがって，A から作られる行列式

$$|A| = \begin{vmatrix} a_{11} & \cdots & a_{1f} \\ \vdots & & \vdots \\ a_{f1} & \cdots & a_{ff} \end{vmatrix} \tag{5.64}$$

は正である．このため A の逆行列 A^{-1} が存在する．(5.63)に左から A^{-1} を掛け

$$C = A^{-1}B \tag{5.65}$$

とすれば，(5.63)は

$$\frac{d^2|q\rangle}{dt^2} = -C|q\rangle \tag{5.66}$$

と表わされる．A は対称行列であるから，A^{-1} も対称行列である．また B も対称行列なので，対称行列の積である C も対称行列となる．さらに C の行列要素はすべて実数で，したがって C は実対称行列である．

基準振動　(5.66)で C や $|q\rangle$ が普通の数であれば，この方程式は単振動に対する式で簡単に解くことができる．しかし，いまの場合これは列ベクトルに対する微分方程式であり，その解法には若干の工夫が必要である．そこで，最初に，C の固有値問題を考えよう．C は f 次行列であるから f 個の固有値が存在し，しかも C は前述のように実対称行列であるから固有値はすべて実数である．これらを $\lambda_1, \lambda_2, \cdots, \lambda_f$ と書き，λ_k に対応する固有列ベクトルを $|\lambda_k\rangle$ と表わす．すなわち

$$C|\lambda_k\rangle = \lambda_k|\lambda_k\rangle \tag{5.67}$$

とする．(5.67)の転置行列を考えると，C が対称行列である点に注意し

$$\langle\lambda_k|C = \lambda_k\langle\lambda_k| \tag{5.68}$$

と表わされる．ただし，$\langle\lambda_k|$ は $|\lambda_k\rangle$ から作られる行ベクトルである．

ここで，上記のベクトルがもつ性質を若干考察しておこう．λ_l に対応する固有列ベクトルは $|\lambda_l\rangle$ と書けるが，これに対しては $C|\lambda_l\rangle=\lambda_l|\lambda_l\rangle$ が成立し，したがって $\langle\lambda_k|C|\lambda_l\rangle=\lambda_l\langle\lambda_k|\lambda_l\rangle$ となる．一方，(5.68)により $\langle\lambda_k|C|\lambda_l\rangle=\lambda_k\langle\lambda_k|\lambda_l\rangle$ が成り立ち，これらの関係から

$$(\lambda_k-\lambda_l)\langle\lambda_k|\lambda_l\rangle = 0$$

が得られる．このため，もし $\lambda_k\neq\lambda_l$ なら $\langle\lambda_k|\lambda_l\rangle=0$ となる．このことをベクトル $|\lambda_k\rangle$ と $|\lambda_l\rangle$ とは互いに直交しているという．1つの固有値に対して独立な固有ベクトルが2つ以上存在するとき，**縮退**があるという．その場合には適当な方法(シュミットの方法)により，固有ベクトルを互いに直交しているよう選ぶことができる(詳細は巻末の参考書を参照せよ)．また，(5.68)からわかるように，$|\lambda_k\rangle$ を定数倍してもやはり方程式の解である．このため，定数を適当に選び $\langle\lambda_k|\lambda_k\rangle=1$ が成立するとしても一般性を失わない．この

ような考察から，問題としているベクトルは

$$\langle\lambda_k|\lambda_l\rangle = \delta_{kl} \tag{5.69}$$

を満たすと仮定してよい．ただし，δ_{kl} は**クロネッカーの $\boldsymbol{\delta}$**(Kronecker's δ)で

$$\delta_{kl} = \begin{cases} 1 & (k=l \text{ の場合}) \\ 0 & (k\neq l \text{ の場合}) \end{cases} \tag{5.70}$$

を意味する．ベクトルが(5.69)の性質をもつとき，これらのベクトルは**規格直交系**を構成するという．

次に，(5.66)の列ベクトル $|q\rangle$ を

$$|q\rangle = Q_1(t)|\lambda_1\rangle + Q_2(t)|\lambda_2\rangle + \cdots + Q_f(t)|\lambda_f\rangle \tag{5.71}$$

と固有列ベクトルで展開し，$|\lambda_k\rangle$ が時間に依存しない点に注意して，(5.71)を(5.66)に代入する．その結果，(5.67)を利用し

$$\ddot{Q}_1|\lambda_1\rangle + \cdots + \ddot{Q}_f|\lambda_f\rangle = -\lambda_1 Q_1|\lambda_1\rangle - \cdots - \lambda_f Q_f|\lambda_f\rangle$$

が得られる．上式に左側から $\langle\lambda_k|$ を掛け(5.69)を使えば

$$\ddot{Q}_k = -\lambda_k Q_k \tag{5.72}$$

となる．$\lambda_k>0$ の場合，これを $\lambda_k=\omega_k{}^2$ とおけば，(5.72)は角振動数 ω_k の単振動に対する方程式となり，その解は

$$Q_k = A_k \sin(\omega_k t + \alpha_k) \tag{5.73}$$

と表わされる．この単振動を**基準振動**(normal vibration)という．一方，$\lambda_k<0$ の場合，Q_k の時間依存性は $Q_k \propto \exp[\pm(\sqrt{|\lambda_k|}\,t)]$ となり，この式中の＋符号をとると，平衡点からのずれは時間とともに増大する．したがって，この場合の平衡点は不安定となる．すなわち，平衡点が安定であるためには，すべての固有値が正でなければならない．以下，安定な平衡点の場合を考えるとしよう．

(5.71)の列ベクトルに対する式で，これの第 j 行目の成分をとり $|\lambda_k\rangle$ の同成分を λ_{jk} と書いて，(5.73)を用いると

$$q_j = \sum_k \lambda_{jk} A_k \sin(\omega_k t + \alpha_k) \tag{5.74}$$

が得られる．これからわかるように，方程式の解は基準振動の1次結合とし

て表わされる．また，(5.74)中の A_k, α_k は，以下の例題5-3で示すように初期条件から決定される．具体的に固有値 λ を計算するには，(5.67)に対する永年方程式

$$|C-\lambda E| = 0 \tag{5.75}$$

を解けばよい．ただし，E は単位行列である．あるいは(5.65)を利用すると，$C-\lambda E=A^{-1}(B-A\lambda)$ と書け，$|A^{-1}|\neq 0$ であるから，(5.75)の代わりに

$$|A\lambda-B| = 0 \tag{5.76}$$

を解いてもよい．あるいは，具体的な行列式の形で表わすと(5.76)は

$$\begin{vmatrix} a_{11}\lambda-b_{11} & a_{12}\lambda-b_{12} & \cdots & a_{1f}\lambda-b_{1f} \\ a_{21}\lambda-b_{21} & a_{22}\lambda-b_{22} & \cdots & a_{2f}\lambda-b_{2f} \\ \vdots & \vdots & & \vdots \\ a_{f1}\lambda-b_{f1} & a_{f2}\lambda-b_{f2} & \cdots & a_{ff}\lambda-b_{ff} \end{vmatrix} = 0 \tag{5.77}$$

となる．あるいは，(5.59)から直接この結果を導くこともできる(例題5-4)．

例題 5-3 λ_{jk} が既知であるとして，$q_j, \dot{q}_j$ の初期条件から基準振動に含まれる定数を決定する方法について考察せよ．

［解］ (5.71)に左から $\langle\lambda_k|$ を掛け，(5.69)の規格直交性を用いると

$$\langle\lambda_k|q\rangle = Q_k(t) = A_k \sin(\omega_k t+\alpha_k)$$

が得られる．$\langle\lambda_k|$ の第 j 列目の成分が λ_{jk} であるから，上式の最左辺を成分で表わすと

$$\sum_j \lambda_{jk} q_j = A_k \sin(\omega_k t+\alpha_k)$$

となる．$t=0$ における初期条件は

$$\sum_j \lambda_{jk} q_j(0) = A_k \sin\alpha_k$$

$$\sum_j \lambda_{jk} \dot{q}_j(0) = \omega_k A_k \cos\alpha_k$$

と表わされ，この2つの関係から A_k, α_k が決まる． ■

例題 5-4 (5.59)で $q_k=B_k e^{i\omega t}$ と仮定し，(5.77)を導け．また，B_k を決

める方法について考察せよ．

［解］ (5.59)に与式を代入すると

$$\sum_k (a_{jk}\omega^2 - b_{jk})B_k = 0$$

である．B_k は同時に 0 ではないから，上式が成立するためには，係数の作る行列式が 0 でなければならない．すなわち $|A\omega^2 - B| = 0$ となり，$\omega^2 = \lambda$ とおけば(5.77)が得られる．

ω^2 が決まったとして，B_k を求めるさい，上記の B_k に対する連立方程式

格子振動のマジック

固体に対する基本的なイメージは，構成原子が整然と並び結晶構造を組み上げるということである．力学の立場でいえば，このような結晶構造は原子間に働くポテンシャルの平衡点に対応している．ところが，構成原子(格子点ともいう)は平衡の位置にじっと静止しているのではなく，本文で述べたように平衡点の付近で振動する．格子点のこのような振動を**格子振動**(lattice vibration)という．固体中で音波が伝わるのは，格子点が振動し，それが波の形で固体中に広がっていくからである．

固体に力学的な作用を加えなくても，有限温度では熱運動のため格子振動が絶えず起こっている．われわれの耳では聞こえないが，固体は微弱な音を発しているわけである．金属の電気抵抗は温度が上がると大きくなるが，これは温度の上昇に伴い格子振動が激しくなり電子がより強く散乱されるためである．また，固体の低温における比熱は絶対温度の 3 乗に比例するが，これも格子振動に起因する．さらに格子振動は超伝導が起こる原因ともなっている．

このように，格子振動は固体の性質と大きなかかわりをもち，いわば固体という舞台でさまざまなマジックを演じているといえるだろう．

で係数の作る行列式が 0 であるから，$B_1, B_2, \cdots, B_f$ はこのままでは決められない．そこで，例えば B_f は既知であるとして

$$\sum_k (a_{jk}\omega^2 - b_{jk})B_k = 0 \qquad (j=1, 2, \cdots, f-1)$$

という $f-1$ 個の方程式を考えたとき，$B_1, B_2, \cdots, B_{f-1}$ の係数が作る行列式は 0 でないとしよう．そうすると上の連立方程式を解いて $B_1/B_f, B_2/B_f, \cdots, B_{f-1}/B_f$ という比が決定される．一般には，$A\omega^2 - B$ という行列の位が r のとき，$f-r$ 個の B に任意の値を与え，他の r 個の B の値を求めることができる(詳しくは，巻末の参考書を参照せよ)． ■

連成振動　いくつかの振動系が互いに相互作用を及ぼし合うと，全体の体系はある種の特有な振動を示す．これを**連成振動**(coupled oscillation)という．連成振動は上で述べたのと同様な方法で扱えるが，1 つの例として図 5-3 のように単振り子が 2 つ連なっている体系を考えよう．この系を **2 重振り子**(double pendulum)という．質量 m_1 のおもり 1 の x, y 座標は

$$x_1 = l_1 \cos\varphi_1, \qquad y_1 = l_1 \sin\varphi_1$$

で，また質量 m_2 のおもり 2 の x, y 座標は

$$x_2 = l_1 \cos\varphi_1 + l_2 \cos\varphi_2, \qquad y_2 = l_1 \sin\varphi_1 + l_2 \sin\varphi_2$$

で与えられる．以下，一般座標を φ_1, φ_2 として，ラグランジュの運動方程式を導こう．

図のように x 軸を鉛直下向きにとると，質量 m に働く重力の位置エネルギーは $-mgx$ と書けるから，全系の位置エネルギー U は

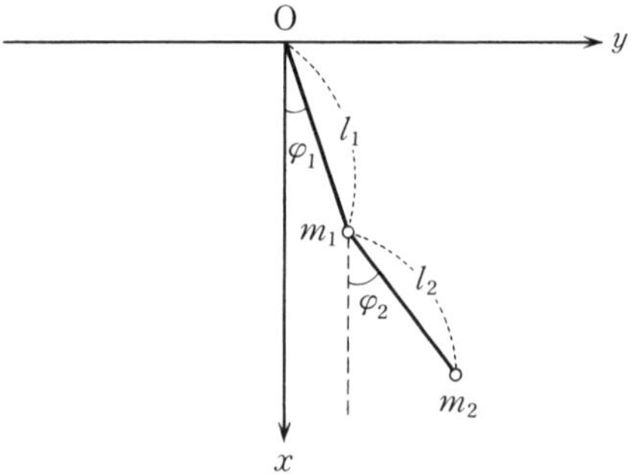

図 5-3　二重振り子

$$U = -m_1 g x_1 - m_2 g x_2$$

と表わされる．φ_1, φ_2 ともに十分小さいと仮定すれば，$\cos\varphi \simeq 1-\varphi^2/2$ という近似式を用い

$$U \simeq U_0 + \frac{(m_1+m_2)gl_1}{2}{\varphi_1}^2 + \frac{m_2 g l_2}{2}{\varphi_2}^2 \tag{5.78}$$

が得られる．ただし，U_0 は $U_0 = -(m_1+m_2)gl_1 - m_2 g l_2$ で定義される定数である．

一方，$\sin\varphi \simeq \varphi$ の近似式を用いると，$\dot{x}_1 \simeq -l_1\varphi_1\dot{\varphi}_1$，$\dot{y}_1 \simeq l_1\dot{\varphi}_1$ となり，$\dot{x}_1$ は2次の微小量なので，$\dot{y}_1$ に比べ無視できる．同様に，$\dot{x}_2$ は $\dot{y}_2$ に比べ無視でき，全運動エネルギー K は

$$\begin{aligned} K &= \frac{m_1 {l_1}^2}{2}{\dot{\varphi}_1}^2 + \frac{m_2}{2}(l_1\dot{\varphi}_1 + l_2\dot{\varphi}_2)^2 \\ &= \frac{(m_1+m_2){l_1}^2}{2}{\dot{\varphi}_1}^2 + m_2 l_1 l_2 \dot{\varphi}_1\dot{\varphi}_2 + \frac{m_2 {l_2}^2}{2}{\dot{\varphi}_2}^2 \end{aligned} \tag{5.79}$$

と表わされる．(5.78), (5.79) を使うとラグランジュの運動方程式は

$$(m_1+m_2)l_1\ddot{\varphi}_1 + m_2 l_2 \ddot{\varphi}_2 + (m_1+m_2)g\varphi_1 = 0$$

$$l_1\ddot{\varphi}_1 + l_2\ddot{\varphi}_2 + g\varphi_2 = 0$$

となる．ここで，基準振動を求めるため例題5-4と同じように $\varphi_1 = B_1 e^{i\omega t}$，$\varphi_2 = B_2 e^{i\omega t}$ と仮定すると上の両式から

$$(m_1+m_2)(g-l_1\omega^2)B_1 - m_2 l_2 \omega^2 B_2 = 0$$

$$-l_1\omega^2 B_1 + (g-l_2\omega^2)B_2 = 0$$

が得られ，ω を決める方程式は

$$\begin{vmatrix} (m_1+m_2)(g-l_1\omega^2) & -m_2 l_2 \omega^2 \\ -l_1\omega^2 & g-l_2\omega^2 \end{vmatrix} = 0$$

と書ける．上の行列式を計算すると

$$m_1 l_1 l_2 \omega^4 - g(m_1+m_2)(l_1+l_2)\omega^2 + (m_1+m_2)g^2 = 0$$

となる．この ω^2 に対する2次方程式を解くと，基準振動の角振動数は

$$\omega^2 = g\frac{\sqrt{m_1+m_2}}{2m_1 l_1 l_2}\left[\sqrt{m_1+m_2}(l_1+l_2) \pm \sqrt{(m_1+m_2)(l_1+l_2)^2 - 4m_1 l_1 l_2}\right]$$

と表わされる．平方根の前の $\pm$ に応じて，2 個の基準振動が起こる．この平方根内の量は $(m_1+m_2)(l_1+l_2)^2$ より小さいから，上式の右辺は常に正で，よって実数の ω が求められる．なお，上式は次のようにも変形される．

$$\omega^2 = g\frac{\sqrt{m_1+m_2}}{2m_1 l_1 l_2}\left[\sqrt{m_1+m_2}(l_1+l_2)\pm\sqrt{m_1(l_1-l_2)^2+m_2(l_1+l_2)^2}\right]$$

5-5 ハミルトンの正準運動方程式

前節の例からもわかるように，一般にラグランジュの運動方程式は f 個の q_j に対する 2 階の連立微分方程式である．しかし，変数の数を f から $2f$ にふやすことにより，これを 1 階の連立微分方程式に変換することが可能である．以下，このような形式の方程式について論じていく．まず(5. 25)と同様

$$\dot{q}_j = v_j \tag{5. 80}$$

で v_j を定義しよう．このような v_j を用いるとラグランジュの運動方程式は

$$\frac{d}{dt}\left(\frac{\partial L}{\partial v_j}\right)-\frac{\partial L}{\partial q_j} = 0 \qquad (j=1, 2, \cdots, f) \tag{5. 81}$$

と書ける．また，次式

$$p_j = \frac{\partial L}{\partial v_j} = \frac{\partial L}{\partial \dot{q}_j} \tag{5. 82}$$

で p_j を定義し，これを q_j に共役な**一般運動量**(generalized momentum)という．デカルト座標の場合，(5. 82)で定義される量は通常の意味での運動量 $\boldsymbol{p}=m\dot{\boldsymbol{r}}$ と一致する．

(5. 81), (5. 82)から

$$\frac{dp_j}{dt} = \frac{\partial L}{\partial q_j} \tag{5. 83}$$

が得られる．一般にラグランジアン L は $q_1, q_2, \cdots, q_f, \dot{q}_1, \dot{q}_2, \cdots, \dot{q}_f, t$ の関数であるが，変数として $q_1, q_2, \cdots, q_f, p_1, p_2, \cdots, p_f, t$ をとりたいので，変数の変換を行なう必要がある．このため，(5. 82)から逆に v_j を $q_1, q_2, \cdots, q_f, p_1, p_2, \cdots, p_f, t$ の関数として解いたと考え，これを $v_j=v_j(q, p, t)$ と表わす．た

だし，記号を簡単にするため，$q_1, q_2, \cdots, q_f$ を一括して q，$p_1, p_2, \cdots, p_f$ を一括して p と書いた．同様な記号を使うと，$L=L(q, v, t)$ と書け，したがって L は

$$L = L(q, v(q, p, t), t) \tag{5.84}$$

と表わされる．

q, p に対する方程式を導くため t は固定しておき，変数 q_j, p_j に微小変化 $\delta q_j, \delta p_j$ を与えたとする．このとき，v_j は δv_j の微小変化，また L は δL の微小変化を受けると考える．そうすると

$$\delta L = \sum_j \left(\frac{\partial L}{\partial q_j} \delta q_j + \frac{\partial L}{\partial v_j} \delta v_j \right) \tag{5.85}$$

となり，(5.80), (5.82), (5.83) を用いて

$$\delta L = \sum_j (\dot{p}_j \delta q_j + p_j \delta \dot{q}_j) \tag{5.86}$$

が得られる．上式を変形すると

$$\delta L = \delta\left(\sum_j p_j \dot{q}_j\right) + \sum_j (\dot{p}_j \delta q_j - \dot{q}_j \delta p_j)$$

となり，したがって次の関係が導かれる．

$$\delta\left(\sum_j p_j \dot{q}_j - L\right) = \sum_j (\dot{q}_j \delta p_j - \dot{p}_j \delta q_j) \tag{5.87}$$

(5.87) で

$$H(q, p, t) = \sum_j p_j \dot{q}_j - L \tag{5.88}$$

とおく．すなわち，上式の右辺を $q_1, q_2, \cdots, q_f, p_1, p_2, \cdots, p_f, t$ の関数として表わしたものを $H(q, p, t)$ と書く．そうすると，(5.87) は

$$\delta H = \sum_j (\dot{q}_j \delta p_j - \dot{p}_j \delta q_j) \tag{5.89}$$

となる．あるいは

$$\delta H = \sum_j \left(\frac{\partial H}{\partial q_j} \delta q_j + \frac{\partial H}{\partial p_j} \delta p_j \right) \tag{5.90}$$

に注意し，(5.89), (5.90)の $\delta p_j, \delta q_j$ の係数を比べると

$$\frac{dq_j}{dt} = \frac{\partial H}{\partial p_j}, \qquad \frac{dp_j}{dt} = -\frac{\partial H}{\partial q_j} \tag{5.91}$$

という q_j, p_j に対する運動方程式が得られる．これを**ハミルトンの正準運動方程式**(Hamilton's canonical equation of motion)，また $H=H(q, p, t)$ を**ハミルトニアン**(Hamiltonian)，q_j, p_j を**正準変数**(canonical variable)という．

運動エネルギーが(5.51)のように表わされると

$$p_j = \frac{\partial L}{\partial \dot{q}_j} = \frac{\partial K}{\partial \dot{q}_j} = \sum_k a_{jk}\dot{q}_k$$

が成り立つ．上式を使うと

$$\sum_j p_j \dot{q}_j = \sum_{jk} a_{jk}\dot{q}_j\dot{q}_k = 2K$$

となるから，これを(5.88)に代入し

$$H = 2K - L = 2K - (K-U) = K + U \tag{5.92}$$

と表わされる．すなわち，この場合，ハミルトニアンは体系の力学的エネルギーを正準変数 q, p で表わしたものである．

以下，ハミルトンの正準運動方程式およびハミルトニアンと関連した例をいくつか紹介しよう．

例 1. 力学的エネルギー保存則　ハミルトニアンが時間をあらわに含まないとき，$H=H(q, p)$ と書ける．これを時間で微分し，(5.91)を利用すると

$$\begin{aligned} \frac{dH}{dt} &= \sum_j \left(\frac{\partial H}{\partial q_j}\dot{q}_j + \frac{\partial H}{\partial p_j}\dot{p}_j \right) \\ &= \sum_j \left(\frac{\partial H}{\partial q_j}\frac{\partial H}{\partial p_j} - \frac{\partial H}{\partial p_j}\frac{\partial H}{\partial q_j} \right) = 0 \end{aligned}$$

となり，$H=$一定 が得られる．これは力学的エネルギー保存則を表わす．

例 2. 質点系のハミルトニアン　n 個の質点を含む質点系があり，i 番目の質点の質量を m_i，その運動量を $\boldsymbol{p}_i$，ポテンシャルを $U(\boldsymbol{r}_1, \boldsymbol{r}_2, \cdots, \boldsymbol{r}_n)$ とする．i 番目の質点の運動エネルギーは $m_i\boldsymbol{v}_i^2/2=\boldsymbol{p}_i^2/2m_i$ と表わされるの

で，体系のハミルトニアンは

$$H=\sum_i \frac{\boldsymbol{p}_i{}^2}{2m_i}+U(\boldsymbol{r}_1, \boldsymbol{r}_2, \cdots, \boldsymbol{r}_n) \tag{5.93}$$

と書ける．U は，一般に，外部からの力(例えば重力)による部分と質点間の相互作用による部分との和として表わされる．i 番目と j 番目の質点間に働くポテンシャルが v_{ij} であるならば，後者の部分はすべての質点間のペアについて和をとり

$$U=\sum_{i<j} v_{ij} \tag{5.94}$$

で与えられる．相互作用のポテンシャルが(5.94)のように書けるとき，その力を**2体力**(two-body force)という．万有引力，荷電粒子間のクーロン力などは2体力の例である．

例題 5-5　質量 m_1, m_2, m_3 の点電荷の電気量がそれぞれ e_1, e_2, e_3 であるとする．相互作用としてクーロン力だけを考えたとき，全系のハミルトニアンはどのように表わされるか．

［解］　第4章の演習問題2により，例えば点電荷1,2間の距離を r_{12} と書いたとき，この点電荷間のクーロンポテンシャルは $e_1e_2/4\pi\varepsilon_0 r_{12}$ で与えられる．したがって，全系のハミルトニアン H は次のように表わされる．

$$H=\frac{\boldsymbol{p}_1{}^2}{2m_1}+\frac{\boldsymbol{p}_2{}^2}{2m_2}+\frac{\boldsymbol{p}_3{}^2}{2m_3}+\frac{1}{4\pi\varepsilon_0}\left(\frac{e_1e_2}{r_{12}}+\frac{e_2e_3}{r_{23}}+\frac{e_3e_1}{r_{31}}\right)$$ ■

例3. 1次元調和振動子　ハミルトンの正準運動方程式の一例として，1次元調和振動子を考えよう．この場合の力学的エネルギーは(4.24)で与えられるが，$p=mv$ を使い同式を座標，運動量で表わすと，ハミルトニアンは

$$H=\frac{p^2}{2m}+\frac{m\omega^2x^2}{2} \tag{5.95}$$

と書ける．したがって，ハミルトンの正準運動方程式は，(5.91)により

$$\frac{dx}{dt}=\frac{\partial H}{\partial p}=\frac{p}{m}, \qquad \frac{dp}{dt}=-\frac{\partial H}{\partial x}=-m\omega^2 x \tag{5.96}$$

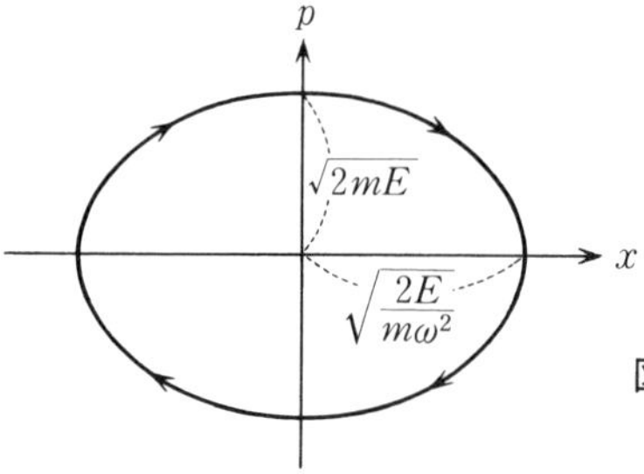

図 5-4　1次元調和振動子の位相空間

と表わされる．上式の左の関係は $p=m\dot{x}$ の運動量に対する定義式を与える．また，これを右側の方程式に代入すると，$m\ddot{x}=-m\omega^2x$ というニュートンの運動方程式が導かれる．このようにして，ハミルトンの正準運動方程式はニュートンの運動方程式と等価であることがわかる．

力学的エネルギーの値を E とすれば，力学的エネルギー保存則は

$$\frac{p^2}{2mE}+\frac{x^2}{2E/m\omega^2}=1 \tag{5.97}$$

という形に書ける．この関係を xp 平面上で描くと，図 5-4 のような楕円で表わされる．$p>0$ だと $\dot{x}>0$，$p<0$ だと $\dot{x}<0$ であるから，xp 面上の点は図の矢印のような運動を行なう．一般に，$q_1, q_2, \cdots, q_f, p_1, p_2, \cdots, p_f$ を直交座標とするような $2f$ 次元の空間を**位相空間**(phase space)という．位相空間中の1点を決めれば注目している体系の運動状態(座標と運動量)が完全に指定される．このような点を**代表点**(representative point)という．

例 4. 循環座標　ラグランジアン L は一般に $q_1, q_2, \cdots, q_f, \dot{q}_1, \dot{q}_2, \cdots, \dot{q}_f, t$ の関数であるが，場合によりある座標 q_k が L の中に含まれないことがある．このような座標を**循環座標**(cyclic coordinates)という．座標 q_k に対するラグランジュの運動方程式は

$$\frac{d}{dt}\left(\frac{\partial L}{\partial \dot{q}_k}\right)-\frac{\partial L}{\partial q_k}=0$$

であるが，q_k が循環座標なら $\partial L/\partial q_k=0$ が成り立ち，q_k に共役な一般運動量 p_k が $p_k=\partial L/\partial \dot{q}_k$ で定義されることに注意すれば $dp_k/dt=0$ となる．よって $p_k=$一定 で p_k は運動の定数となる．すなわち，循環座標に共役な一般運

動量は運動の定数である．今後の章でこの性質はしばしば有効に利用される．

ポアソン括弧　u と v とが $q_1, q_2, \cdots, q_f, p_1, p_2, \cdots, p_f$ の任意関数のとき

$$(u, v) = \sum_j \left(\frac{\partial u}{\partial q_j} \frac{\partial v}{\partial p_j} - \frac{\partial u}{\partial p_j} \frac{\partial v}{\partial q_j} \right) \tag{5.98}$$

で定義される (u, v) を**ポアソン括弧**(Poisson bracket)という．定義から明らかなように

$$(u, v) = -(v, u) \tag{5.99}$$

が成り立つ．したがって

$$(u, u) = 0 \tag{5.100}$$

である．この関係は(5.98)の定義式からも容易に理解されよう．また，c_1, c_2 を定数とすると

$$(u, c_1 v + c_2 w) = c_1(u, v) + c_2(u, w) \tag{5.101}$$

と表わされる．ポアソン括弧に関する他の性質については演習問題5を参照せよ．

例題 5-6　F が $q_1, q_2, \cdots, q_f, p_1, p_2, \cdots, p_f$ の関数のとき

$$\frac{dF}{dt} = (F, H) \tag{5.102}$$

が成り立つことを示せ．また，(5.102)を用いて力学的エネルギー保存則を導け．

［解］　$F = F(q_1, q_2, \cdots, q_f, p_1, p_2, \cdots, p_f)$ を時間で微分すると

$$\begin{aligned} \frac{dF}{dt} &= \sum_j \left(\frac{\partial F}{\partial q_j} \frac{dq_j}{dt} + \frac{\partial F}{\partial p_j} \frac{dp_j}{dt} \right) \\ &= \sum_j \left(\frac{\partial F}{\partial q_j} \frac{\partial H}{\partial p_j} - \frac{\partial F}{\partial p_j} \frac{\partial H}{\partial q_j} \right) = (F, H) \end{aligned}$$

となる．F としてハミルトニアン自身をとり，(5.100)を利用すると

$$\frac{dH}{dt} = (H, H) = 0$$

が成り立ち，力学的エネルギー保存則が導かれる．　■

第5章 演習問題

1. 単振り子の問題に(5.4)の運動方程式を適用し，未定乗数λと糸の張力Tとの関係について考えよ．

2. 鉛直面内で$x^2/a^2+y^2/b^2=1$ (x軸は水平方向，y軸は鉛直上方)の楕円上に束縛されている質点がある．束縛は滑らかであるとし，楕円の最下点近傍における質点の微小振動の周期を求めよ．

3. 3次元の極座標r, θ, φを用いて，1個の質点(質量m)に対するラグランジアンおよびハミルトニアンを求めよ．ただし，質点に働くポテンシャルを$U(r, \theta, \varphi)$とする．

4. 一直線(x軸)上を運動する質量mの質点があり，この質点には図に示すようなポテンシャル(井戸型ポテンシャル)が働いているとする．位相空間における代表点はどのような軌道で表わされるか．

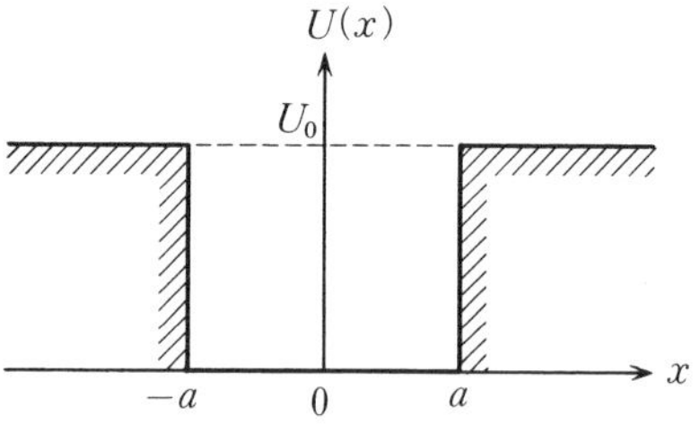

5. ポアソン括弧に対して

$$(p_k, p_l) = 0, \quad (q_k, q_l) = 0, \quad (q_k, p_l) = \delta_{kl}$$

の関係が成立することを示せ．

6 相対運動

これまで，注目する座標系は慣性系であるとして議論を進めてきた．しかし，場合によっては，慣性系以外の座標系で力学の問題を考えることが必要となる．例えば，慣性系に対して相対的に運動している乗り物に乗っている人がその乗り物内にある物体の力学を考えるときには，その人の身になって考える方が都合がよい．本章では，このような相対運動に関する問題を扱う．

6-1 並進座標系

原点をOとする x, y, z の座標系が慣性系であると仮定しよう．以後，簡単のため，この座標系をO系または静止系とよぶことにする．また，原点をO′とし，それぞれ x, y, z 軸に平行な x', y', z' 軸をもつような座標系を考え，点O′はO系からみたとき適当な運動を行なうとする(図6-1)．各座標軸は平行を保ったまま運動すると考えるので，この種の運動を**並進運動**(translational motion)という．また，並進運動するような座標系を並進座標系という．以後，この座標系をO′系とよぼう．原点Oからみたときの O′の位置ベクトルを $\boldsymbol{r}_0=(x_0, y_0, z_0)$ とすれば，$\boldsymbol{r}_0$ は時間の関数として変わっていく．

慣性力　質量 m の質点がある時刻に点Pにあるとし，O系でみた点Pの

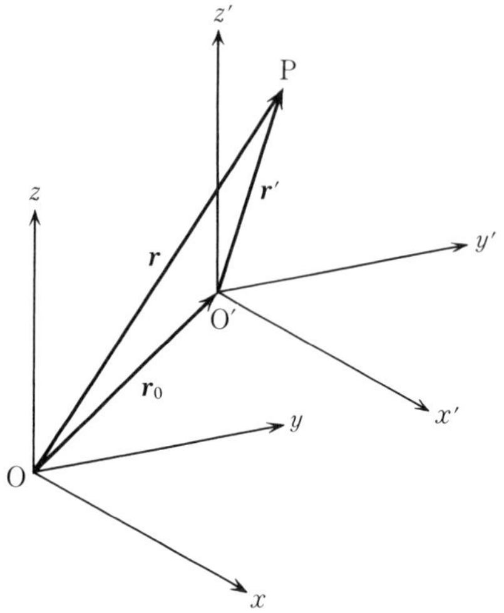

図 6-1　並進座標系

位置ベクトルを $\boldsymbol{r}$，O′ 系でみた位置ベクトルを $\boldsymbol{r}'$ とする(図 6-1)．また，$\boldsymbol{r}, \boldsymbol{r}'$ の成分をそれぞれ(x, y, z)，(x', y', z')とする．後者は O′ 系からみた質点の座標である．図から明らかなように

$$\boldsymbol{r} = \boldsymbol{r}_0 + \boldsymbol{r}' \tag{6.1}$$

が成り立つ．あるいは，成分をとると座標間の関係として

$$x = x_0 + x', \quad y = y_0 + y', \quad z = z_0 + z' \tag{6.2}$$

と書ける．

仮定により O 系は慣性系であるから，質点に働く力を $\boldsymbol{F}$ とすればニュートンの運動方程式は

$$m\ddot{\boldsymbol{r}} = \boldsymbol{F} \tag{6.3}$$

と表わされる．一方，(6.1)から $\ddot{\boldsymbol{r}} = \ddot{\boldsymbol{r}}_0 + \ddot{\boldsymbol{r}}'$ となるので，これを上式に代入すると

$$m\ddot{\boldsymbol{r}}' = \boldsymbol{F} - m\ddot{\boldsymbol{r}}_0 \tag{6.4}$$

が得られる．左辺の $\ddot{\boldsymbol{r}}'$ は O′ 系で観測するときの質点の加速度である．(6.4)からわかるように，O′ 系で力学の問題を考えるときには，実際の力 $\boldsymbol{F}$ の他に見かけ上の力 $-m\ddot{\boldsymbol{r}}_0$ も働いているとすれば，形式上ニュートンの運動方程式が成り立つ．この見かけ上の力 $-m\ddot{\boldsymbol{r}}_0$ を**慣性力**(inertial force)と

いう．とくに，$\ddot{\boldsymbol{r}}_0=\boldsymbol{a}$（＝定数ベクトル）の場合，すなわち O′系が等加速度運動をしているときには，慣性力は $-m\boldsymbol{a}$ となり，時間によらない一定の力となる．

例題 6-1 一定の加速度 a で鉛直上方に上昇しているエレベーターがあり，エレベーターの天井には長さ l の単振り子がつるされているとする．この単振り子が微小振動するときの周期 T を求めよ．

［解］ エレベーターの内部で観測する場合，単振り子のおもり（質量 m）には重力 mg が鉛直下向きに働くとともに，慣性力 ma が同じ向きに働く．したがって，見かけ上，重力加速度が g から $g+a$ に変わったと考えてよい．このため，(3.45)で上の置き換えを行ない，T は

$$T = 2\pi\sqrt{\frac{l}{g+a}} \tag{6.5}$$

と表わされる．エレベーターが一定加速度 a で降下する場合には，(6.5)で a を $-a$ とおけばよい． ▩

ガリレイ変換 静止系に対し O′系が一定の速度 $\boldsymbol{v}$ で運動しているとき，(6.4)で $\ddot{\boldsymbol{r}}_0=0$ が成り立つから，慣性力は 0 となる．したがって，O′系は慣性系であると考えてよい．$t=0$ で O 系と O′系とが一致するとすれば，いまの場合，(6.2)は

$$x = v_x t + x', \qquad y = v_y t + y', \qquad z = v_z t + z' \tag{6.6}$$

と書ける．(6.6)の変換を**ガリレイ変換**(Galilean transformation)という．

上の議論からわかるように，ニュートンの運動方程式はガリレイ変換しても形が変わらない．すなわち，$m\ddot{\boldsymbol{r}}=\boldsymbol{F}$ をガリレイ変換すると，$m\ddot{\boldsymbol{r}}'=\boldsymbol{F}$ となる．この性質を**ガリレイの相対性原理**(Galilean principle of relativity)という．あるいは，ニュートンの運動方程式はガリレイ変換に対して不変であるともいう．

6-2 2次元の回転座標系

点 O を原点とする x, y, z の座標系（O 系）は慣性系であるとする．同じ点 O

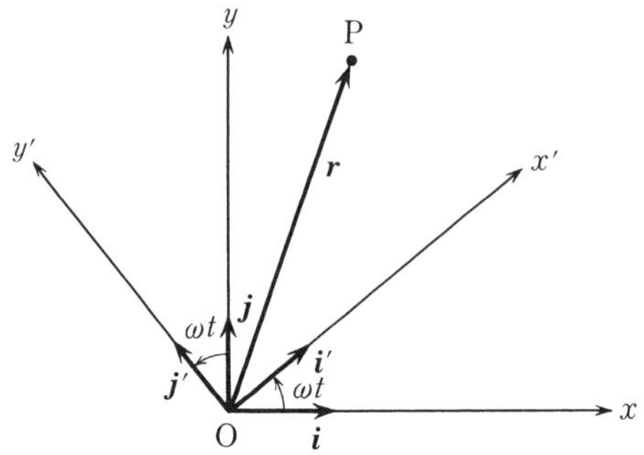

図 6-2　2 次元の回転座標系

を原点とし，z' 軸は z 軸と共通であるが，x', y' 軸は xy 面内で回転するような座標系 x', y', z' を考えよう．この座標系を便宜上，前節と同様 O′ 系とよぶ．このように，慣性系に対して回転するような座標系を一般に**回転座標系**(rotating coordinate system)という．この節では，手始めとして 2 次元的な回転を論じるが，3 次元の場合については次節で述べる．

2 次元というように話を限定しても，回転座標系の特徴を十分とらえることができる．いまの場合には，$z'=z$ が成り立つので，(x, y) と (x', y') との関係について考えていけばよい．ここで，O′ 系は z 軸の回りで角速度 ω の等速回転運動を行なうと仮定する．すなわち，図 6-2 に示すように，x, y 軸を空間に固定した座標軸としたとき，時刻 0 で x' 軸は x 軸と一致しているが，時刻 t においては x' 軸は x 軸と回転角 ωt をなすものとする．同様に，時刻 t において，y' 軸と y 軸とのなす角は ωt に等しい．ここで，ω は定数とする．これからの課題はこのような O′ 系における運動方程式を導くことである．

コリオリ力と遠心力　図 6-2 のように，x, y 軸に沿う単位ベクトルを $\boldsymbol{i}, \boldsymbol{j}$ とし，また x', y' 軸に沿う単位ベクトルを $\boldsymbol{i}', \boldsymbol{j}'$ とする．$\boldsymbol{i}, \boldsymbol{j}$ は空間に固定されたベクトルであるが，$\boldsymbol{i}', \boldsymbol{j}'$ は回転に伴い時間変化する．そこでまずこれらの時間変化を考察しよう．$\boldsymbol{i}'$ の位置ベクトルで記述される質点を想定すると，この質点は半径 1 の等速円運動を行なうので，その速さは ω に等しい．また，速度の向きは $\boldsymbol{j}'$ と一致する．同様に，$\boldsymbol{j}'$ を位置ベクトルとする質点の速さは ω，その向きは $-\boldsymbol{i}'$ である．したがって，次の関係が得られる．

$$\dot{\boldsymbol{i}}' = \omega \boldsymbol{j}', \quad \dot{\boldsymbol{j}}' = -\omega \boldsymbol{i}' \tag{6.7}$$

質量 m の質点が図6-2の点Pにあるとし，その位置ベクトルを $\boldsymbol{r}$ とする．O′ 系からみた点Pの座標を x', y' とすれば，$\boldsymbol{r}$ は

$$\boldsymbol{r} = x'\boldsymbol{i}' + y'\boldsymbol{j}' \tag{6.8}$$

と表わされる．(6.8)を時間で2回微分すると

$$\ddot{\boldsymbol{r}} = \ddot{x}'\boldsymbol{i}' + \ddot{y}'\boldsymbol{j}' + 2(\dot{x}'\dot{\boldsymbol{i}}' + \dot{y}'\dot{\boldsymbol{j}}') + x'\ddot{\boldsymbol{i}}' + y'\ddot{\boldsymbol{j}}' \tag{6.9}$$

が得られる．(6.7)から

$$\ddot{\boldsymbol{i}}' = \omega\dot{\boldsymbol{j}}' = -\omega^2\boldsymbol{i}', \quad \ddot{\boldsymbol{j}}' = -\omega\dot{\boldsymbol{i}}' = -\omega^2\boldsymbol{j}' \tag{6.10}$$

が導かれるので，(6.9)は次のように書ける．

$$\ddot{\boldsymbol{r}} = \ddot{x}'\boldsymbol{i}' + \ddot{y}'\boldsymbol{j}' + 2\omega(\dot{x}'\boldsymbol{j}' - \dot{y}'\boldsymbol{i}') - \omega^2(x'\boldsymbol{i}' + y'\boldsymbol{j}') \tag{6.11}$$

上式の両辺に m を掛けると，左辺は質点に働く力 $\boldsymbol{F}$ に等しい．また，右辺はそれをO′ 系でみたものに相当する．したがって，$\boldsymbol{F}$ の x', y' 成分を X', Y' とすれば，すなわち $\boldsymbol{F} = X'\boldsymbol{i}' + Y'\boldsymbol{j}'$ とすれば

$$m\ddot{x}' = X' + 2m\omega\dot{y}' + m\omega^2 x' \tag{6.12}$$

$$m\ddot{y}' = Y' - 2m\omega\dot{x}' + m\omega^2 y' \tag{6.13}$$

が求まる．(6.12), (6.13)からわかるように，回転座標系で質点の力学を考えるとき，実際に働く力の他に，右辺第2項，第3項で与えられる見かけ上の力が働くとすれば，運動方程式が成り立つことになる．このうち x', y' 成分が

$$(2m\omega\dot{y}', -2m\omega\dot{x}') \tag{6.14}$$

で与えられる力を**コリオリ力**(Coriolis force)という．この力については次節でも言及する．また，x', y' 成分が

$$(m\omega^2 x', m\omega^2 y') \tag{6.15}$$

で与えられる力を**遠心力**(centrifugal force)という．遠心力は，原点Oから質点の位置Pに向かうような向きをもち，その大きさは $mr\omega^2$ に等しい．ただし，r はOP間の距離である．コリオリ力と違って，遠心力は回転座標系に対して静止している質点にも働く．

以上の議論からわかるように，<u>質点に実際に働く力以外に，コリオリ力と</u>

遠心力という見かけ上の力が働くと考えれば，回転座標系においても運動の法則が成り立つと考えてよい．

例題 6-2 xy 面で半径 a の円上を角速度 ω で等速円運動する質量 m の質点 P がある．質点には，常に円の中心を向く一定の大きさの力 F が働くものとする．m, a, ω, F の間に成り立つ関係を求めよ．

［解］ 円の中心 O と質点 P とを結ぶ向きに x' 軸，これと垂直に y' 軸をとり回転座標系 x', y' を導入する．この座標系でみると質点は静止しているから，これに働く力は釣合っていないといけない．質点には実際の力 F と見かけ上の遠心力 $ma\omega^2$ が働き，この 2 力が釣合うから次式が成立する．

$$ma\omega^2 = F \tag{6.16}$$ ▩

例題 6-3 静止系において，原点 O を通り xy 面内で一定の角速度 ω をもって回転している直線がある(図 6-3)．この直線上に束縛されている質量 m の質点 P の運動を次の 2 つの方法で調べよ．ただし，束縛は滑らかであるとする．

(1) 回転座標系における運動方程式

(2) 回転する直線上の座標を一般座標とする解析力学

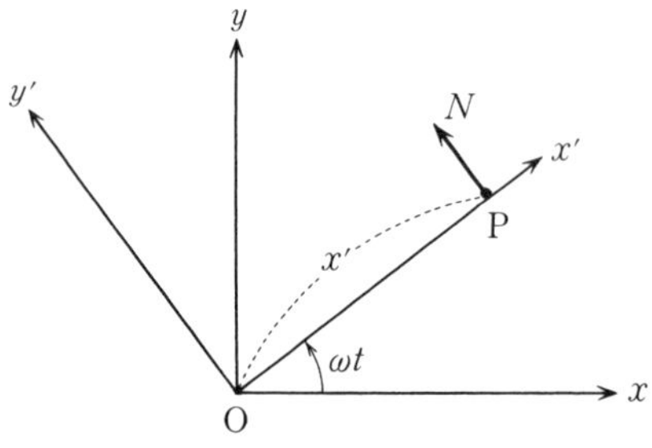

図 6-3

［解］ (1) 直線自身を x' 軸にとり，それと垂直に y' 軸をとる．質点に実際に働く力は直線から受ける垂直抗力であるが，題意により $y'=\dot{y}'=\ddot{y}'=0$ が成り立つ．したがって，(6.12), (6.13) により

$$m\ddot{x}' = m\omega^2 x' \tag{6.17}$$

$$0 = N - 2m\omega\dot{x}' \tag{6.18}$$

が得られる．(6.17) を解くため $x'=e^{\alpha t}$ とおくと，$\alpha^2=\omega^2$ となる．したが

って $\alpha=\pm\omega$ で，x' に対する解は

$$x' = Ae^{\omega t}+Be^{-\omega t} \tag{6.19}$$

と表わされ，任意定数 A, B は適当な初期条件から決まる．(6.19)を(6.18)に代入すれば，垂直抗力 N が求まる．この問題ではコリオリ力は x' 軸と垂直に働くので，運動には影響を与えない．

(2)　一般座標として図の x' をとると，質点 P の x, y 座標は

$$x = x'\cos\omega t, \qquad y = x'\sin\omega t$$

で与えられる．これから

$$\dot{x} = \dot{x}'\cos\omega t-\omega x'\sin\omega t, \qquad \dot{y} = \dot{x}'\sin\omega t+\omega x'\cos\omega t$$

で，$\dot{x}^2+\dot{y}^2=\dot{x}'^2+\omega^2x'^2$ と計算される．したがって，ラグランジアンは

$$L = \frac{m}{2}(\dot{x}'^2+\omega^2x'^2)$$

と書け，ラグランジュの運動方程式は $m\ddot{x}'=m\omega^2x'$ となって，(6.17)と同じ結果が導かれる．■

6-3 3次元の回転座標系

本節では，前節で述べた2次元の回転座標系を3次元の場合に一般化することを考える．この問題を論じる前に，やや数学的な準備が必要なのでそれから話を始めよう．

ベクトル積　2つのベクトル $\boldsymbol{b}$ と $\boldsymbol{c}$ とがあるとき，次のような記号を導入し

$$\boldsymbol{a} = \boldsymbol{b}\times\boldsymbol{c} \tag{6.20}$$

$\boldsymbol{a}$ の x, y, z 成分は

$$\begin{aligned} a_x &= b_yc_z-b_zc_y \\ a_y &= b_zc_x-b_xc_z \\ a_z &= b_xc_y-b_yc_x \end{aligned} \tag{6.21}$$

で与えられるとする．(6.21)の関係は(x, y, z)を順次ずらして(y, z, x)，(z, x, y)と書けば覚えやすいであろう．このようにして定義されるベクトル

$\boldsymbol{a}$ を $\boldsymbol{b}$ と $\boldsymbol{c}$ との**ベクトル積**(vector product)または**外積**(outer product)という．(6.20), (6.21)の定義からわかるように

$$\boldsymbol{c}\times\boldsymbol{b} = -\boldsymbol{b}\times\boldsymbol{c} \tag{6.22}$$

が成り立つ．したがって，とくに $\boldsymbol{c}=\boldsymbol{b}$ とおけば

$$\boldsymbol{b}\times\boldsymbol{b} = 0 \tag{6.23}$$

となる．すなわち，同じベクトル同士のベクトル積は 0 である．

ベクトル積の意味を幾何学的に理解するため，第 1 章の図 1-4 と同様，$\boldsymbol{b}$ と $\boldsymbol{c}$ を含む平面を xy 面に選び，ベクトル $\boldsymbol{b}$ が x 軸を向くようにする．また，$\boldsymbol{b}$ と $\boldsymbol{c}$ とのなす角を図のように θ とする(ただし，$0\leqq\theta\leqq\pi$)．このように座標系をとると

$$\boldsymbol{b} = (b, 0, 0), \qquad \boldsymbol{c} = (c\cos\theta, c\sin\theta, 0)$$

と書けるから，(6.21)から

$$a_x = 0, \qquad a_y = 0, \qquad a_z = b_x c_y = bc\sin\theta$$

と表わされ，ベクトル $\boldsymbol{a}$ は z 方向，すなわち $\boldsymbol{b}$ と $\boldsymbol{c}$ の両方に垂直な方向をもつことがわかる．またその大きさは $bc\sin\theta$ に等しい．

図 1-4 では $c_y>0$ としたが，$c_y<0$ の場合には $\boldsymbol{a}$ は $-z$ 方向を向く．これからわかるように，一般に $\boldsymbol{b}\times\boldsymbol{c}$ は，$\boldsymbol{b}$ から $\boldsymbol{c}$ へと π より小さい角度で右ねじを回すとき，そのねじの進む向きをもつ．なお，$\boldsymbol{b}$ と $\boldsymbol{c}$ とが平行だと，両者のなす角は 0 で，このため $\boldsymbol{b}\times\boldsymbol{c}=0$ となる．(6.23)はこの関係の特別な場合に相当する．また，(6.20)で定義される $\boldsymbol{a}$ は，回転に対してベクトルとして変換される．この点については，回転に対する事項を学んだ後，例題 6-5 で説明しよう．

角速度ベクトル　座標系や剛体がある軸の回りで回転しているとき，この軸を**回転軸**(rotation axis)という．回転を記述するのに，角速度 ω の大きさをもち回転軸に沿うようなベクトルを導入すると便利である．ただし，このベクトルは，回転の向きに右ねじを回すときそのねじの進む向きをもつものと決める．このようなベクトルを**角速度ベクトル**(angular velocity vector)とよび，以後，$\boldsymbol{\omega}$ の記号で表わすことにする．

例えば，図 6-2 で O′ 系は z 軸の回りで回転するので $\boldsymbol{\omega}$ は z 成分だけをも

つ．また，同図で回転は xy 面内で正の向きをもち $\boldsymbol{\omega}$ は z 軸の正の方向を向く．したがって，この場合，$\boldsymbol{\omega}$ は

$$\boldsymbol{\omega} = (0, 0, \omega) \tag{6.24}$$

と表わされる．一方，回転が xy 面内で負の向きであれば，$\boldsymbol{\omega}$ は z 軸の負の方向を向き，$\boldsymbol{\omega}=(0, 0, -\omega)$ と書ける．

角速度ベクトルと位置ベクトルの時間変化　角速度ベクトル $\boldsymbol{\omega}$ で記述される回転軸を簡単に $\boldsymbol{\omega}$ 軸とよぼう．この $\boldsymbol{\omega}$ 軸の回りで，座標系や剛体が回転するのに伴い，座標系あるいは剛体に固定された点が移動するが，その時間変化を調べよう．いま，$\boldsymbol{\omega}$ 軸上の適当な点を原点Oとし，ある時刻 t において任意の点Pを考え，その位置ベクトルを $\boldsymbol{r}$ とする(図6-4)．点Pから $\boldsymbol{\omega}$ 軸に下ろした垂線の足をO′とすれば，時間の経過に伴い，点PはO′を通り $\boldsymbol{\omega}$ 軸と垂直な面内で半径 $\overline{\mathrm{O'P}}$ の円運動を行なう．時刻 t から微小時間 $\varDelta t$ 後の点の位置を図のようにQとし，これを表わす位置ベクトルを $\boldsymbol{r}+\varDelta\boldsymbol{r}$ とする．ここで，$\varDelta\boldsymbol{r}$ はPからQへ向かう変位ベクトルである．$\boldsymbol{\omega}$ と $\boldsymbol{r}$ とのなす角を θ とすれば $\overline{\mathrm{O'P}}=r\sin\theta$ である $(r=|\boldsymbol{r}|)$．また $\angle\mathrm{PO'Q}=\omega\varDelta t$ が成り立つ．したがって，$|\varDelta\boldsymbol{r}|=r\omega\varDelta t\sin\theta$ と書ける．また $\varDelta t\to 0$ の極限で $\varDelta\boldsymbol{r}$ は $\boldsymbol{\omega}$ と $\boldsymbol{r}$ の作る面と垂直となり，その向きは，$\boldsymbol{\omega}$ から $\boldsymbol{r}$ へと右ねじを回すとき，ねじの進む向きと一致する．このようにして，向き，大きさを考え，$\varDelta t\to 0$ の極限で

$$\varDelta\boldsymbol{r} = \varDelta t(\boldsymbol{\omega}\times\boldsymbol{r}) \tag{6.25}$$

と表わされる．この式を $\varDelta t$ で割れば次のような結果が得られる．すなわ

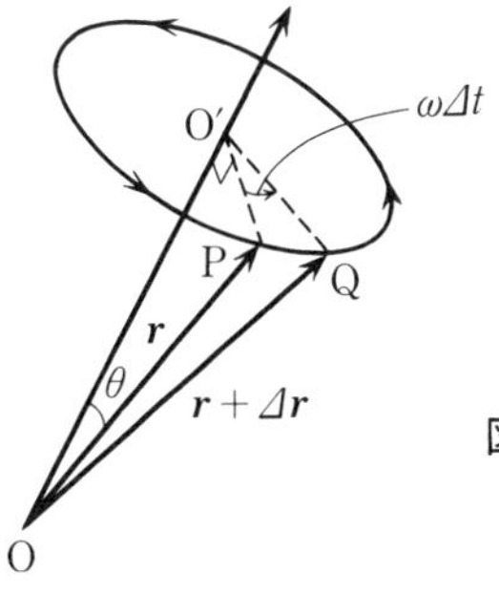

図6-4　角速度ベクトルと位置ベクトル

ち，$\boldsymbol{\omega}$ 軸の回りで回転する位置ベクトルの時間微分は

$$\dot{\boldsymbol{r}} = \boldsymbol{\omega}\times\boldsymbol{r} \tag{6.26}$$

で与えられる．

(6.25)を利用すると，角速度ベクトルの和は通常のベクトル和として表わされることがわかる．例えば，原点Oを通る2つの $\boldsymbol{\omega}_1, \boldsymbol{\omega}_2$ があるとき，それぞれの $\boldsymbol{\omega}$ による $\boldsymbol{r}$ の変位は，(6.25)により $\Delta\boldsymbol{r}_1=\Delta t(\boldsymbol{\omega}_1\times\boldsymbol{r})$，$\Delta\boldsymbol{r}_2=\Delta t(\boldsymbol{\omega}_2\times\boldsymbol{r})$ と書ける．このとき全体の変位 $\Delta\boldsymbol{r}$ は，ベクトル積の定義を用いると $\Delta\boldsymbol{r}=\Delta\boldsymbol{r}_1+\Delta\boldsymbol{r}_2=\Delta t(\boldsymbol{\omega}\times\boldsymbol{r})$ と表わされる．ここで $\boldsymbol{\omega}=\boldsymbol{\omega}_1+\boldsymbol{\omega}_2$ でこれはベクトルとしての和である．このように，角速度ベクトルは通常のベクトルとしての性質をもつので，これを合成したり分解したりすることができる．なお，(6.25)や(6.26)は $\boldsymbol{\omega}$ が時間に依存する場合にも成立する．

回転座標系における運動方程式　点Oを原点とする x, y, z の座標系(O系)は慣性系であるとする．図6-5のように，同じ点Oを原点とし，最初O系と一致していた x', y', z' の座標系(O′系)がある一定の角速度ベクトル $\boldsymbol{\omega}$ の回りで回転するものとする．O′系でみるとき $\boldsymbol{\omega}$ はこの座標系に固定されているので，O′系でみた $\boldsymbol{\omega}$ の各成分は一定である．O′系で運動方程式がどのように表わされるかを考察するため，各座標軸に沿う単位ベクトルを図のように導入する．$\boldsymbol{i}, \boldsymbol{j}, \boldsymbol{k}$ は空間に固定されているが，$\boldsymbol{i}', \boldsymbol{j}', \boldsymbol{k}'$ は時間とともに変わる．$\boldsymbol{i}', \boldsymbol{j}', \boldsymbol{k}'$ は $\boldsymbol{\omega}$ 軸の回りで回転するから，それらの時間微分は

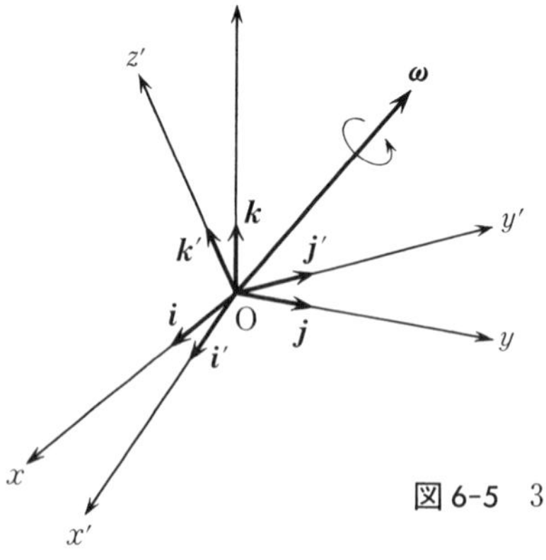

図6-5　3次元の回転座標系

(6.26)により，次のように表わされる．

$$\dot{\boldsymbol{i}}' = \boldsymbol{\omega}\times\boldsymbol{i}', \quad \dot{\boldsymbol{j}}' = \boldsymbol{\omega}\times\boldsymbol{j}', \quad \dot{\boldsymbol{k}}' = \boldsymbol{\omega}\times\boldsymbol{k}' \tag{6.27}$$

質量 m の質点が運動しているとし，その位置ベクトルを $\boldsymbol{r}$ とする．O′系でみた $\boldsymbol{r}$ の各成分を x', y', z' とすれば，$\boldsymbol{r}$ は

$$\boldsymbol{r} = x'\boldsymbol{i}'+y'\boldsymbol{j}'+z'\boldsymbol{k}' \tag{6.28}$$

と表わされる．上式を時間で2回微分すると

$$\ddot{\boldsymbol{r}} = \ddot{x}'\boldsymbol{i}'+\ddot{y}'\boldsymbol{j}'+\ddot{z}'\boldsymbol{k}'+2(\dot{x}'\dot{\boldsymbol{i}}'+\dot{y}'\dot{\boldsymbol{j}}'+\dot{z}'\dot{\boldsymbol{k}}')+x'\ddot{\boldsymbol{i}}'+y'\ddot{\boldsymbol{j}}'+z'\ddot{\boldsymbol{k}}' \tag{6.29}$$

となる．ここで，(6.27)およびこれらをもう1回時間で微分した

$$\ddot{\boldsymbol{i}}' = \boldsymbol{\omega}\times(\boldsymbol{\omega}\times\boldsymbol{i}'), \quad \ddot{\boldsymbol{j}}' = \boldsymbol{\omega}\times(\boldsymbol{\omega}\times\boldsymbol{j}'), \quad \ddot{\boldsymbol{k}}' = \boldsymbol{\omega}\times(\boldsymbol{\omega}\times\boldsymbol{k}')$$

を利用する．またO′系でみたベクトルとして

$$\ddot{\boldsymbol{r}}' = \ddot{x}'\boldsymbol{i}'+\ddot{y}'\boldsymbol{j}'+\ddot{z}'\boldsymbol{k}' \tag{6.30}$$

$$\dot{\boldsymbol{r}}' = \boldsymbol{v}' = \dot{x}'\boldsymbol{i}'+\dot{y}'\boldsymbol{j}'+\dot{z}'\boldsymbol{k}' \tag{6.31}$$

$$\boldsymbol{r}' = x'\boldsymbol{i}'+y'\boldsymbol{j}'+z'\boldsymbol{k}' \tag{6.32}$$

を導入しよう．その結果，ベクトル積に対して成り立つ関係

$$\boldsymbol{b}\times\boldsymbol{c}_1+\boldsymbol{b}\times\boldsymbol{c}_2+\cdots+\boldsymbol{b}\times\boldsymbol{c}_n = \boldsymbol{b}\times(\boldsymbol{c}_1+\boldsymbol{c}_2+\cdots+\boldsymbol{c}_n)$$

に注意すれば，(6.29)は

$$\ddot{\boldsymbol{r}} = \ddot{\boldsymbol{r}}'+2(\boldsymbol{\omega}\times\boldsymbol{v}')+\boldsymbol{\omega}\times(\boldsymbol{\omega}\times\boldsymbol{r}') \tag{6.33}$$

と書ける．この式に m を掛けると，左辺は質点に働く力 $\boldsymbol{F}$ に等しい．このようにして，回転座標系における運動方程式として

$$m\ddot{\boldsymbol{r}}' = \boldsymbol{F}+2m(\boldsymbol{v}'\times\boldsymbol{\omega})+m(\boldsymbol{\omega}\times\boldsymbol{r}')\times\boldsymbol{\omega} \tag{6.34}$$

が求まる．右辺第2項は，下で示すように，前節で説明したコリオリ力を表わす．また，右辺第3項は遠心力である(例題6-4参照)．

前節で述べた2次元の回転座標系では，角速度ベクトル $\boldsymbol{\omega}$ は(6.24)すなわち $\boldsymbol{\omega}=(0, 0, \omega)$ で与えられる．また，$\boldsymbol{v}'$ は $\boldsymbol{v}'=(\dot{x}', \dot{y}', \dot{z}')$ と書ける．したがって，コリオリ力 $2m(\boldsymbol{v}'\times\boldsymbol{\omega})$ の各成分を考えると

x' 成分：　$2m(\dot{y}'\omega_z-\dot{z}'\omega_y) = 2m\dot{y}'\omega$

y' 成分：　$2m(\dot{z}'\omega_x-\dot{x}'\omega_z) = -2m\dot{x}'\omega$

z' 成分：　$2m(\dot{x}'\omega_y-\dot{y}'\omega_x) = 0$

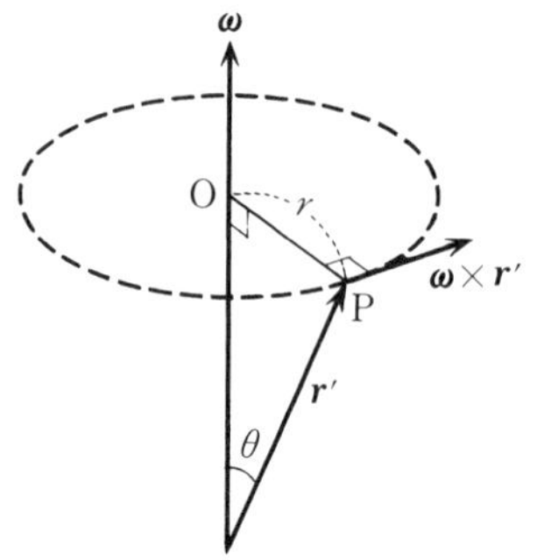

図 6-6

となり，(6.14)の結果が得られる．

例題 6-4　(6.34)の右辺第3項 $m(\boldsymbol{\omega}\times\boldsymbol{r}')\times\boldsymbol{\omega}$ はどんな力を表わすか．

［解］　位置ベクトル $\boldsymbol{r}'$ が表わす点をPとし，図6-6のようにPから $\boldsymbol{\omega}$ 軸に垂線を下ろしその足をOとする．$\boldsymbol{\omega}\times\boldsymbol{r}'$ は図のように $\boldsymbol{\omega}, \boldsymbol{r}'$ の両者に垂直な向きをもち，その大きさは $\omega r'\sin\theta=r\omega$ に等しい．ただし，θ は $\boldsymbol{\omega}$ と $\boldsymbol{r}'$ とのなす角，r はOP間の距離である．$\boldsymbol{\omega}$ は $\boldsymbol{\omega}\times\boldsymbol{r}'$ と垂直であるから，結局 $m(\boldsymbol{\omega}\times\boldsymbol{r}')\times\boldsymbol{\omega}$ はOからPに向かうような力で，その大きさは $mr\omega^2$ である．この結果は前節で導いた遠心力の性質と一致する．▩

例題 6-5　任意のベクトル $\boldsymbol{b}, \boldsymbol{c}$ が図6-5の x', y', z' 系に固定されているとし，適当な回転を受けて $\boldsymbol{b}', \boldsymbol{c}'$ に変換されたとする．このとき，$\boldsymbol{a}=\boldsymbol{b}\times\boldsymbol{c}$ は $\boldsymbol{a}'=\boldsymbol{b}'\times\boldsymbol{c}'$ と変換されるが，$\boldsymbol{a}$ は $\boldsymbol{b}, \boldsymbol{c}$ と同じ変換則によって変換されることを示せ．

［解］　図6-5で $\boldsymbol{i}'$ の x, y, z 成分をそれぞれ T_{11}, T_{21}, T_{31} とすれば

$$\boldsymbol{i}' = T_{11}\boldsymbol{i}+T_{21}\boldsymbol{j}+T_{31}\boldsymbol{k}$$

と書け，同様に

$$\boldsymbol{j}' = T_{12}\boldsymbol{i}+T_{22}\boldsymbol{j}+T_{32}\boldsymbol{k}$$
$$\boldsymbol{k}' = T_{13}\boldsymbol{i}+T_{23}\boldsymbol{j}+T_{33}\boldsymbol{k}$$

と表わされる．題意により

$$\boldsymbol{b}' = b_x\boldsymbol{i}'+b_y\boldsymbol{j}'+b_z\boldsymbol{k}'$$

であるから，これに上述の3つの式を代入し，x, y, z 成分をとると

$$b_x' = T_{11}b_x+T_{12}b_y+T_{13}b_z$$

$$b_y' = T_{21}b_x + T_{22}b_y + T_{23}b_z$$
$$b_z' = T_{31}b_x + T_{32}b_y + T_{33}b_z$$

が得られる．これが $\boldsymbol{b}$ に対する変換則で，同様な関係が $\boldsymbol{c}$ に対しても成り立つ．一方，$\boldsymbol{a}'=\boldsymbol{b}'\times\boldsymbol{c}'$ は

$$\boldsymbol{a}' = (b_x\boldsymbol{i}' + b_y\boldsymbol{j}' + b_z\boldsymbol{k}')\times(c_x\boldsymbol{i}' + c_y\boldsymbol{j}' + c_z\boldsymbol{k}')$$

で与えられるが，$\boldsymbol{i}'\times\boldsymbol{i}'=0$, $\boldsymbol{i}'\times\boldsymbol{j}'=\boldsymbol{k}'$ などの関係を利用すると

$$\boldsymbol{a}' = (b_yc_z - b_zc_y)\boldsymbol{i}' + (b_zc_x - b_xc_z)\boldsymbol{j}' + (b_xc_y - b_yc_x)\boldsymbol{k}'$$

Coffee Break

台風の目とコリオリ力

日本列島には毎年何回か台風が襲来し，甚大な被害をもたらす．そういう点でいえば，台風はあまりありがたくないお客さんである．しかし，反面，台風はコリオリ力に関する壮大な実験室であるともいえる．

北半球で考えると，コリオリ力 $2m(\boldsymbol{v}\times\boldsymbol{\omega})$ は図の左に示した向きをもち，進行方向を右側に曲げるような効果をもつ．このため台風の目に流れ込む空気(風)は右の方に曲がり，図の右側のような状態になる．したがって，結果的に風は目を中心として反時計回り(正の向き)に吹くことになる．大ざっぱにいって，風上に左手，風下に右手を向けると，体の正面に台風の目が存在する．台風の目が移動するに従い，風の向きも順次変わっていくが，その様子をいまのような方法で実感するのも一興であろう．

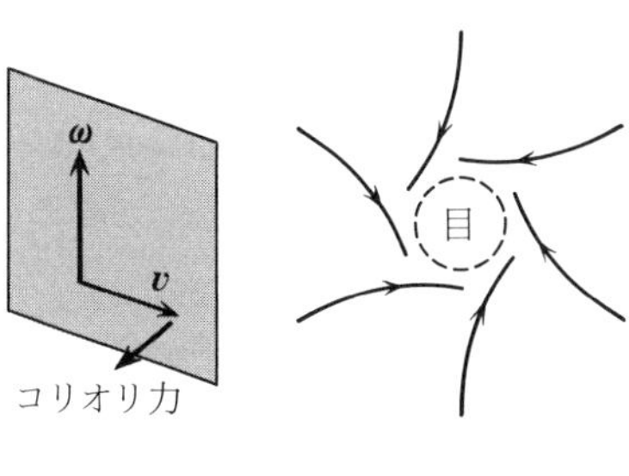

$$= a_x\boldsymbol{i}' + a_y\boldsymbol{j}' + a_z\boldsymbol{k}'$$

となる．これは前述の $\boldsymbol{b}'$ と同じ形をもつから，$\boldsymbol{a}$ に対する変換則は $\boldsymbol{b}$ に対するものと同じであることがわかる．ただし，ベクトルの反転に対しては $\boldsymbol{b}\to-\boldsymbol{b}$, $\boldsymbol{c}\to-\boldsymbol{c}$, $\boldsymbol{a}\to\boldsymbol{a}$ と変換されるので，$\boldsymbol{a}$ はベクトルのように変換されない．このためベクトル積は**擬ベクトル**とよばれる．

なお，同じような方法を用いると，スカラー積 $\boldsymbol{b}\cdot\boldsymbol{c}$ の場合には $\boldsymbol{b}'\cdot\boldsymbol{c}'=\boldsymbol{b}\cdot\boldsymbol{c}$ の関係が得られる．すなわち，スカラー積は回転に対し不変で実際スカラーであることがわかる．

さらに，$\boldsymbol{i}'^2=1$, $\boldsymbol{i}'\cdot\boldsymbol{j}'=0$ などを利用すると

$$T_{11}{}^2+T_{21}{}^2+T_{31}{}^2=1, \qquad T_{11}T_{12}+T_{21}T_{22}+T_{31}T_{32}=0$$

などの関係が導かれる．これらから

$$T=\begin{pmatrix} T_{11} & T_{12} & T_{13} \\ T_{21} & T_{22} & T_{23} \\ T_{31} & T_{32} & T_{33} \end{pmatrix}$$

という行列 T は直交行列であることがわかる． ■

6-4 地表近傍での運動

3-2 節では，地表近傍の空間が慣性系であると仮定し，力学の問題を扱った．しかし，地球は太陽の回りで公転するし，また自転も行なう．そういう意味で，地表の近くの物体も厳密にいうと慣性系に対し相対運動を行なっている．この節では，そのような相対運動の効果を考察していく．ただし，これから考える問題の時間的スケールはせいぜい数日という程度なので，この間での地球の公転は等速直線運動とみなしてよい．したがって，公転による慣性力は以下の議論では省略する．そこで，ある瞬間に地球を記述する座標系(原点を地球の中心にとる)を導入し，以後はこの座標系を宇宙空間で固定してそれを慣性系とみなすことにする．その結果，地球は慣性系に対し，南極 S，北極 N を結ぶ直線を回転軸($\boldsymbol{\omega}$ 軸)として，図 6-7 のように ω の角速度で回転する．24 時間で地球は自転するから ω の値は

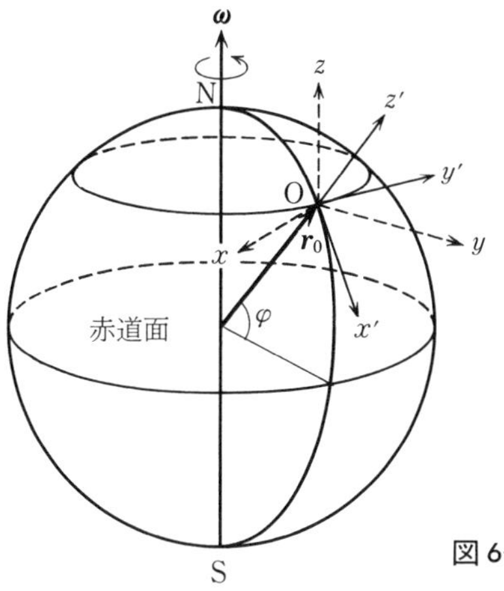

図 6-7　地表での座標系の選び方

$$\omega = \frac{2\pi}{24\times60\times60}\,\mathrm{s}^{-1} = 7.27\times10^{-5}\,\mathrm{s}^{-1} \qquad (6.35)$$

と計算される．

見かけ上の重力　地表の 1 点 O を考え(図 6-7)，O を原点とし上述の慣性系に対して並進運動するような座標系 x, y, z を導入する．ただし，便宜上 z 軸を $\boldsymbol{\omega}$ 軸と平行にとる．この座標系を 6-3 節で述べた O 系とみなすのだが，O 系は慣性系に対して加速度運動を行ない，よってそのために生じる慣性力を考慮する必要がある．地球の中心からみた点 O の位置ベクトルを $\boldsymbol{r}_0$ とすれば，質量 m の質点には慣性力 $-m\ddot{\boldsymbol{r}}_0$ が働き，したがって O′ 系での運動を考えるさい，この力を(6.34)の右辺に加えねばならない．まず，この慣性力の性質を調べよう．

点 O は，この点を通り $\boldsymbol{\omega}$ 軸と垂直な平面内で，慣性系に対し等速円運動を行なう．地球の半径を R，点 O の緯度を φ とすれば，この円運動の半径 r は図 6-7 からわかるように，$r = R\cos\varphi$ で与えられる．等速円運動であるから，加速度 $\ddot{\boldsymbol{r}}_0$ は上記の平面内で円の中心に向かい，その大きさは $r\omega^2$ となる．これから，いまの慣性力 $-m\ddot{\boldsymbol{r}}_0$ はちょうど地球の自転運動による遠心力

$$mr\omega^2 = mR\omega^2\cos\varphi \qquad (6.36)$$

に等しいことがわかる．一方，質点には万有引力に基づく重力が働き，これと上の遠心力との合力が見かけ上の重力となる．単位質量の質点の場合，遠心力が最大となる赤道で考えると，(6. 35)の ω の値と $R=6.37\times10^6$ m を使い $R\omega^2\simeq0.034$ m/s^2 の程度となる．これは重力加速度 $g=9.8$ m/s^2 に比べ 0.3% の程度で十分小さい．したがって，以後このような遠心力の効果は無視することにしよう．

地表近傍での運動方程式　以上の考察により，図 6-7 の破線で示した O 系は事実上，慣性系とみなせることがわかった．地表の近くで物体の運動を考える場合，水平面を基準にとるのが便利である．そこで，O′ 系の選び方として，図 6-7 のように水平面内で南方向に x' 軸，東方向に y' 軸，鉛直上向きに z' 軸をとる．O 系からみると，地球の回転に伴い，O′ 系は z 軸の回りで回転し，1 日たてば O′ 系はもとの位置に戻る．すなわち，O 系で考えると，角速度ベクトル $\boldsymbol{\omega}$ は z 軸に沿うとみなしてよい．

(6. 34)の右辺第 3 項で与えられる遠心力の大きさは $mr'\omega^2$ の程度となる．ここで，r' は質点の運動範囲を表わす距離である．$r'\ll R$ とすれば，いまの遠心力は(6. 36)に比べてさらに小さくなり無視することができる．このようにして，(6. 34)は

$$m\ddot{\boldsymbol{r}}' = \boldsymbol{F}+2m(\boldsymbol{v}'\times\boldsymbol{\omega}) \tag{6. 37}$$

と表わされる．今後，記号を簡単にするため ′ を省略するとしよう．そうすると，図 6-8 のように xy 面は水平面，z 軸は鉛直上方を向き，また角速度ベクトル $\boldsymbol{\omega}$ は xz 面内にあり，x 軸の負の向きと角 φ をなす．

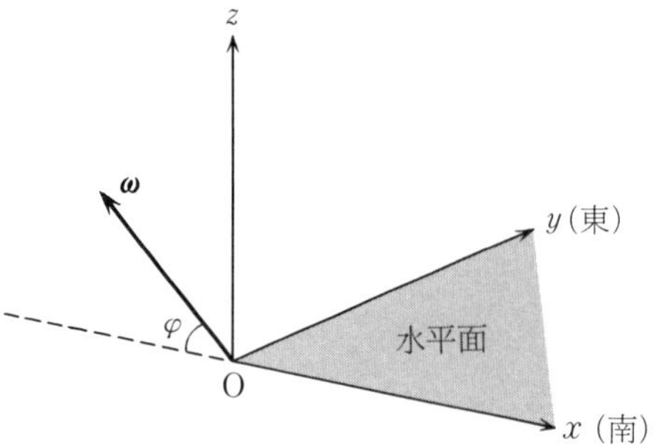

図 6-8　地表での座標系

以上の座標系で $\boldsymbol{\omega}$ は

$$\boldsymbol{\omega} = (-\omega\cos\varphi, 0, \omega\sin\varphi) \tag{6.38}$$

と書けるから，(6.37)の x, y, z 成分をとり，運動方程式として

$$m\ddot{x} = X + 2m\omega\dot{y}\sin\varphi \tag{6.39a}$$

$$m\ddot{y} = Y - 2m\omega(\dot{x}\sin\varphi + \dot{z}\cos\varphi) \tag{6.39b}$$

$$m\ddot{z} = Z - mg + 2m\omega\dot{y}\cos\varphi \tag{6.39c}$$

が得られる．ここで X, Y, Z は重力以外の力の各成分である．この式で $\omega=0$ とおけば，通常の慣性系におけるニュートンの運動方程式となる．逆にいえば，上の運動方程式で ω を含む項が地球の自転の効果を記述する．

質点の自由落下　上記の運動方程式の応用例として，質点の自由落下を考えよう．この場合には，(6.39)で $X=Y=Z=0$ としてよいので，運動方程式は

$$\ddot{x} = 2\omega\dot{y}\sin\varphi \tag{6.40a}$$

$$\ddot{y} = -2\omega(\dot{x}\sin\varphi + \dot{z}\cos\varphi) \tag{6.40b}$$

$$\ddot{z} = -g + 2\omega\dot{y}\cos\varphi \tag{6.40c}$$

と表わされる．地球の自転を無視すれば質点は鉛直線上で運動するが，自転の効果を考慮するとこの軌道が少し曲げられる．このような問題を扱う1つの方法は，まず自転を無視した体系(非摂動系)から出発し自転の効果を小さな**摂動**(perturbation)とみなし，方程式の解を求めることである．このような考え方を**摂動論**(perturbation theory)といい，この種の方法は物理学の各分野で有効に利用されている．

具体的には，(6.40)で ω を含む項を摂動とみなし，x, y, z を ω のべき級数の形で

$$x = x_0 + \omega x_1 + \omega^2 x_2 + \cdots \tag{6.41a}$$

$$y = y_0 + \omega y_1 + \omega^2 y_2 + \cdots \tag{6.41b}$$

$$z = z_0 + \omega z_1 + \omega^2 z_2 + \cdots \tag{6.41c}$$

と展開する．この展開を**摂動展開**(perturbation expansion)という．(6.41)を(6.40)に代入し，ω を含まない項を比べると

$$\ddot{x}_0 = 0, \qquad \ddot{y}_0 = 0, \qquad \ddot{z}_0 = -g \tag{6.42}$$

という通常の意味での運動方程式が得られる．自由落下を考えるので初速度は0で，初期条件は $t=0$ で $\dot{x}_0=\dot{y}_0=\dot{z}_0=0$ となる．また，質点を z 軸上で高さ h のところから落としたとすると，初期条件として $t=0$ で $x_0=y_0=0$, $z_0=h$ が得られる．これらの初期条件を満たす(6.42)の解は

$$x_0 = 0, \qquad y_0 = 0, \qquad z_0 = h-\frac{1}{2}gt^2 \tag{6.43}$$

で与えられる．

次の段階として，(6.41)を(6.40)に代入し，両辺の ω の項を比べる．その結果，(6.43)を利用し

$$\ddot{x}_1 = 2\dot{y}_0 \sin\varphi = 0 \tag{6.44a}$$

$$\ddot{y}_1 = -2(\dot{x}_0 \sin\varphi + \dot{z}_0 \cos\varphi) = 2gt\cos\varphi \tag{6.44b}$$

$$\ddot{z}_1 = 2\dot{y}_0 \cos\varphi = 0 \tag{6.44c}$$

が導かれる．x_0, y_0, z_0 が初期条件を満たしているから，例えば x_1 に対する初期条件は $t=0$ で $x_1=\dot{x}_1=0$ となる．その結果，(6.44a)により $x_1=0$ が得られる．同様に $z_1=0$ である．また，同じような初期条件下で(6.44b)を解くと，$y_1=(g/3)t^3\cos\varphi$ と表わされる．このようにして ω のオーダーまでで

$$x = 0, \qquad y = \frac{1}{3}\omega g t^3 \cos\varphi, \qquad z = h-\frac{1}{2}gt^2 \tag{6.45}$$

という結果が導かれる．上述の計算法を繰り返すと，より高次の項を求めることができる．ω^2 のオーダーについては演習問題4を参照せよ．

例題 6-6 上で論じた自由落下で質点が地表に達したとき，その落下地点は原点からどれだけずれるか．また，東京タワーの高さ($h=333$ m, $\varphi=35°40'$)から落下させたとき，ずれはどれ位になるか．

[解] (6.45)の z に対する式で $z=0$ とおけば，$t=(2h/g)^{1/2}$ となる．これを y に対する式に代入し

$$y = \frac{\omega}{3\sqrt{g}}(2h)^{3/2}\cos\varphi \tag{6.46}$$

となる．$x=0$ であるから，図6-8からわかるように，落下地点は東側に(6.46)の距離だけずれる．東京タワーの高さから自由落下させたとき，

MKS 単位系における数値 $\omega=7.27\times10^{-5}$, $g=9.81$, $h=333$ および $\cos\varphi=0.815$ を(6. 46)に代入し $y=0.108$ が得られる．したがって，ずれはほぼ 11 cm になる． ▨

フーコー振り子　フーコーは 1851 年，長さが 67 m の糸に 28 kg のおもりをつるした振り子の振動面が回転することを実験的に示し，地球の自転を実証した．この振り子を**フーコー振り子**(Foucault pendulum)という．フーコー振り子の原理は北極点で考えるとわかりやすいので，まずこの場合を扱おう．いま，ある瞬間に単振り子を振らせたとする．慣性系からみると，振り子の振動は 1 つの固定された平面内で起こる．すなわち，振動面は宇宙空間で固定されている．ところが，地球に固定された水平面は回転するので，水平面上の人からみると，振動面は地球の自転とは逆向きに回転することになる．これがフーコー振り子の原理である．

運動方程式を使ってフーコー振り子の問題を考察するため，長さ l の糸の一端を原点に固定し，他端に質量 m の質点をつるしたとする．また，糸の張力の大きさを T と書く．質点の位置ベクトルを $\boldsymbol{r}$ とすれば，原点から質点に向かう単位ベクトルは $\boldsymbol{r}/l$ で与えられる．したがって，糸の張力は $-T\boldsymbol{r}/l$ と表わされる．(6. 39)の X, Y, Z として，この張力の x, y, z 成分をとると，運動方程式は

$$m\ddot{x} = -T\frac{x}{l}+2m\omega\dot{y}\sin\varphi \qquad (6.47\text{a})$$

$$m\ddot{y} = -T\frac{y}{l}-2m\omega(\dot{x}\sin\varphi+\dot{z}\cos\varphi) \qquad (6.47\text{b})$$

$$m\ddot{z} = -T\frac{z}{l}-mg+2m\omega\dot{y}\cos\varphi \qquad (6.47\text{c})$$

となる．小さな振動では $z\simeq -l$ とおけ，高次の項を省略すると $T\simeq mg$ が成り立ち，また(6. 47b)で $\dot{z}$ は無視できる(演習問題 5 参照)．このようにして，x, y に対する方程式として

$$\ddot{x} = -\omega_0{}^2x+2\omega'\dot{y} \qquad (6.48\text{a})$$

$$\ddot{y} = -\omega_0{}^2y-2\omega'\dot{x} \qquad (6.48\text{b})$$

が得られる．ただし

$$\omega_0{}^2 = \frac{g}{l}, \qquad \omega' = \omega \sin\varphi \tag{6.49}$$

である．ω_0 は慣性系で単振動が起こるときの角振動数を表わす．

(6.48)を解く 1 つの方法として

$$z = x+iy \tag{6.50}$$

という複素数を導入し，(6.48a), (6.48b)を 1 個の微分方程式にまとめる．もちろんこの z は空間座標とはなんの関係もない．(6.50)を複素平面で表示したとき，実数部分が x，虚数部分が y となり，この平面上の 1 点が質点の位置と一対一対応をもつので便利である．(6.48b)に i を掛け(6.48a)に加えると

$$\ddot{z} = -\omega_0{}^2 z - 2\omega' i\dot{z} \tag{6.51}$$

となる．逆に，(6.51)の実数部分，虚数部分をとると(6.48a), (6.48b)が導かれるので，(6.51)は(6.48a), (6.48b)と等価である．

(6.51)を解くため，$z=e^{i\lambda t}$ と仮定して代入すると，λ を決めるべき

$$\lambda^2+2\omega'\lambda-\omega_0{}^2 = 0 \tag{6.52}$$

という 2 次方程式が求まる．これから λ は

$$\lambda = -\omega' \pm \sqrt{\omega_0{}^2+\omega'^2} \tag{6.53}$$

と計算される．フーコーの実験での数値 $l=67\ \mathrm{m}$ の場合，$\omega_0=0.383\ \mathrm{s}^{-1}$ であるが，これと ω' を比べると ω' の最大値が(6.35)の ω であるから，$\omega'/\omega_0 \simeq 2\times10^{-4}$ の程度となる．したがって，$\omega_0 \gg \omega'$ が成り立ち，(6.53)は

$$\lambda = -\omega' \pm \omega_0 \tag{6.54}$$

と書ける．このようにして，(6.51)の一般解は A, B を任意定数として

$$z = e^{-i\omega' t}(Ae^{i\omega_0 t}+Be^{-i\omega_0 t}) \tag{6.55}$$

で与えられる．

初期条件として，振動面は x 軸に沿うとし，$t=0$ で $x, y=0$，$\dot{x}=v_0$，$\dot{y}=0$ としよう．$t=0$ で $z=0$ であるから，(6.55)により，$A+B=0$ となる．したがって z は

$$z = 2iAe^{-i\omega' t}\sin\omega_0 t$$

と書ける．また，$t=0$ で $\dot{z}=v_0$ で，この条件から $2iA=v_0/\omega_0$ となり，結局

$$z = \frac{v_0}{\omega_0} e^{-i\omega' t} \sin \omega_0 t \tag{6.56}$$

が得られる．一般に，x_0 が実数のとき，$x_0 e^{-i\omega' t}$ は複素平面で x_0 を角 $\omega' t$ だけ負の向きに回転させた点で表わされる．このようにして，時間が経つにつれ，振り子の振動面が角速度 ω' で負の向きに回転していくことがわかる．1 回転するのに必要な時間すなわち周期 T は

$$T = \frac{2\pi}{\omega'} = \frac{2\pi}{\omega \sin \varphi} \tag{6.57}$$

と表わされる．$2\pi/\omega$ は 1 日であるから T は 1 日を $\sin\varphi$ で割ったものである．例えば，東京では例題 6-6 の φ の値を用い，$T=1.73$ 日 と計算される．角度に換算すると，(1.73×24) 時間 $=41.5$ 時間 で 360° 回転するので，1 時間あたりほぼ 9° の割合で回転することになる．

第6章 演習問題

1. 質量 m の質点に対する運動エネルギーは慣性系において $(m/2)\dot{\boldsymbol{r}}^2$ で与えられるが，慣性系に対し一定の速度 $\boldsymbol{v}$ で並進運動する座標系で考えるとき，このエネルギーはどのようなハミルトニアンで表わされるか．

2. 長さ l の糸の一端を固定し，他端に質量 m の質点をつるした円錐振り子があり，糸は鉛直方向と角 θ をなすものとする．糸の張力 S および回転の周期 T を求めよ．

3. 質量 m の質点にコリオリ力が働くような場合の運動方程式

$$m\ddot{\boldsymbol{r}} = \boldsymbol{F} + 2m(\dot{\boldsymbol{r}}\times\boldsymbol{\omega})$$

を考える．力 $\boldsymbol{F}$ がポテンシャル U から導かれるときには力学的エネルギー保存則が成り立つことを示せ．

4. 本文中で説明した質点の自由落下に対する摂動展開で ω^2 のオーダーの項を計算せよ．

5. フーコー振り子に対する運動方程式(6.47)で振動が十分小さいとして，(6.48)の結果を導け．

7 角運動量と 2 体問題

角運動量は力学における重要な概念であるが，本章の最初に，質点および質点系の角運動量，角運動量保存則，質点系や剛体に対する平衡の条件について述べる．ついで，2 つの質点から構成されているような質点系の問題を論じていく．この種の問題を 2 体問題というが，本章では惑星の運動，力の中心による粒子の散乱など 2 体問題の典型的な例について学ぶ．

7-1 角運動量

適当な点 O から測った質点の位置ベクトルを $\boldsymbol{r}$，その質点の運動量を $\boldsymbol{p}$ としたとき

$$\boldsymbol{L} = \boldsymbol{r}\times\boldsymbol{p} \tag{7.1}$$

で定義される $\boldsymbol{L}$ を，質点が点 O の回りにもつ**角運動量**(angular momentum)という．ベクトル積の定義により，$\boldsymbol{L}$ は $\boldsymbol{r}$ と $\boldsymbol{p}$ の両者に垂直な方向をもつ．質点の質量を m とすれば $\boldsymbol{p}=m\dot{\boldsymbol{r}}$ であるから，$\boldsymbol{L}$ は次のようにも書ける．

$$\boldsymbol{L} = m(\boldsymbol{r}\times\dot{\boldsymbol{r}}) \tag{7.2}$$

角運動量の物理的な意味を調べるため，1 つの数学的な準備として，2 つのベクトル $\boldsymbol{b}, \boldsymbol{c}$ が時間 t の関数であるとし $d(\boldsymbol{b}\times\boldsymbol{c})/dt$ を考えよう．この式の x 成分をとると

$$\frac{d}{dt}(b_y c_z - b_z c_y) = \dot{b}_y c_z - \dot{b}_z c_y + b_y \dot{c}_z - b_z \dot{c}_y$$
$$= (\dot{\boldsymbol{b}} \times \boldsymbol{c})_x + (\boldsymbol{b} \times \dot{\boldsymbol{c}})_x$$

となり，同様な関係が y, z 成分に対しても成り立つ．したがって

$$\frac{d}{dt}(\boldsymbol{b} \times \boldsymbol{c}) = (\dot{\boldsymbol{b}} \times \boldsymbol{c}) + (\boldsymbol{b} \times \dot{\boldsymbol{c}}) \tag{7.3}$$

の関係が得られる．これからわかるように，通常の微分と同様な公式がベクトル積に対しても成立する．

角運動量に対する方程式　(7.3)の公式を利用して，(7.2)を t で微分すると

$$\frac{d\boldsymbol{L}}{dt} = \frac{d}{dt}m(\boldsymbol{r} \times \dot{\boldsymbol{r}}) = m(\dot{\boldsymbol{r}} \times \dot{\boldsymbol{r}}) + m(\boldsymbol{r} \times \ddot{\boldsymbol{r}})$$

となる．(6.23)により $\dot{\boldsymbol{r}} \times \dot{\boldsymbol{r}} = 0$ であり，また，質点に働く力を $\boldsymbol{F}$ とすれば，$m\ddot{\boldsymbol{r}} = \boldsymbol{F}$ が成り立つので，上式から

$$\dot{\boldsymbol{L}} = \boldsymbol{r} \times \boldsymbol{F} \tag{7.4}$$

が導かれる．上式の右辺を力 $\boldsymbol{F}$ の点Oに関する**力のモーメント**(moment of force)という．力のモーメントを $\boldsymbol{N}$ と書き

$$\boldsymbol{N} = \boldsymbol{r} \times \boldsymbol{F} \tag{7.5}$$

とおけば，(7.4)は

$$\dot{\boldsymbol{L}} = \boldsymbol{N} \tag{7.6}$$

と表わされる．(7.6)からわかるように，角運動量の時間微分は力のモーメントに等しい．

平面運動する質点の角運動量　とくに，質点が平面上を運動する場合を考え，この平面を xy 面としよう．$\boldsymbol{r}$ も $\boldsymbol{p}$ も xy 面内にあり，$\boldsymbol{L}$ はこの両者に垂直であるから，$\boldsymbol{L}$ は xy 面と垂直になる．すなわち，$L_x = L_y = 0$ で，$\boldsymbol{L}$ は z 成分だけをもつ．以下，簡単のため L_z を L と書こう．ベクトル積の定義から，$\boldsymbol{L}$ の大きさ $|\boldsymbol{L}|$ は

$$|\boldsymbol{L}| = pr \sin \theta \tag{7.7}$$

で与えられる．ここで，p, r はそれぞれ $\boldsymbol{p}, \boldsymbol{r}$ の大きさで，また θ は $\boldsymbol{p}$ と $\boldsymbol{r}$

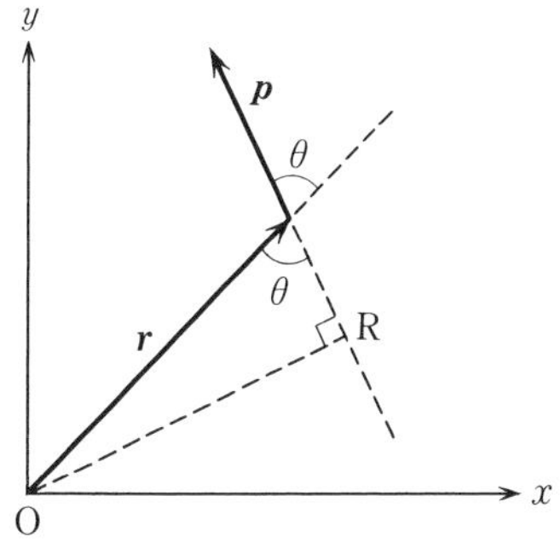

図 7-1　角運動量の大きさ

とのなす角である．図 7-1 からわかるように，点 O から $\boldsymbol{p}$ の延長線に垂線を下ろし，その足を R とすれば，$\overline{\mathrm{OR}}=r\sin\theta$ が成り立つ．したがって (7.7) は

$$|\boldsymbol{L}| = p\times\overline{\mathrm{OR}} \tag{7.8}$$

と表わされる．$\boldsymbol{L}=\boldsymbol{r}\times\boldsymbol{p}$ の定義から明らかなように，質点が点 O の回りで反時計回りに(正の向きに)運動するときには L は正，時計回りに(負の向きに)運動するときには L は負となる．図 7-1 の場合には L は正である．

質点は xy 面上で運動するとしたから，これに働く力 $\boldsymbol{F}$ も xy 面内にある．力のモーメントは $\boldsymbol{N}=\boldsymbol{r}\times\boldsymbol{F}$ で与えられ，上と同様な議論で $N_x=N_y=0$ となる．力のモーメントに対しても，(7.8) と同様な関係が成り立つ．すなわち，上述の議論で $\boldsymbol{p}\to\boldsymbol{F}$ と置き換えると，点 O から $\boldsymbol{F}$ の延長線におろした垂線の足を P としたとき

$$N = \pm(F\times\overline{\mathrm{OP}}) \tag{7.9}$$

で，反時計回りの場合には ＋，時計回りの場合には － をとる．

例題 7-1　質量 m の質点が xy 面上で点 O を中心として半径 A，角速度 ω の等速円運動をしている．質点は正の向きに回転しているとして角運動量を求めよ．

［解］　質点の xy 座標は

$$x = A\cos\omega t, \qquad y = A\sin\omega t$$

と書け，これから

$$\dot{x} = -A\omega\sin\omega t, \qquad \dot{y} = A\omega\cos\omega t$$

である．これらを $L_z=L=m(x\dot{y}-y\dot{x})$ に代入し，$L=mA^2\omega$ が得られる．あるいは，いまの場合，(7.8)で $\overline{\mathrm{OR}}=A$ と $p=mv=mA\omega$ の関係に注意すれば，$L=mA^2\omega$ が求まる． ▨

質点系の全角運動量

n 個の質点から成り立つ質点系を考え，i 番目の質点の質量を m_i，点Oから測ったその位置ベクトルを $\boldsymbol{r}_i$，運動量を $\boldsymbol{p}_i$ とする．点Oの回りにもつ i 番目の質点の角運動量 $\boldsymbol{L}_i$ は $\boldsymbol{L}_i=\boldsymbol{r}_i\times\boldsymbol{p}_i$ で与えられる．この $\boldsymbol{L}_i$ をすべての質点に関して加え合わせ

$$\boldsymbol{L}=\sum_i\boldsymbol{L}_i=\sum_i(\boldsymbol{r}_i\times\boldsymbol{p}_i) \tag{7.10}$$

で定義される $\boldsymbol{L}$ を点Oの回りにもつ質点系の**全角運動量**(total angular momentum)という．以下に示すように，(7.10)の $\boldsymbol{L}$ に対しても(7.6)と同じような関係が成り立つ．

i 番目の質点に対する運動方程式は

$$m_i\ddot{\boldsymbol{r}}_i=\boldsymbol{F}_i+\sum_{j\neq i}\boldsymbol{F}_{ij} \tag{7.11}$$

と表わされる．ただし，$\boldsymbol{F}_i$ は i 番目の質点に働く外力，$\boldsymbol{F}_{ij}$ は質点 j が質点 i に及ぼす内力で，また $j\neq i$ は j で加えるとき $j=i$ の項は除くことを意味する．$\boldsymbol{r}_i$ と(7.11)のベクトル積をとり，i について総和をとると

$$\sum_i m_i(\boldsymbol{r}_i\times\ddot{\boldsymbol{r}}_i)=\sum_i(\boldsymbol{r}_i\times\boldsymbol{F}_i)+\sum_i\sum_{j\neq i}(\boldsymbol{r}_i\times\boldsymbol{F}_{ij}) \tag{7.12}$$

となる．上式の右辺第2項で，例えば $\boldsymbol{F}_{12}$ と $\boldsymbol{F}_{21}$ とを含む項を考えると，$\boldsymbol{F}_{21}=-\boldsymbol{F}_{12}$ に注意して $(\boldsymbol{r}_1-\boldsymbol{r}_2)\times\boldsymbol{F}_{12}$ という項が現われる．ところが，$\boldsymbol{F}_{12}$ は質点1,2間に働く内力であるから，1,2を結ぶ直線に沿って働く．すなわち，$\boldsymbol{F}_{12}$ は $(\boldsymbol{r}_1-\boldsymbol{r}_2)$ と平行になり，ベクトル積の性質により上の項は0となる．同じことが任意の $\boldsymbol{F}_{ij}$ と $\boldsymbol{F}_{ji}$ とのペアに対して成り立ち，結局(7.12)の右辺第2項は0となる．したがって，(7.12)は次式のように表わされる．

$$\sum_i m_i(\boldsymbol{r}_i\times\ddot{\boldsymbol{r}}_i)=\sum_i(\boldsymbol{r}_i\times\boldsymbol{F}_i) \tag{7.13}$$

一方，(7.10)の $\boldsymbol{L}$ を時間で微分すると

$$\dot{\boldsymbol{L}} = \sum_i m_i(\dot{\boldsymbol{r}}_i \times \dot{\boldsymbol{r}}_i) + \sum_i m_i(\boldsymbol{r}_i \times \ddot{\boldsymbol{r}}_i)$$

となるが，$\dot{\boldsymbol{r}}_i \times \dot{\boldsymbol{r}}_i = 0$ に注意すると，(7.13)を用いて

$$\dot{\boldsymbol{L}} = \sum_i (\boldsymbol{r}_i \times \boldsymbol{F}_i) \tag{7.14}$$

が得られる．ここで

$$\boldsymbol{N} = \sum_i (\boldsymbol{r}_i \times \boldsymbol{F}_i) \tag{7.15}$$

とおけば，(7.14)は

$$\dot{\boldsymbol{L}} = \boldsymbol{N} \tag{7.16}$$

と表わされる．すなわち，質点系の点Oに関する全角運動量の時間微分は，各質点に働く外力の点Oに関するモーメントの総和に等しい．

例題 7-2 一様な重力場にある質点系を考え，重力のモーメントの総和 $\boldsymbol{N}$ と質点系の重心との関係について論ぜよ．

［解］ 質点系は n 個の質点から構成されているとし，鉛直上向きの単位ベクトルを $\boldsymbol{k}$ とする．i 番目の質点(質量 m_i)に働く重力は $-m_i g\boldsymbol{k}$ と書けるから，質点系全体に働く重力はこれらの和をとり $-Mg\boldsymbol{k}$ と表わされる．ただし，M は質点系全体の質量である ($M = m_1 + m_2 + \cdots + m_n$)．一般にベクトル積に対して

$$\boldsymbol{b}_1 \times \boldsymbol{c} + \boldsymbol{b}_2 \times \boldsymbol{c} + \cdots + \boldsymbol{b}_n \times \boldsymbol{c} = (\boldsymbol{b}_1 + \boldsymbol{b}_2 + \cdots + \boldsymbol{b}_n) \times \boldsymbol{c}$$

の関係が成立するので $\boldsymbol{N}$ は

$$\boldsymbol{N} = -\sum m_i g(\boldsymbol{r}_i \times \boldsymbol{k}) = -(\sum m_i g \boldsymbol{r}_i) \times \boldsymbol{k}$$

となる．ここで重心に対する定義式(4.13)を用いると，$\boldsymbol{N}$ は

$$\boldsymbol{N} = \boldsymbol{r}_G \times (-Mg\boldsymbol{k}) \tag{7.17}$$

と書ける．すなわち，重力のモーメントの総和を求めるには，重心に全重力が集中すると考えてよい．なお，4-2節で学んだように有限な大きさをもつ物体は一種の質点系とみなせるので，上の結果はこのような物体にも適用できる． ▩

角運動量保存則 注目する質点系に外力が働かない場合，すなわち $\boldsymbol{F}_i=0$ $(i=1,2,\cdots,n)$ だと，(7.15) により $\boldsymbol{N}=0$ となり，$\boldsymbol{L}=$ 一定 が成り立つ．これを**角運動量保存則**(law of conservation of angular momentum)という．外力が 0 でなくても，たまたま $\boldsymbol{N}=0$ が成り立てば，やはり $\boldsymbol{L}=$ 一定 となる．また，$\boldsymbol{N}\neq 0$ であっても，$\boldsymbol{N}$ のある方向の成分が 0 であれば，$\boldsymbol{L}$ のその方向の成分は一定に保たれる．今後，角運動量保存則は各種の問題に有効に使われる．

7-2 質点系・剛体に対する平衡の条件

質点系が平衡状態にあるとき，その体系中のすべての質点が静止しているから，当然質点系の重心も静止している．したがって，(4.12), (4.15) により

$$\sum_i \boldsymbol{F}_i = 0 \tag{7.18}$$

が成り立たねばならない．また，平衡状態では全角運動量は 0 であるので，(7.14) により

$$\sum_i (\boldsymbol{r}_i \times \boldsymbol{F}_i) = 0 \tag{7.19}$$

が得られる．(7.19) の条件は，ある点 O に関する外力のモーメントの和が 0 であることを意味する．この場合，点 O の選び方は任意でよい．例えば点 O′ を考え，O から O′ に至る位置ベクトルを $\boldsymbol{r}_0$，点 O, O′ から測った i 番目の質点の位置ベクトルをそれぞれ $\boldsymbol{r}_i, \boldsymbol{r}_i'$ とすれば，$\boldsymbol{r}_i=\boldsymbol{r}_0+\boldsymbol{r}_i'$ となる．これを (7.19) に代入し (7.18) を利用すると

$$\sum_i (\boldsymbol{r}_i \times \boldsymbol{F}_i) = \sum_i (\boldsymbol{r}_0 \times \boldsymbol{F}_i) + \sum_i (\boldsymbol{r}_i' \times \boldsymbol{F}_i) = \sum_i (\boldsymbol{r}_i' \times \boldsymbol{F}_i) = 0$$

が導かれる．このようにして，質点系に対する平衡の条件は

① 外力の総和が 0 であること

② 任意の点に関する外力のモーメントの和が 0 であること

と表わされる．

前述のように剛体は一種の質点系とみなせるので，剛体に対する平衡の条件も前記の①,②で与えられると考えてよい．剛体の運動の自由度は6であるが，(7.18),(7.19)の x, y, z 成分をとると，合計で6つの条件が得られ，これらの条件から原理的に剛体の平衡の位置が決まる．

例題 7-3 図7-2のように，長さ l，質量 M のはしご AB が滑らかな鉛直な壁と粗い水平な床との間に立てかけてあり，水平となす角を θ，はしごと床との静止摩擦係数を μ とする．質量 m の人間が下端 A から x の距離の点 P に立つとき，はしごが滑らないための μ に対する条件を導け．ただし，はしごの重心 G は中点にあるとし，また人間は質点とみなしてよいとする．

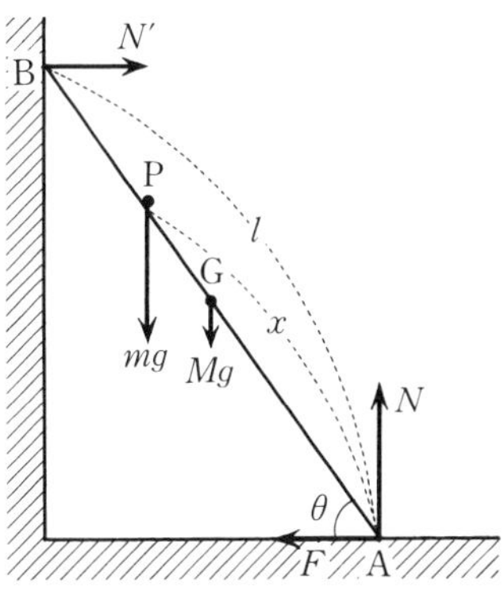

図 7-2 滑らかな壁と粗い床との間に立てかけたはしご

[解] 人間とはしごを1つの質点系と考えれば，これに働く外力は重力 Mg, mg，壁からの垂直抗力 N'，床からの垂直抗力 N，摩擦力 F である．水平方向の力の釣合いから $F=N'$，鉛直方向の力の釣合いから $N=(M+m)g$ が求まる．また，点 A の回りの力のモーメントを考えると，N と F はモーメントをもたないので

$$mgx\cos\theta+\frac{Mgl\cos\theta}{2}=N'l\sin\theta$$

の条件が得られる．これから N' を解き，滑らないための条件 $F\leqq\mu N$ を用いると，次の結果が導かれる．

$$\mu \geqq \frac{mx+Ml/2}{l(M+m)\tan\theta}$$

■

7-3 2体問題

質点系がとくに2個の質点から構成されるとき，この体系の力学を**2体問題**(two-body problem)という．太陽の回りの地球の運動，地球の回りの人工衛星の運動などは2体問題の典型的な例である．2体問題は，外部から働く力が無視できるなら，以下に示すように1個の質点の力学と本質的に同等である．

重心座標と相対座標　質量 m_1 の質点1と質量 m_2 の質点2とから成り立つ質点系を考え，質点1, 2の位置ベクトルをそれぞれ $\boldsymbol{r}_1, \boldsymbol{r}_2$ とする．一般に，質点1と質点2の両者を通る直線は u をパラメターとして $\boldsymbol{r}_1+u(\boldsymbol{r}_2-\boldsymbol{r}_1)$ と表わされるが，とくに $u=m_2/(m_1+m_2)$ とおけば，上のベクトルは重心に対応するベクトル

$$\boldsymbol{r}_{\mathrm{G}} = \frac{m_1\boldsymbol{r}_1+m_2\boldsymbol{r}_2}{m_1+m_2} \tag{7.20}$$

に等しくなる．すなわち，重心は両質点を結ぶ線上にある．また

$$\boldsymbol{r} = \boldsymbol{r}_2-\boldsymbol{r}_1 \tag{7.21}$$

は質点1から見た質点2の相対的な位置を表わすベクトルとなる．

2体問題を扱うため $\boldsymbol{r}_{\mathrm{G}}=(x_{\mathrm{G}}, y_{\mathrm{G}}, z_{\mathrm{G}})$，$\boldsymbol{r}=(x, y, z)$ とし，これらの重心座標と相対座標を一般座標に選ぶとする．(7.20)と(7.21)から

$$\boldsymbol{r}_1 = \boldsymbol{r}_{\mathrm{G}}-\frac{m_2}{m_1+m_2}\boldsymbol{r}, \qquad \boldsymbol{r}_2 = \boldsymbol{r}_{\mathrm{G}}+\frac{m_1}{m_1+m_2}\boldsymbol{r}$$

が得られる．したがって，質点系の全運動エネルギー K は

$$\begin{aligned} K &= \frac{m_1}{2}\dot{\boldsymbol{r}}_1{}^2+\frac{m_2}{2}\dot{\boldsymbol{r}}_2{}^2 \\ &= \frac{m_1}{2}\left(\dot{\boldsymbol{r}}_{\mathrm{G}}-\frac{m_2}{m_1+m_2}\dot{\boldsymbol{r}}\right)^2+\frac{m_2}{2}\left(\dot{\boldsymbol{r}}_{\mathrm{G}}+\frac{m_1}{m_1+m_2}\dot{\boldsymbol{r}}\right)^2 \end{aligned}$$

$$= \frac{m_1+m_2}{2}\dot{\boldsymbol{r}}_{\mathrm{G}}{}^2+\frac{m_1m_2}{2(m_1+m_2)}\dot{\boldsymbol{r}}^2 \tag{7.22}$$

と計算される．あるいは，質点系の全質量 $M=m_1+m_2$ と

$$\frac{1}{\mu}=\frac{1}{m_1}+\frac{1}{m_2} \tag{7.23}$$

で定義される μ を用いると，(7.22)は

$$K=\frac{M}{2}\dot{\boldsymbol{r}}_{\mathrm{G}}{}^2+\frac{\mu}{2}\dot{\boldsymbol{r}}^2 \tag{7.24}$$

と表わされる．(7.23)の μ を**換算質量**(reduced mass)という．

注目する質点系に外部から力は働かないとし，また質点間のポテンシャルを $U(\boldsymbol{r})$ とする．その結果，2体問題に対するラグランジアン L は

$$L=\frac{M}{2}\dot{\boldsymbol{r}}_{\mathrm{G}}{}^2+\frac{\mu}{2}\dot{\boldsymbol{r}}^2-U(\boldsymbol{r}) \tag{7.25}$$

で与えられる．上のラグランジアンには重心座標 $x_{\mathrm{G}}, y_{\mathrm{G}}, z_{\mathrm{G}}$ が含まれないから，これらは循環座標である．したがって，例えば x_{G} に共役な一般運動量 $M\dot{x}_{\mathrm{G}}$ は運動の定数となる．y, z 方向でも同じことで，結局 $M\dot{\boldsymbol{r}}_{\mathrm{G}}$ は一定なベクトルであることがわかる．すなわち，2体問題の場合，重心は等速直線運動を行なう．(4.15)の重心に対する運動方程式でいまの場合 $\boldsymbol{F}=0$ としているので，以上の結果は当然であるともいえる．

2体問題として例えば太陽と地球の体系を考えたとき，われわれに興味があるのは上述の重心の運動ではなく，第6章で述べたような太陽の回りで行なう地球の相対運動である．そこで(7.25)から x に対する運動方程式を導くと

$$\mu\ddot{x} = -\partial U/\partial x$$

となり，y, z についても同様な式が求まる．これらをひとまとめにして表わすと

$$\mu\ddot{\boldsymbol{r}} = -\nabla U(\boldsymbol{r})$$

と書ける．この式は，質量 μ の質点に $\boldsymbol{F}=-\nabla U(\boldsymbol{r})$ の力が働く場合の運動方程式である．すなわち，2体問題は質量 μ の1個の質点の力学と同等で，

μ が換算質量とよばれるのはこのような理由による．例えば，質点1を太陽，質点2を地球と考えれば，太陽は地球に比べずっと重いので $(m_1 \gg m_2)$，(7.23)からわかるように $\mu \simeq m_2$ としてよい．

中心力　万有引力やクーロン力の場合，$U(\boldsymbol{r})$ は $r=|\boldsymbol{r}|$ に依存する．以後，$U(\boldsymbol{r})$ は r だけの関数であるとし，それを $U(r)$ と書くことにしよう．r は $r=(x^2+y^2+z^2)^{1/2}$ と書けるから

$$\frac{\partial r}{\partial x} = \frac{x}{r}$$

が成り立つ．したがって，

$$\frac{\partial U(r)}{\partial x} = \frac{U'(r)}{r}x$$

となる $[U'(r)=dU(r)/dr]$．y, z に関する偏微分も同様な式で表わされ，ベクトル記号を使うと

$$\nabla U(r) = \frac{U'(r)}{r}\boldsymbol{r} \tag{7.26}$$

である．このため $f(r)=-U'(r)/r$ とおけば，いまの場合，力 $\boldsymbol{F}$ は

$$\boldsymbol{F} = f(r)\boldsymbol{r} \tag{7.27}$$

という形をもつ．このように $\boldsymbol{r}$ に比例し大きさが r だけの関数であるような力を**中心力**(central force)という．引力の場合には，$\boldsymbol{F}$ は常に原点Oに向かって働く．このような意味で点Oを力の中心という．

(7.27)が成り立つと，運動方程式は

$$\mu\ddot{\boldsymbol{r}} = f(r)\boldsymbol{r} \tag{7.28}$$

となる．これと $\boldsymbol{r}$ とのベクトル積を作り，$\boldsymbol{r}\times\boldsymbol{r}=0$ に注意すれば，前節と同様な議論により，角運動量 $\boldsymbol{L}=\mu(\boldsymbol{r}\times\dot{\boldsymbol{r}})$ に対し $\dot{\boldsymbol{L}}=0$ が成り立つ．したがって

$$\boldsymbol{L} = 一定 \quad あるいは \quad \boldsymbol{r}\times\dot{\boldsymbol{r}} = 一定 \tag{7.29}$$

という結果が得られる．中心力の場合，力の中心に関するモーメントは0となるので，(7.29)は当然の結果である．

例題 7-4 (7.29)で $\boldsymbol{L}$ の方向に z 軸をとると，質点は xy 面内で平面運動することを示せ．

［解］ 仮定により $L_x=L_y=0$ であるから

$$y\dot{z}-z\dot{y}=0, \qquad z\dot{x}-x\dot{z}=0$$

が成立する．前者に x，後者に y を掛け両者を加えると

$$(y\dot{x}-x\dot{y})z=0$$

となる．$\boldsymbol{L}$ が 0 でない限り，$L_z=\mu(x\dot{y}-y\dot{x})\neq 0$ であるから，$z=0$ が導かれる．これからわかるように，質点に中心力が働くとき質点は平面運動を行なう． ■

面積速度 (7.29)の右の関係で質点の速度は $\boldsymbol{v}=\dot{\boldsymbol{r}}$ と書けるから，この関係は $\boldsymbol{r}\times\boldsymbol{v}=$一定 と表わされる．質点は xy 面で平面運動するとし，図 7-3 で示すように，ある時刻で点 P (位置ベクトル $\boldsymbol{r}$)にいた質点が微小時間 Δt 後に $\boldsymbol{v}\Delta t$ だけ変位し点 Q に達したとする．図のように角 θ をとると，ベクトル積の定義により $|\boldsymbol{r}\times\boldsymbol{v}\Delta t|=|\boldsymbol{r}||\boldsymbol{v}\Delta t|\sin\theta$ となるが，これは平行四辺形 OPQQ′ の面積に等しく，よって三角形 OPQ の面積 ΔS の 2 倍である．こうして

$$\frac{\Delta S}{\Delta t}=\frac{|\boldsymbol{r}\times\boldsymbol{v}|}{2}=\text{一定} \tag{7.30}$$

の関係が導かれる．ΔS は Δt 時間中に質点と点 O を結ぶ線分の描く面積を表わすが，(7.30)で $\Delta t\to 0$ の極限をとったものを**面積速度**(areal velocity)という．このようにして，中心力の場合，質点の面積速度は一定であること

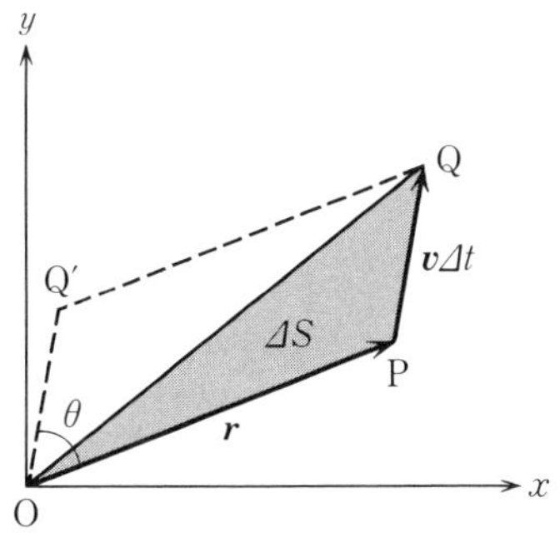

図 7-3 面積速度

がわかった．

極座標の応用 中心力が働くと質点は平面運動を行なうが，質点の位置を決める一般座標として図 1-5 で示した極座標を使うと便利である．(7.25)のラグランジアンで第 1 項を落とし，$U(\boldsymbol{r})$ を $U(r)$ と書けば，われわれに興味のあるラグランジアンは

$$L=\frac{\mu}{2}(\dot{x}^2+\dot{y}^2)-U(r) \tag{7.31}$$

と表わされる．極座標で質点の x, y 座標は $x=r\cos\theta$，$y=r\sin\theta$ で与えられるが，(1.22)を利用すると $\dot{x}^2+\dot{y}^2=\dot{r}^2+r^2\dot{\theta}^2$ が成り立つので，(7.31)は

$$L=\frac{\mu}{2}(\dot{r}^2+r^2\dot{\theta}^2)-U(r) \tag{7.32}$$

と表わされる．このラグランジアンは変数 θ を含まず，したがって θ は循環座標であり，θ に共役な一般運動量 p_θ に対し次式が成り立つ．

$$p_\theta=\frac{\partial L}{\partial\dot{\theta}}=\mu r^2\dot{\theta}=\text{一定} \tag{7.33}$$

上式から $r^2\dot{\theta}=\text{一定}$ であることがわかるが，以下，この一定値を h とおく．すなわち

$$r^2\dot{\theta}=h \tag{7.34}$$

とする．なお(7.34)は下の例題に示すように(7.29)の性質と関係している．

例題 7-5 角運動量 $\boldsymbol{L}=\mu(\boldsymbol{r}\times\dot{\boldsymbol{r}})$ の z 成分を 2 次元の極座標で表わし，中心力の場合(7.33)の関係が導かれることを示せ．

[解] $L_z=\mu(x\dot{y}-y\dot{x})$ に(1.21), (1.22)を代入すると

$$L_z=\mu r^2\dot{\theta}$$

が求まる．中心力の場合，(7.29)により L_z は一定であるから，(7.33)の結果が得られる．なお

$$L_z=\mu h \tag{7.35}$$

が成り立つことに注意しておこう． ■

変数 r に対する方程式 (7.32)から r に対するラグランジュの運動方程

式を導くと

$$\mu\ddot{r} = \mu r\dot{\theta}^2 - U'(r) \tag{7.36}$$

が得られる．あるいは(7.34)を利用し $\dot{\theta}=h/r^2$ を上式に代入すれば

$$\mu\left(\ddot{r} - \frac{h^2}{r^3}\right) + U'(r) = 0 \tag{7.37}$$

という r に対する微分方程式が求まる．$U(r)$ が与えられたとき，r に対する適当な初期条件の下で(7.37)を解けば，r が時間の関数として決定される．

一方，質点の軌道を求めるには，r を θ の関数として決める必要がある．すなわち $r=r(\theta)$ の関数形を決めなければならない．このため(7.37)を θ に関する微分方程式に変換する．まず，(7.34)すなわち $r^2\dot{\theta}=h$ に注意すると

$$\dot{r} = \frac{dr}{dt} = \frac{dr}{d\theta}\frac{d\theta}{dt} = \frac{dr}{d\theta}\dot{\theta} = \frac{h}{r^2}\frac{dr}{d\theta}$$

となり，同様に

$$\ddot{r} = \frac{d}{dt}\left(\frac{h}{r^2}\frac{dr}{d\theta}\right) = \frac{d}{d\theta}\left(\frac{h}{r^2}\frac{dr}{d\theta}\right)\dot{\theta} = \frac{h^2}{r^2}\frac{d}{d\theta}\left(\frac{1}{r^2}\frac{dr}{d\theta}\right)$$

が得られる．上式を(7.37)に代入し，少々整理すると

$$\frac{1}{r^2}\frac{d}{d\theta}\left(\frac{1}{r^2}\frac{dr}{d\theta}\right) - \frac{1}{r^3} + \frac{U'(r)}{\mu h^2} = 0 \tag{7.38}$$

が導かれる．(7.38)は $r(\theta)$ の関数形を決めるべき微分方程式である．次節でこの応用例について述べる．

運動の定性的な性質　上述の微分方程式を具体的に解かなくても，力学的エネルギー保存則を利用すれば，4-4 節と同様な議論により運動の定性的な様子を調べることができる．(7.32)のラグランジアンで，右辺第1項が運動エネルギー，第2項が位置エネルギーに対応するから，いまの場合，力学的エネルギー保存則は $(\mu/2)(\dot{r}^2+r^2\dot{\theta}^2)+U(r)=E=$一定 と表わされる．あるいは，(7.34)を使うと

$$\frac{\mu}{2}\left(\dot{r}^2+\frac{h^2}{r^2}\right)+U(r)=E \tag{7.39}$$

となる．$(\mu/2)\dot{r}^2 \geqq 0$ に注意すると4-4節と同じ議論で

$$E \geqq V(r) \tag{7.40}$$

$$V(r)=U(r)+\frac{\mu h^2}{2r^2} \tag{7.41}$$

が得られる．質点の運動は(7.40)の条件を満たす範囲内に限定される．(7.40)は(4.36)と同じ形をもち，ただポテンシャルに $\mu h^2/2r^2$ という項がつけ加わっただけである．このため，(4.36)以下と同様な議論により，運動のだいたいの様子を知ることができる．次節でその具体的な応用について述べる．なお，上記の付加項は遠心力の効果を表わし，これを**遠心力ポテンシャル**(centrifugal potential)という．このような方法で動径方向 r のとりうる範囲がわかるが，実際の質点は平面運動を行なう．その軌道を考察するさい，(7.34)の $r^2\dot{\theta}=h$ という関係は有用である．すなわち r^2 は負にならず，また h は定数である．したがって，$\dot{\theta}$ は一定の符号をもち，このため $\dot{\theta}$ の符号が運動の途中で変わるような軌道は許されない．

7-4 惑星の運動

太陽の回りには，地球，木星などの惑星が運動しているが，惑星の運動は2体問題の重要な例の1つである．太陽と注目する惑星の質量をそれぞれ M, m としてこの2体以外からの力は無視できると考える．太陽，惑星を一様な球と仮定すれば，第2章の演習問題3で学んだように，両者間に働く万有引力は質点間に働くものとみなすことができる．したがって，両者の中心間の距離を r とすれば，万有引力のポテンシャル $U(r)$ は次式で与えられる．

$$U(r)=-\frac{GmM}{r} \tag{7.42}$$

運動の定性的な性質　具体的な計算に入る前に，運動に関する定性的な議論をしておこう．いまの場合，(7.41)の $V(r)$ は

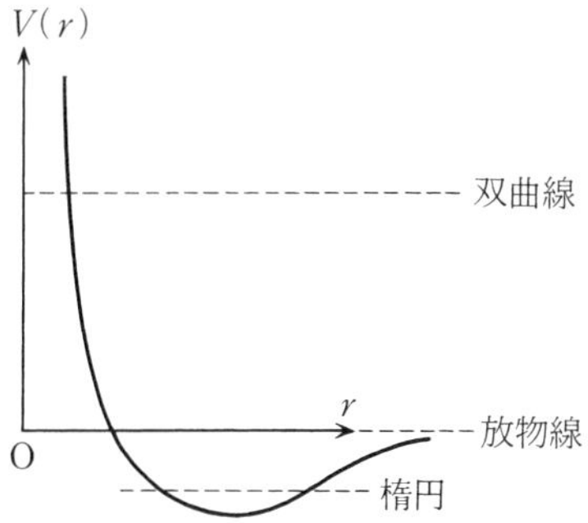

図7-4　$V(r)$ と r との関係

$$V(r) = -\frac{GmM}{r}+\frac{\mu h^2}{2r^2} \tag{7.43}$$

で与えられるが，これを r の関数としてプロットすると図7-4のようになる．(7.40)により，$E \geqq V(r)$ が成り立つので，$E \geqq 0$ の場合，運動が r の有限な範囲内で起こることはない．実際，質点の軌道は $E>0$ では双曲線，$E=0$ では放物線になることが知られている．このような場合は，宇宙のかなたから太陽系に飛来し再び宇宙のかなたへ帰っていくような天体に相当すると考えられる．あるいは，この種の2体問題は次節で述べる粒子の散乱に対応する．一方，$E<0$ だと r は有限な範囲内に留まり，惑星は太陽の回りで運動することがわかる．このとき，結果を先取りすると，惑星の軌道は楕円で表わされるが，以下，この場合について考えていこう．

惑星の軌道　(7.42)を r で微分すると

$$U'(r) = \frac{GmM}{r^2} \tag{7.44}$$

となるが，これを(7.38)に代入すると

$$\frac{1}{r^2}\frac{d}{d\theta}\left(\frac{1}{r^2}\frac{dr}{d\theta}\right)-\frac{1}{r^3}+\frac{1}{r^2 l} = 0 \tag{7.45}$$

と表わされる．ただし，l は長さの次元をもち

$$l = \frac{\mu h^2}{GmM} \tag{7.46}$$

で定義される．実際には $M \gg m$ が成り立つので $\mu \simeq m$ となり，このため l

$\simeq h^2/GM$ としてもよい．

(7.45)の微分方程式を解くため，r のかわりに

$$u=\frac{1}{r} \tag{7.47}$$

で定義される u を導入する．上式から $du/d\theta=-(1/r^2)(dr/d\theta)$ となり，これを(7.45)に代入し，(7.47)を用いると，u に対する微分方程式は

$$\frac{d^2u}{d\theta^2}+u=\frac{1}{l} \tag{7.48}$$

と書ける．(7.48)の方程式は基本的には調和振動子の運動方程式で，その解は，特殊解と右辺を0とおいたときの解の和として表わされる．このため

$$u=\frac{1}{l}+A\cos\theta+B\sin\theta \tag{7.49}$$

である．任意定数 A, B を決めるため，$\theta=0$ が近日点を表わすとする．すなわち，$\theta=0$ で r は最小，したがって，u は最大であるとする．この条件は $\theta=0$ で $du/d\theta=0$, $d^2u/d\theta^2<0$ となり，それから $B=0$, $A>0$ が得られる．さらに，結果を簡単にするため

$$A=\frac{e}{l} \tag{7.50}$$

の関係で e を導入する．(7.46)の定義式により $l>0$ で，また上述のように $A>0$ であるから，$e>0$ となる．(7.50)を使うと，r は

$$r=\frac{l}{1+e\cos\theta} \qquad (e>0) \tag{7.51}$$

と表わされる．(7.51)は，$e<1$ だと楕円，$e=1$ なら放物線，$e>1$ なら双曲線を表わすことが知られている．また，e を**離心率**(eccentricity)，l を半直弦という．楕円の場合，もう少し正確にいうと，長径 a，短径 b の楕円は xy 面で $x^2/a^2+y^2/b^2=1$ と表わされるが，楕円の1つの焦点を原点とする極座標 r, θ でこれを表わすと(7.51)が得られる(演習問題4)．なお

$$e=\frac{(a^2-b^2)^{1/2}}{a}, \qquad a=\frac{l}{1-e^2}, \qquad b=\frac{l}{(1-e^2)^{1/2}} \tag{7.52}$$

といった関係が成立する(演習問題 4)．以上の議論から，惑星の運動に関して，惑星は太陽を 1 つの焦点とする楕円上を運動するという結論が得られる．

公転の周期 次に，惑星が太陽の回りを一回りする時間，すなわち**公転**(revolution)の周期を考えてみよう．極座標で θ が微小角 $d\theta$ だけ増加したとき，太陽と惑星を結ぶ線分が描く面積 dS は $(1/2)\,r^2 d\theta$ で与えられる．したがって面積速度は

$$\frac{dS}{dt} = \frac{1}{2} r^2 \dot{\theta} = \frac{1}{2} h \tag{7.53}$$

と表わされる．ただし，(7.34)を用いた．中心力の場合であるから，前節で述べたように，面積速度は一定となっているのである．惑星が太陽の回りを 1 公転すると，太陽と惑星を結ぶ線分は，1 つの楕円を描くことになる．よって，公転周期 T は楕円の面積 πab を面積速度 $h/2$ で割り

$$T = \frac{2\pi ab}{h} \tag{7.54}$$

と表わされる．(7.46)により $h = (GmMl/\mu)^{1/2}$ となり，また(7.52)の右の 2 式から

$$\frac{ab}{l^{1/2}} = \frac{l^{3/2}}{(1-e^2)^{3/2}} = a^{3/2}$$

が求まる．このようにして，T は

$$T = 2\pi \left(\frac{\mu}{GmM} \right)^{1/2} a^{3/2} \tag{7.55}$$

と計算される．(7.55)からわかるように，公転周期の 2 乗は長径の 3 乗に比例する．

ケプラーの法則 ケプラーは惑星の観測結果を整理し，下記の**ケプラーの法則**(Kepler's laws)を発見した．

① すべての惑星は太陽を 1 つの焦点とする楕円上を運動する(ケプラーの第 1 法則)．

② 惑星と太陽を結ぶ線分が一定時間に描く面積は，それぞれの惑星につ

いて一定である(ケプラーの第2法則).

③ 惑星の公転周期の2乗は，その惑星の軌道である楕円の長径の3乗に比例する(ケプラーの第3法則).

これまで述べてきたように，ニュートンの運動方程式を用い，太陽と惑星との間には万有引力が働くとして，以上の3つの法則を導いた.

力学的エネルギーと離心率 惑星の運動について，力学的エネルギーと離心率との関係を考えてみよう.(7.39)の力学的エネルギーEに対する式に(7.42)を代入すると，Eは

$$E=\frac{\mu}{2}\left(\dot{r}^2+\frac{h^2}{r^2}\right)-\frac{GmM}{r} \tag{7.56}$$

と表わされる.この式に次の関係

$$r=\frac{l}{1+e\cos\theta},\quad \dot{r}=\frac{el\sin\theta}{(1+e\cos\theta)^2}\dot{\theta},\quad r^2\dot{\theta}=h \tag{7.57}$$

を代入し，計算を実行すると，最終的に

$$E=-\frac{GmM}{2l}(1-e^2) \tag{7.58}$$

という結果が得られる(演習問題5).上式からわかるように，$E<0$だと$e^2<1$となり，したがって惑星の軌道は楕円になるのである.

制限3体問題 これまで説明してきたように，2体問題は基本的に1つの質点の力学と等価である.したがって，問題を解析的に処理するのはそんなに難しいことではない.これに反し，例えば太陽，木星，小惑星の3つを1つの質点系と考える力学を**3体問題**(three-body problem)といい，この問題を厳密に解くのは極めて困難である.しかし，上述の体系の場合，太陽や木星に比べ小惑星の質量は非常に小さいから，1つの近似法としてまず小惑星の存在を無視し，太陽と木星に対する2体問題を解きその解を使って小惑星の運動を決めるといった方法が考えられる.これを制限3体問題という.このように簡単化してもなお問題はかなり難しいが，ある程度解析的な扱いが可能になる.それに立ち入るのは本書の範囲を越えているのでこれ以上言及しないが，興味のある読者は巻末の文献を参照してほしい.

7-5 ラザフォード散乱

惑星の運動と同様に，2体問題として重要な意味をもつ課題は力の中心による粒子の散乱である．1909年，ガイガー(H. Geiger)とマースデン(E. Marsden)は α 粒子を薄い金箔に当て，その散乱実験を行なった．ラザフォード(E. Rutherford)は実験結果を解析し，原子中で正電荷は中心に集中して極めて小さい原子核を構成するという1つの原子模型を導入した．本節では，このような粒子の散乱問題を考えていく．

いま，質量 M，電気量 Q をもつ粒子に質量 m，電気量 q の粒子を当てたとし，後者の粒子の散乱を考察しよう．ただし，M は m に比べて十分大きく，前者の粒子は静止状態にあると考える．万有引力は電気的なクーロン力に比べると問題にならないくらい小さいので，以後クーロン力だけを考えていく．そうすると第4章の演習問題2により，粒子間のクーロンポテンシャル $U(r)$ は

$$U(r) = \frac{1}{4\pi\varepsilon_0}\frac{qQ}{r} \tag{7.59}$$

で与えられる．以下，q, Q は同じ符号をもち粒子間には斥力が働く場合を考えることにする．このときの散乱はちょうどラザフォードが考えたものに対応するので，それを**ラザフォード散乱**(Rutherford scattering)という．(7.59)の $U(r)$ に対して，遠心力ポテンシャルを考慮した $V(r)$ は

$$V(r) = \frac{1}{4\pi\varepsilon_0}\frac{qQ}{r} + \frac{\mu h^2}{2r^2} \tag{7.60}$$

と書ける．r が増加するとき $V(r)$ は単調に減少し，図7-4と違い，いまの場合，r が有限の範囲内に留まることはない．したがって，粒子は無限のかなたから飛来し，無限のかなたへと去っていく．

微分散乱断面積　一般に，粒子の散乱を扱うさい，図7-5に示すように，x 軸からみた3次元の極座標を導入すると便利である．粒子は x 軸でマイナス方向の無限遠から x 軸と平行に力の中心に向かって進むとし，$x \to -\infty$

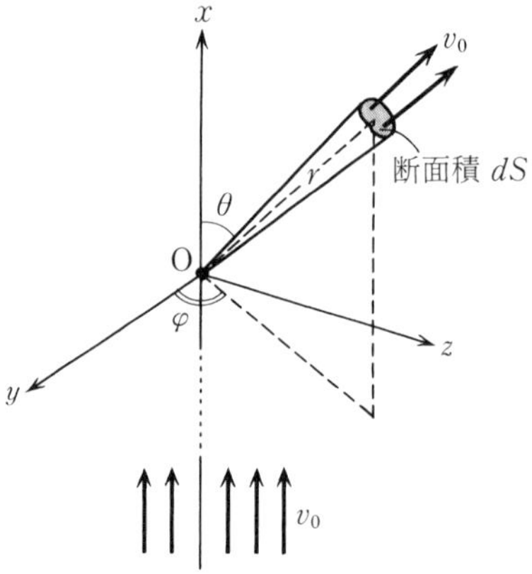

図 7-5　微分散乱断面積

における入射粒子の速さを v_0 とする．量子力学では通常 z 軸に平行に粒子が入射すると考えるのだが，ここではいままでの議論との整合性を考慮し，図 7-5 のような座標系を導入した．また，$x\to-\infty$ の極限で，x 軸と垂直な平面内で入射粒子は一様に分布するとし，x 軸と垂直な単位断面積を単位時間当たり N 個の粒子が通過するものとする．これらの入射粒子は原点 O にある粒子から力を受け散乱されるが，図のように天頂角 θ，方位角 φ の方向を考えよう．角 θ は入射粒子の進行方向と散乱粒子のそれとがなす角で，これを**散乱角**(scattering angle)という．さらに，図のように θ, φ 近傍で散乱方向と垂直な微小断面積を dS，これと原点 O との距離を r とおく．そうすると

$$d\Omega = dS/r^2$$

で定義される $d\Omega$ は θ, φ 近傍の微小立体角である．散乱問題では，単位時間当たり $d\Omega$ を通過する散乱粒子の数を下記のように表わす．

$$N\sigma(\theta, \varphi)d\Omega \tag{7.61}$$

上式で定義される $\sigma(\theta, \varphi)$ を**微分散乱断面積**(differential scattering cross section)という．断面積という名称がつくのは，次のような理由による．(7.61)はとにかく単位時間当たりの粒子数であるから，その次元を考えると[時間]$^{-1}$ となる．一方，N の次元は [時間]$^{-1}$[面積]$^{-1}$ で，$d\Omega$ は無次元であるため，$\sigma(\theta, \varphi)$ の次元は面積となるのである．図で r が十分大きいとすれば，位置エネルギーは無視できるので，そこでの粒子の速さは入射粒子と同じ v_0 となる．現在の体系では，物理的状況が x 軸の回りで軸対称性をもち，よって $\sigma(\theta,\varphi)$ は実は φ に依存せず θ だけの関数である．このため，粒子の運動を考えるさい xy 面内の軌道を考慮すれば十分である．

衝突径数と散乱角　粒子の運動を xy 面で考え，前節と同じように極座標 r,θ を用いる．この θ は図 7-5 に示すものと同じ意味をもつ．万有引力の問題で GmM を $-qQ/4\pi\varepsilon_0$ と置き換えればクーロン斥力の場合に移行するから，現在の体系では(7.46), (7.48)に対応して，$u=1/r$ に対する微分方程式は

$$\frac{d^2u}{d\theta^2}+u=-\frac{1}{l} \tag{7.62}$$

$$l=\frac{4\pi\varepsilon_0\mu h^2}{qQ} \tag{7.63}$$

と表わされる．(7.62)の一般解は前節と同様，次式で与えられる．

$$u=-\frac{1}{l}+A\cos\theta+B\sin\theta \tag{7.64}$$

(7.64)中の任意定数 A,B を決めるため，次のように考える．まず，図 7-6 のように角 θ' をとる．そうすると $\theta'\to 0$ $(\theta\to\pi)$ の極限では $x\to-\infty$ となり，$r\to\infty$ すなわち $u\to 0$ となる．結局 $\theta=\pi$ で $u=0$ という条件が得られ，これから A は $A=-1/l$ と決まる．次に，入射粒子の進行方向と x 軸間の距離を図のように b とする．この b を**衝突径数**(impact parameter)と

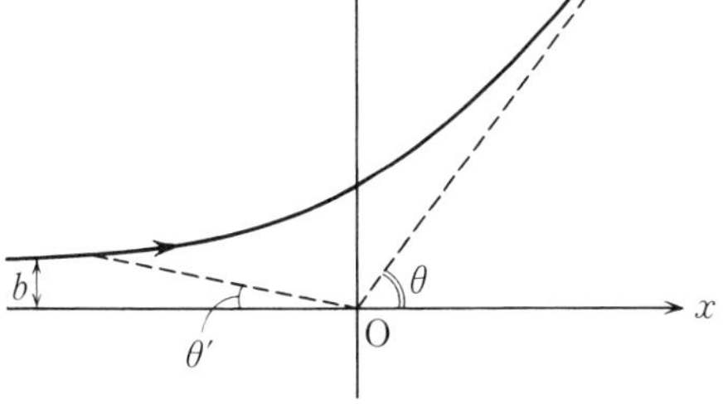

図 7-6　衝突径数と散乱角

いう．B と b との関係を求めるため，上述の議論を一歩進め，θ は π に近いとし，$\theta=\pi-\theta'$ の関係 ($\theta'\simeq 0$) を(7.64)に代入する．$A=-1/l$ を利用し sin, cos に対する展開式を使うと

$$u = -\frac{1+\cos(\pi-\theta')}{l}+B\sin(\pi-\theta')$$

$$= -\frac{1-\cos\theta'}{l}+B\sin\theta' = B\theta'+O(\theta'^2)$$

となる．ここで $O(\theta'^2)$ は θ' の2次の微小量で $B\theta'$ に比べ無視できる項を意味する．一方，θ' が十分小さいと $b=r\sin\theta'\simeq r\theta'$ が成り立つから，$u=1/r$ に注意すると，B は $B=1/b$ と表わされる．このようにして，次式が導かれる．

$$u = -\frac{1+\cos\theta}{l}+\frac{\sin\theta}{b} \tag{7.65}$$

さらに議論を進めるため，定数 h の意味を考察しよう．(7.35)で注意したように，$L_z=\mu h$ が成り立つ．一方，図7-6で $x\to-\infty$ における L_z を考えると，(7.8)を利用し $L_z=-\mu bv_0$ となる．したがって，両者の関係から $h=-bv_0$ が求まる．これを(7.63)に代入すると，l は次のようになる．

$$l = \frac{4\pi\varepsilon_0\mu b^2 v_0{}^2}{qQ} \tag{7.66}$$

図7-6で角 θ は散乱角を意味するが，その定義により，θ のところで $r\to\infty$ すなわち $u\to 0$ でなければならない．このため，(7.65)により散乱角 θ は

$$\frac{1+\cos\theta}{l} = \frac{\sin\theta}{b}$$

の条件から決まる．あるいは

$$\cot\frac{\theta}{2} = \frac{1+\cos\theta}{\sin\theta} \tag{7.67}$$

の公式を利用し，(7.66)に注意すると，b と θ との間の関係として

$$b = \frac{qQ}{4\pi\varepsilon_0\mu v_0{}^2}\cot\frac{\theta}{2} \tag{7.68}$$

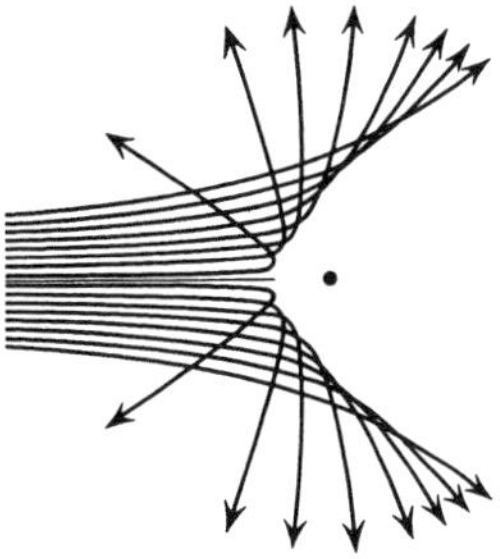

図 7-7　ラザフォード散乱

が導かれる．参考のため，b を変化させたときの散乱の様子を図 7-7 に示す．

ラザフォードの散乱公式　微分散乱断面積を求めるため，(7.68) の両辺の微分をとる．$d(\cot z)/dz = -1/\sin^2 z$ を使うと，(7.68) から

$$db = -\frac{qQ}{8\pi\varepsilon_0 \mu v_0{}^2}\frac{1}{\sin^2(\theta/2)}d\theta \tag{7.69}$$

が得られる．上式に $-$ の符号が現われるのは，図 7-7 からわかるように，b が増加すると θ が減少するためである．以下，便宜上 $db<0$ としよう．

ここで，図 7-8 に示すように，$x\to-\infty$ の極限で，x 軸に垂直で同軸を中心とする半径 b と $b+db$ の 2 つの同心円を考えよう．また，方位角が $\varphi\sim\varphi+d\varphi$ の範囲内にある領域を考慮する．体系の軸対称性によりこの領域内に入射した粒子は，その外に出ることなくこの領域内で運動する．また，db に相当した $d\theta$ を図のようにとると，結局下の灰色の部分を通過した粒子は散乱されそのまま上の灰色の部分を通過することになる．灰色の部分はいずれも原点から十分遠いとしているので，粒子の速さはともに v_0 をもち，こうして単位時間中に 2 つの灰色の部分を通過する粒子数は等しいことがわかる．下の灰色の部分の面積は $b|db|d\varphi$ であるから，これを単位時間中に通過する粒子数は $Nb|db|d\varphi$ で与えられる．また，上の灰色の部分を単位時間中に通過する粒子数は，(7.61) の定義式により $N\sigma(\theta)d\Omega$ に等しい．ただし，変数 φ を省略した．このようにして，次の関係が得られる．

$$b|db|d\varphi = \sigma(\theta)d\Omega \tag{7.70}$$

微小立体角は $d\Omega = \sin\theta d\theta d\varphi$ で与えられること，および (7.69) を用いる

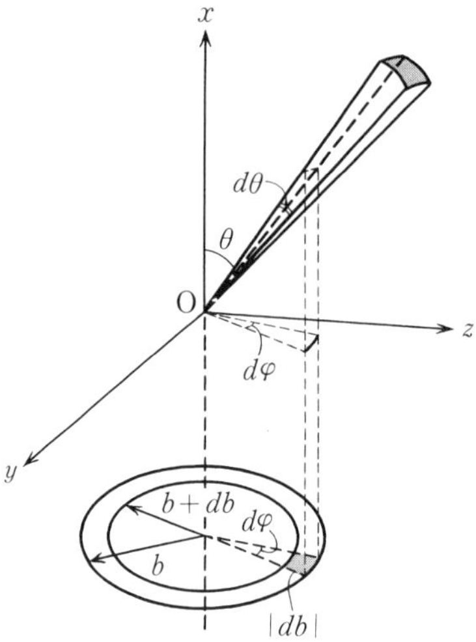

図7-8

と(7.70)から

$$\sigma(\theta)=\frac{qQ}{8\pi\varepsilon_0\mu v_0{}^2\sin^2(\theta/2)}\frac{b}{\sin\theta} \tag{7.71}$$

が求まる．これに(7.68)を代入し $\tan(\theta/2)\sin\theta=2\sin^2(\theta/2)$ の関係を使うと，最終的に

$$\sigma(\theta)=\left(\frac{qQ}{8\pi\varepsilon_0\mu v_0{}^2}\right)\frac{1}{\sin^4(\theta/2)} \tag{7.72}$$

が導かれる．これを**ラザフォードの散乱公式**という．

第7章 演習問題

1. 図のように，水平で滑らかな平面に穴Oをあけて長さ l の軽い糸を通し，糸の各端に質量 m の質点A，質量 M の質点Bを結び付ける．点OとAとの間の距離を r として，以下の設問に答えよ．

(i) Aが平面上で運動するとして r に対する運動方程式を導け．

(ii) 質点Aが平面上で適当な角速度 ω_0 で回転すると，AはOを中心とする等速円運動を行なう．このときの r を r_0 とし，ω_0 と r_0 との間の関

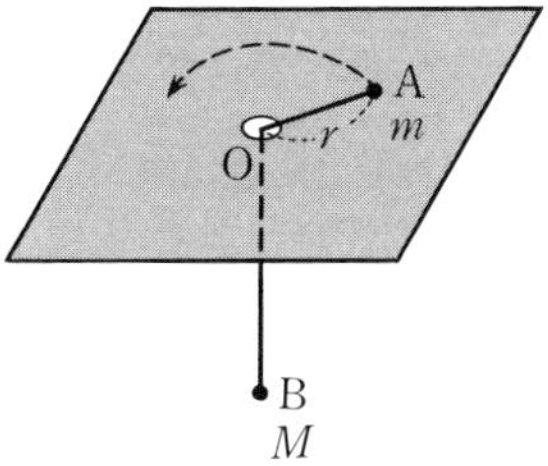

係を求めよ．

(iii) 上の等速円運動が少々乱れたとし，$r=r_0+x$ とおく．x は単振動を行なうことを示し，振動の角振動数を計算せよ．

2. 図のようにちょうつがいで一端をとめた質量の無視できる棚を考え，棚の上に点Oから距離 s だけ離れたところに質量 m の小物体をのせる．また，棚の他端Pを糸で引っ張るとし，図のように角 θ をとる．棚の長さを l とし，糸は張力 T_0 まで耐えられるとして，以下の問いに答えよ．

(i) 糸が切れないための条件を求めよ．

(ii) 糸は1 kgまでの質量に耐えられるとする．$l=0.5$ m，$s=0.1$ m，$\theta=30°$ のとき，糸が切れないための小物体の最大質量は何kgか．

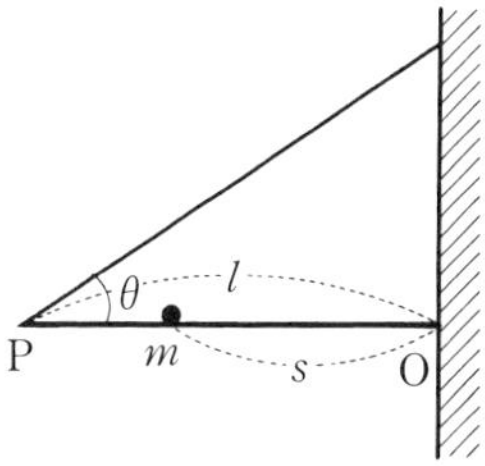

3. 地表の1点から水平方向に物体を放射したとき，その物体が地球半径の円軌道を描く人工衛星となるために必要な初速度 v_1 は何km/sか．この初速度を**第1宇宙速度**という．また，地表の1点から物体を放射し，その物体を宇宙のかなたへと飛ばすために必要な最小の初速度 v_2 を求めよ．これを**第2宇宙速度**という．

4. 焦点を原点とする極座標を用いて，楕円に対する方程式を導け．

5. 惑星の運動の場合，力学的エネルギーと離心率との間の関係を求めよ．

ラザフォード散乱と量子力学

1911年，ラザフォードは原子の正電荷が原子の中心に集中しているという模型を提唱し，古典力学に基づいて微分散乱断面積を計算した．そうして，その結果が実験とよく一致することを示し，原子核の存在を立証した．

ところで，量子力学においても微分散乱断面積は本書と同じように定義される．むしろ本書では多少量子力学を意識して散乱の問題設定をしたつもりで，例えば(7.61)は量子力学における定義をそのまま借用したものである．粒子間にクーロンポテンシャルが働くときの量子力学的な計算は，古典力学に比べるとはるかに複雑である．しかし，量子力学を用いてラザフォードの散乱公式を計算しても，その結果は(7.72)と完全に一致する．これはある意味で1つの驚きともいえる．

例えば，水素原子のように粒子間にクーロン引力が働くとき，$V(r)$は図7-4のような形をもち，rが有限範囲に留まる$E<0$の状態(量子力学では束縛状態という)が可能である．古典力学では連続的なEの値が可能だが，量子力学ではある飛び飛びの離散的な値だけが許される．このように，水素原子の束縛状態の場合，一方では連続，他方では不連続という決定的な相違が現われてくる．

もしもラザフォードの散乱公式が量子力学ではまったく違った形をもっていたなら，物理学の進歩にも重大な影響があったに違いない．

8 剛体の運動

これまでの章で折にふれ，質点系，剛体の力学について述べてきたが，本章の主題は剛体の運動である．まず始めに，剛体に対する一般的な運動方程式について述べ，次に運動の自由度が1であるような，固定軸をもつ剛体の運動を考察する．さらに，剛体の平面運動，こまの運動などを取り扱う．

8-1 剛体に対する運動方程式

剛体を細かく分割したとすれば，剛体全体を一種の質点系とみなすことができる．実際の剛体では質量が連続的に分布するから，和の代わりに積分を用いねばならないが，このような話は後回しにし，さしあたり質点系という立場から剛体に対する運動方程式を考えていこう．

この場合，すでに(4.15)で述べたように，剛体の重心に対して

$$M\ddot{\boldsymbol{r}}_{\mathrm{G}} = \boldsymbol{F} \tag{8.1}$$

という運動方程式が成り立つ．ただし，M は剛体の質量，$\boldsymbol{F}$ は剛体全体に働く外力である．このように，重心の運動に注目する限り，それは1個の質点に対する力学の問題と同じである．

重心の回りの運動　剛体の運動の自由度は6であるから，重心の運動を決めても，なお3つの自由度が残る．これらの自由度に対応する運動を扱うため，(7.16)の運動方程式すなわち

$$\dot{\boldsymbol{L}} = \boldsymbol{N} \tag{8.2}$$

に注目しよう．剛体を細かく分割したとし，i 番目の微小部分の位置ベクトルを $\boldsymbol{r}_i$，その質量を m_i とする．そうすると全角運動量 $\boldsymbol{L}$ は

$$\boldsymbol{L} = \sum m_i(\boldsymbol{r}_i \times \dot{\boldsymbol{r}}_i) \tag{8.3}$$

で与えられる．ただし，$\sum$ は i に関する和を意味し，今後同様の記号を用いる．ここで，重心の回りで起こる運動を調べるため

$$\boldsymbol{r}_i = \boldsymbol{r}_{\mathrm{G}} + \boldsymbol{r}_i' \tag{8.4}$$

とおく．$\boldsymbol{r}_i'$ は i 番目の微小部分を重心からみた位置ベクトルである．重心の定義式

$$M\boldsymbol{r}_{\mathrm{G}} = \sum m_i \boldsymbol{r}_i \tag{8.5}$$

に(8.4)を代入し，$M = \sum m_i$ を使うと，下記の関係が得られる．

$$\sum m_i \boldsymbol{r}_i' = 0 \tag{8.6}$$

(8.3)に(8.4)を代入すると

$$\boldsymbol{L} = \sum m_i(\boldsymbol{r}_{\mathrm{G}} \times \dot{\boldsymbol{r}}_{\mathrm{G}}) + \sum m_i(\boldsymbol{r}_{\mathrm{G}} \times \dot{\boldsymbol{r}}_i') + \sum m_i(\boldsymbol{r}_i' \times \dot{\boldsymbol{r}}_{\mathrm{G}}) + \sum m_i(\boldsymbol{r}_i' \times \dot{\boldsymbol{r}}_i') \tag{8.7}$$

となる．(8.6)および(8.6)の時間微分を利用すると，上式の右辺第 2, 3 項は 0 であることがわかる．また，右辺第 4 項は，重心の回りに剛体がもつ角運動量である．以下，これを $\boldsymbol{L}'$ と書く．すなわち

$$\boldsymbol{L}' = \sum m_i(\boldsymbol{r}_i' \times \dot{\boldsymbol{r}}_i') \tag{8.8}$$

とする．(8.7)を時間で微分すると，$\dot{\boldsymbol{r}}_{\mathrm{G}} \times \dot{\boldsymbol{r}}_{\mathrm{G}} = 0$ が成り立つので，(8.1)に注意すれば，次の関係が導かれる．

$$\dot{\boldsymbol{L}} = (\boldsymbol{r}_{\mathrm{G}} \times \boldsymbol{F}) + \dot{\boldsymbol{L}}' \tag{8.9}$$

一方，力のモーメントの和 $\boldsymbol{N}$ は

$$\boldsymbol{N} = \sum(\boldsymbol{r}_i \times \boldsymbol{F}_i) = \sum(\boldsymbol{r}_{\mathrm{G}} \times \boldsymbol{F}_i) + \sum(\boldsymbol{r}_i' \times \boldsymbol{F}_i) = (\boldsymbol{r}_{\mathrm{G}} \times \boldsymbol{F}) + \boldsymbol{N}'$$

と表わされる．ただし，$\boldsymbol{N}'$ は重心に関する力のモーメントの和

$$\boldsymbol{N}' = \sum(\boldsymbol{r}_i' \times \boldsymbol{F}_i) \tag{8.10}$$

を意味する．このようにして，(8.2)から

$$\dot{\boldsymbol{L}}' = \boldsymbol{N}' \tag{8.11}$$

が得られる．すなわち，<u>重心の回りに剛体がもつ角運動量の時間微分は，重</u>

心に関する力のモーメントの和に等しい．この関係を利用して重心の回りの運動を決めることができるが，実例については後で述べる．

剛体の運動エネルギー 解析力学で剛体の問題を扱うような場合，剛体の運動エネルギーに対する表式が必要となる．そこで，上と同様な考え方で全運動エネルギー K を考えてみよう．K は

$$K = \frac{1}{2}\sum m_i \dot{\boldsymbol{r}}_i^2$$

で与えられるが，これに(8.4)を代入すると

$$K = \frac{1}{2}\sum m_i(\dot{\boldsymbol{r}}_G^2 + 2\dot{\boldsymbol{r}}_G \cdot \dot{\boldsymbol{r}}_i' + \dot{\boldsymbol{r}}_i'^2)$$

となる．(8.6)の時間微分を用いると，右辺の第2項は0となり，結局 K は

$$K = \frac{1}{2}M\dot{\boldsymbol{r}}_G^2 + \frac{1}{2}\sum m_i \dot{\boldsymbol{r}}_i'^2 \tag{8.12}$$

と表わされる．これからわかるように，剛体の運動エネルギーは，重心に全質量が集中したと考えたとき重心のもつ運動エネルギーと，重心があたかも静止したと考えたときその回りにもつ剛体の運動エネルギーとの和として表わされる．剛体の運動エネルギーに注目したとき，重心運動と重心の回りの運動とは互いに独立であるといってもよい．

8-2 固定軸をもつ剛体

この節では，剛体の運動としてもっとも簡単なものを考えていく．すなわち，任意の剛体を適当な2点A, Bで支え，この2点を通る直線を回転軸として，剛体が回転する場合を扱う．この回転軸は空間に固定されているとするので，これを**固定軸**(fixed axis)ともいう．固定軸の回りで剛体が回転するとき，その運動を決めるには回転角を変数にとればよい．したがって，この場合の運動の自由度は1である．具体的には，時計の針の回転，モーターの回転子の回転などがそのような運動の例であるが，以下，この場合の力学について考えていこう．

運動方程式　いまの場合の剛体に対する運動方程式を導くため，図 8-1 に示すように，回転軸を z 軸にとり，z 軸上に原点 O を選んで，空間に固定された座標系 x, y, z を導入する．(8.2) の z 成分をとると

$$\dot{L}_z = N_z \tag{8.13}$$

となる．ただし，L_z, N_z は

$$L_z = \sum m_i(x_i\dot{y}_i - y_i\dot{x}_i), \qquad N_z = \sum(x_iY_i - y_iX_i) \tag{8.14}$$

と表わされる．ただし，(8.14) の右式で剛体の i 番目の部分に働く力 $\boldsymbol{F}_i$ を $\boldsymbol{F}_i=(X_i, Y_i, Z_i)$ と書いた．剛体を支えている点 A, B には抗力 $\boldsymbol{R}_\mathrm{A}, \boldsymbol{R}_\mathrm{B}$ が働くが(図 8-1)，点 O に関する $\boldsymbol{R}_\mathrm{A}$ のモーメントは z 軸と垂直となり，その z 成分は 0 となる．$\boldsymbol{R}_\mathrm{B}$ についても同様で，このため (8.14) の右式では $\boldsymbol{R}_\mathrm{A}, \boldsymbol{R}_\mathrm{B}$ の抗力は考えなくてもよい．図 8-1 のように i 番目の微小部分 P から z 軸に垂線を下ろしてその足を Q とし，PQ 間の距離を r_i とする．P は Q を中心とする円運動を行なうので，r_i は時間に依存しない．また，図のように角 φ_i をとる．その結果，x_i, y_i は

$$x_i = r_i\cos\varphi_i, \qquad y_i = r_i\sin\varphi_i \tag{8.15}$$

と書ける．r_i が時間に依存しないことに注意し，また $\dot{\varphi}_i$ は i によらないのでこれを ω とおけば

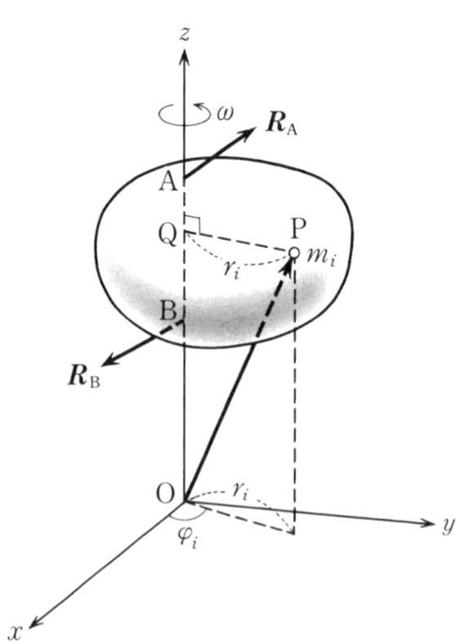

図 8-1　固定軸の回りの回転

$$\dot{x}_i = -r_i\omega \sin\varphi_i, \qquad \dot{y}_i = r_i\omega\cos\varphi_i \tag{8.16}$$

となる．(8.15), (8.16)を(8.14)の左式に代入すると

$$L_z = I\omega \tag{8.17}$$

が得られる．ただし，I は

$$I = \sum m_i r_i^2 = \sum m_i(x_i^2+y_i^2) \tag{8.18}$$

で定義される．この I を固定軸の回りの**慣性モーメント**(moment of inertia)という．慣性モーメントの値は剛体の性質や固定軸の位置に依存するが，詳細については次節で述べる．いずれにせよ，慣性モーメントは剛体の力学を論じるさい重要な役割をもつ物理量である．

(8.17)を(8.13)に代入すると，I は時間に依存しないから

$$I\dot{\omega} = N_z \tag{8.19}$$

の関係が導かれる．上式は，剛体が固定軸の回りで運動するとき，その力学を扱うための基本的な方程式である．この式中の $\dot{\omega}$ を**角加速度**(angular acceleration)という．(8.19)で I→質量，ω→速度，N_z→力 というように対応させると，同式は質点に対するニュートンの運動方程式に帰着する．したがって，質点の力学が解けていると，それに相当する剛体の力学も解ける．例えば，質点に働く力が一定なとき，質点は等加速度運動を行なうが，これに相当し，N_z が一定であれば，$\dot{\omega}$ も一定となる．この運動を**等角加速度運動**という．なお，(8.19)中の ω は符号をもつ点に注意しておこう．すなわち，図8-1で剛体が xy 面内で正(負)の向きに回転するときには $\omega>0$ $(\omega<0)$ とする．あるいは，ω は角速度ベクトル $\boldsymbol{\omega}$ の z 成分であると考えてもよい．

例題 8-1 等角加速度運動の場合，剛体の回転角はどのように表わされるか．

[解] $N_z=N=$一定 とすれば，(8.19)を時間に関して積分し

$$\omega = \frac{N}{I}t+\omega_0$$

となる．ただし，ω_0 は $t=0$ における ω の値で，これは質点の運動における初速度に相当する．剛体は，図8-2の点Oを通る紙面と垂直な軸の回り

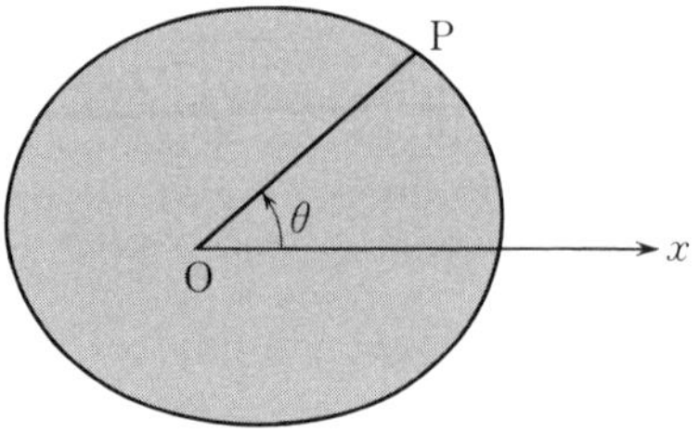

図 8-2　剛体の回転角

で回転するとし，剛体に固定した線分 OP と空間に固定した x 軸とのなす回転角を θ とする．ω は $\dot{\theta}$ に等しいから，上の関係をもう 1 回 t で積分すると，時刻 t における回転角 θ は

$$\theta = \frac{N}{2I}t^2 + \omega_0 t + \theta_0$$

と表わされる．ただし，θ_0 は $t=0$ における θ の値である．▨

剛体の運動エネルギー　(8.16) から

$$\dot{x}_i{}^2 + \dot{y}_i{}^2 = r_i{}^2\omega^2$$

となり，また $\dot{z}_i{}^2=0$ であるので，i 番目の部分がもつ運動エネルギーは

$$\frac{1}{2}m_i r_i{}^2\omega^2$$

と表わされる．これを i について加え，(8.18) を利用すると，剛体のもつ運動エネルギー K は

$$K = \frac{1}{2}I\omega^2 \tag{8.20}$$

と書ける．前述のように，I→質量，ω→速度 という対応を導入すると，(8.20) は質点の運動エネルギーに帰着する．

剛体振り子　質量 M の剛体の 1 点 O を通る水平な軸を固定軸として，剛体を平衡の位置から傾けて離すと，剛体は鉛直面内で振動する．このような一種の振り子を**剛体振り子**(physical pendulum) という．図 8-3 のように点 O を原点とし，鉛直下方に x 軸，水平方向に y 軸をとり，剛体は点 O を通り紙面と垂直な軸の回りで振動を行なうとする．また，O と重心 G との間の距離を d とし，OG と x 軸とのなす角を θ とする．

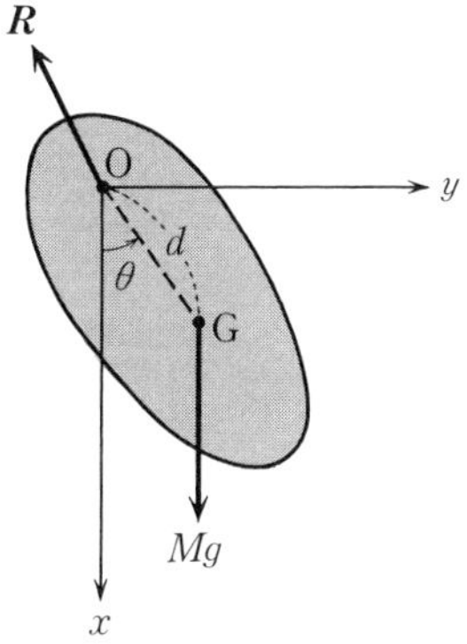

図 8-3　剛体振り子

剛体には点 O における抗力 $\boldsymbol{R}$，重心 G に作用する重力 Mg が働く．点 O の回りで $\boldsymbol{R}$ はモーメントをもたないから，点 O を通り xy 面に垂直な軸の回りの慣性モーメントを I とすれば，(8.19) により運動方程式は

$$I\ddot{\theta} = -Mgd\sin\theta \tag{8.21}$$

と表わされる．微小振動の場合には $\sin\theta \simeq \theta$ と近似し

$$I\ddot{\theta} = -Mgd\theta \tag{8.22}$$

が得られる．これから単振動の角振動数 ω に対し

$$\omega^2 = \frac{Mgd}{I} \tag{8.23}$$

の結果が求まる．したがって，振動の周期 T は次式で与えられる．

$$T = \frac{2\pi}{\omega} = 2\pi\sqrt{\frac{I}{Mgd}} \tag{8.24}$$

例題 8-2　ラグランジュの運動方程式を利用して (8.21) を導け．

［解］　体系の運動エネルギー K は，(8.20) により $K = I\dot{\theta}^2/2$ と表わされる．また，G が最下点にあるときを重力の位置エネルギーの基準にとると，重力の位置エネルギー U は $U = Mgd(1-\cos\theta)$ と書ける．したがって，ラグランジアン L は

$$L = \frac{I}{2}\dot{\theta}^2 - Mgd(1-\cos\theta) \tag{8.25}$$

となる．ここで

$$\frac{d}{dt}\left(\frac{\partial L}{\partial \dot{\theta}}\right) = I\ddot{\theta}, \qquad \frac{\partial L}{\partial \theta} = -Mgd\sin\theta$$

を使えば，(8. 21)が得られる． ■

8-3 慣性モーメント

ある固定軸の回りの慣性モーメントは(8. 18)で与えられるが，その具体的な議論に入る前に慣性モーメントに関する1つの重要な定理を紹介しよう．

平行軸の定理　ある剛体が固定軸 z 軸の回りにもつ慣性モーメントを I，この剛体の重心Gを通り z 軸に平行な z_G 軸の回りの慣性モーメントを I_G とし，また z 軸，z_G 軸間の距離を d とすると

$$I = I_G + Md^2 \tag{8. 26}$$

が成り立つ．ただし，M は剛体の質量である．(8. 26)を**平行軸の定理**という．

(8. 26)を証明するため，z 軸に垂直な平面を考え，この平面と z 軸，z_G 軸との交点をO, O′とする(図8-4)．この平面内で点Oを原点とする座標系 x, y を導入すれば，I は

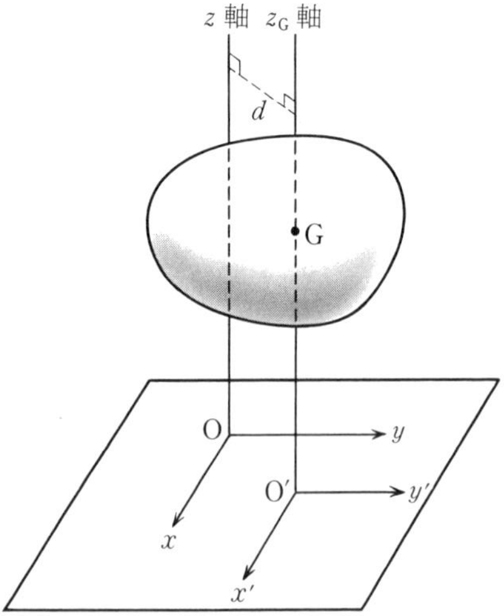

図 8-4　平行軸の定理

$$I = \sum m_i(x_i^2 + y_i^2) \tag{8.27}$$

と表わされる．一方，点 O′ を原点とし，x, y 軸にそれぞれ平行な x', y' 軸をとり，O′ の x, y 座標を x_G, y_G とすれば

$$x_i = x_G + x_i', \qquad y_i = y_G + y_i'$$

が成り立つ．これを(8.27)に代入すると

$$I = \sum m_i(x_i'^2 + y_i'^2) + 2\sum m_i(x_G x_i' + y_G y_i') + \sum m_i(x_G^2 + y_G^2)$$

となる．ここで，(8.6)の x, y 成分をとると，$\sum m_i x_i' = \sum m_i y_i' = 0$ となり，I は

$$I = \sum m_i(x_i'^2 + y_i'^2) + \sum m_i(x_G^2 + y_G^2)$$

と書ける．上式で

$$x_G^2 + y_G^2 = d^2, \qquad \sum m_i = M$$

が成立する．こうして，上述の I に対する式の右辺第 1 項が I_G であることに注意すれば，(8.26)が導かれる．

上述の定理は剛体の運動エネルギーと関係している．図 8-4 で z 軸の回りで剛体が角速度 ω で回転するとき，剛体の運動エネルギー K は(8.20)により $K=(1/2)I\omega^2$ で与えられる．一方，重心の速さは $d\omega$ と書け，z_G 軸の回りで剛体は角速度 ω で回転するから重心の回りの運動エネルギーは $(1/2)I_G\omega^2$ である．したがって，(8.12)により

$$K = \frac{1}{2}Md^2\omega^2 + \frac{1}{2}I_G\omega^2$$

が導かれる．この両者の K を等しいとおけば(8.26)が得られる．

平行軸の定理は，慣性モーメントの具体的な計算のさい便利である．すなわち，重心を通る固定軸の回りの慣性モーメント I_G を計算しておけば，それに平行な任意の固定軸に関する慣性モーメント I がこの定理により求められる．

質量分布に関する積分　実際には，剛体の場合，質量が連続的に分布するので，慣性モーメントの具体的な計算には積分を導入する必要がある．剛体を細かく分割したとき，微小部分の体積を dv，そこでの密度を ρ とすれば，微小部分の質量は ρdv となる．したがって，(8.18)は

$$I = \int \rho r^2 dv \tag{8.28}$$

と書ける．ただし，積分は剛体全体にわたって行なわれる．I は剛体中の質量分布，その形や大きさ，さらに固定軸の位置によって決まる．以下，I の具体的な計算例をいくつか論じる．

例題 8-3　長さ l の一様な棒状の剛体があるとし，その太さは無視できるものとする．棒に垂直な回転軸を考え，以下の場合の慣性モーメントを求めよ．

(1)　棒の重心を通る回転軸に関する慣性モーメント I_G

(2)　棒の端を通る回転軸に関する慣性モーメント I

［解］(1)　棒の重心はその中心にあるが，これを座標原点に選ぶ．棒の単位長さ当たりの質量(線密度)を σ とすれば，棒は一様としているので，σ は一定である．したがって I_G は

$$I_G = \sigma \int_{-l/2}^{l/2} x^2 dx = \sigma \frac{l^3}{12} = \frac{Ml^2}{12} \tag{8.29}$$

と計算される．ただし，M は棒の質量である．

(2)　棒の端と重心間の距離は $l/2$ であるから，平行軸の定理を利用すると

$$I = I_G + M\left(\frac{l}{2}\right)^2 = \frac{Ml^2}{12} + \frac{Ml^2}{4} = \frac{Ml^2}{3} \tag{8.30}$$

が得られる．あるいは，I を直接計算すると

$$I = \sigma \int_0^l x^2 dx = \frac{\sigma l^3}{3} = \frac{Ml^2}{3}$$

となり，(8.30)と同じ結果が求まる． ■

例題 8-4　半径 a の一様な円板がある．中心 O を通り円板と垂直な固定軸の回りにもつ円板の慣性モーメント I_G を求めよ．

［解］円板の単位面積当たりの質量(面密度)を σ とする．半径が r の円と $r+dr$ の円にはさまれた部分の質量は $2\pi\sigma r dr$ で与えられる．また，重心は O と一致するから，I_G は

$$I_G = \int_0^a 2\pi\sigma r^3 dr = \frac{\pi\sigma}{2}a^4$$

と表わされる．円板の質量 M が $M=\sigma\pi a^2$ であることに注意すると

$$I_G = \frac{Ma^2}{2} \tag{8.31}$$

が得られる．なお，半径 a の一様な円筒の中心軸に関する慣性モーメントも(8.31)で与えられる(演習問題1)． ■

例題 8-5 半径 a の一様な球を考える．球の中心Oを通る固定軸の回りの慣性モーメント I_G はいくらか．ただし，球の質量を M とする．

[解] 点Oを座標原点とする x, y, z 軸をとり，x 軸に関する慣性モーメントを I_x とおき，同様に I_y, I_z を定義する．球の密度を ρ とすれば，これらは

$$I_x = \rho\int(y^2+z^2)dv, \qquad I_y = \rho\int(z^2+x^2)dv, \qquad I_z = \rho\int(x^2+y^2)dv \tag{8.32}$$

で与えられる．体系はOの回りで球対称性をもち，また点Oは重心に等しいので $I_x=I_y=I_z=I_G$ が成り立つ．このため(8.32)の3つの式を加えると

$$3I_G = 2\rho\int r^2 dv \tag{8.33}$$

が得られる $(r^2=x^2+y^2+z^2)$．Oを中心とする極座標を用いると，$dv=4\pi r^2 dr$ と書けるので，(8.33)は

$$3I_G = 8\pi\rho\int_0^a r^4 dr = \frac{8\pi\rho a^5}{5}$$

となる．$M=(4\pi/3)\rho a^3$ の関係を使うと，I_G は次のように表わされる．

$$I_G = \frac{2}{5}Ma^2 \tag{8.34}$$ ■

8-4 剛体の平面運動

剛体の重心に対する運動方程式 $M\ddot{\boldsymbol{r}}_G=\boldsymbol{F}$ で力 $\boldsymbol{F}$ の z 成分が 0 であれば，重心の z 座標 z_G は $\ddot{z}_G=0$ を満たす．この解のうちでとくに $z_G=0$ の場合に注目すると，重心は xy 面内だけで運動する．さらに，重心の回りの運動を考えたとき，剛体は z 軸に平行な回転軸の回りで回転すると仮定しよう．以上の仮定の下で剛体の各点は xy 面と平行に運動するので，これを剛体の平面運動という．

運動方程式　剛体の平面運動を考察するさい，重心の運動方程式で x, y 成分をとると，力の x, y 成分を X, Y として

$$M\ddot{x}_G = X, \quad M\ddot{y}_G = Y \tag{8.35}$$

が得られる．X, Y がわかっていれば，この運動方程式を解いて重心の運動が求まる．次に，重心の回りの運動を調べるのに(8.4)の変換を思い出すと，相対運動の図 6-1 と同様，$'$ のついた座標系は重心 G を原点とする，xy 系に対する並進座標系になっている(図 8-5)．$x'y'$ 系で見たとき G は固定されているから，この系での剛体の運動は G を通り xy 面と垂直な固定軸(G 軸)の回りの回転として記述される．よって，8-2 節と同様，(8.19)に対応して

$$I_G\dot{\omega} = N_z' \tag{8.36}$$

が成り立つ．ここで，I_G は G 軸の回りにもつ剛体の慣性モーメント，N_z' は

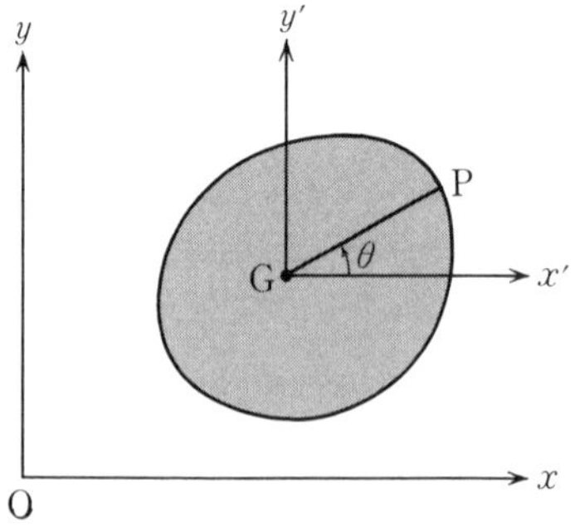

図 8-5　重心の回りの運動

重心に関する力のモーメントの z 成分である．あるいは，図 8-5 のように剛体に固定された線分 GP が x' 軸となす角を θ とすれば，$\omega=\dot{\theta}$ が成り立つので，(8.36) は

$$I_{G}\ddot{\theta} = N_{z}' \tag{8.37}$$

とも書ける．(8.35), (8.37) が剛体の平面運動を決める運動方程式である．例えば，剛体振り子をこのような立場から扱うことができる(演習問題 2)．

例題 8-6 半径 a，質量 M の一様な球が，水平面と角 α をなす粗い斜面上をすべらずにころがり落ちるものとする．球の中心の加速度を求めよ．また，同じ結果が解析力学の方程式からも導かれることを示せ．

［解］ 斜面に沿って下向きに x 軸，これと垂直に y 軸をとる(図 8-6)．球に働く力は，斜面からの垂直抗力 N，摩擦力 F，重力 Mg である．重心の x 座標に対する運動方程式は

$$M\ddot{x}_{G} = Mg\sin\alpha - F \tag{8.38}$$

となる．また，Mg, N は重心の回りでモーメントをもたないので，重心の回りの回転に対する方程式は

$$I_{G}\ddot{\theta} = aF \tag{8.39}$$

と書ける．(8.38), (8.39) から F を消去すると

$$Ma\ddot{x}_{G}+I_{G}\ddot{\theta} = Mga\sin\alpha \tag{8.40}$$

が得られる．一方，球はすべらないとしたから，回転角 θ が 0 のとき $x_{G}=0$ になるよう座標軸を選んだとすれば

$$x_{G} = a\theta \tag{8.41}$$

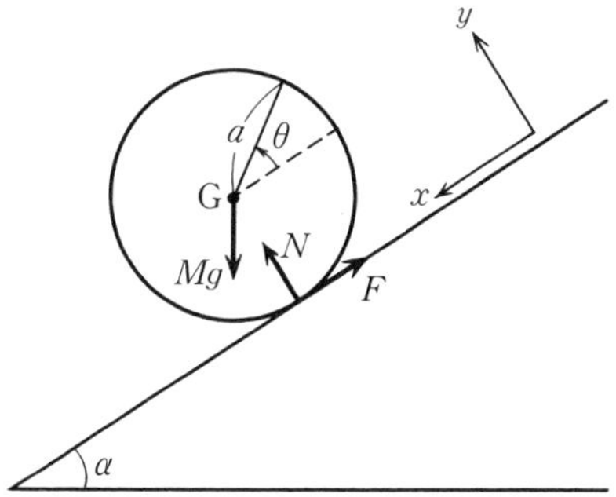

図 8-6 斜面上をころがる球

が成り立つ．(8.40), (8.41)から

$$(Ma^2+I_G)\ddot{x}_G = Mga^2\sin\alpha \tag{8.42}$$

が求まる．いまの場合，(8.34)により $I_G=2Ma^2/5$ であるから

$$\ddot{x}_G = \frac{5}{7}g\sin\alpha \tag{8.43}$$

が導かれる．

球がすべらなければ摩擦力は仕事をせず，したがって解析力学の運動方程式が適用できる．$x_G=0$ を重力の位置エネルギーの基準にとれば，重力の位置エネルギー U は $U=-Mgx_G\sin\alpha$ で与えられる．また，球の運動エネルギー K は $(1/2)M\dot{x}_G{}^2+(1/2)I_G\dot{\theta}^2$ と書ける．ここで x_G を一般座標にとれば，(8.41)により $\dot{\theta}=\dot{x}_G/a$ が成立する．したがって，ラグランジアン L は

$$L = \frac{1}{2}\left(M+\frac{I_G}{a^2}\right)\dot{x}_G{}^2+Mgx_G\sin\alpha \tag{8.44}$$

と表わされる．(8.44)を使うとラグランジュの運動方程式は

$$\left(M+\frac{I_G}{a^2}\right)\ddot{x}_G = Mg\sin\alpha$$

と書け，(8.42)と同じ結果が導かれる． ■

8-5 固定点をもつ剛体

剛体の1点Oが空間に固定され，剛体がその回りで運動するときを考える．このような点を**固定点**(fixed point)という．剛体の運動は，8-1節で示したように，一般に重心の運動と重心の回りの運動とにわけられるから，後者の運動を扱うときには重心を固定点と考えればよい．しかし，以下の議論は必ずしもこのような場合に限定せず，点Oは剛体中の任意の点であってよいとする．

空間に固定された座標系を x, y, z とし，剛体の回転を記述する角速度ベクトルを $\boldsymbol{\omega}$ とする(図8-7)．また，剛体に固定された座標系を x', y', z' とする．一般に $\boldsymbol{\omega}$ は時間の関数で，空間中でも，また剛体に対しても動くべ

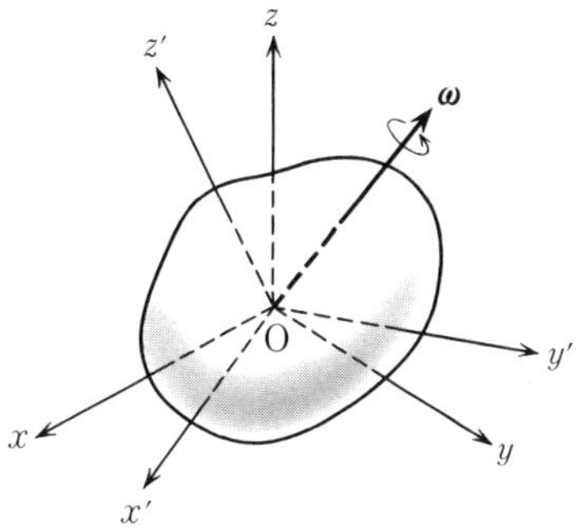

図 8-7　固定点をもつ剛体

クトルである．剛体を細かく分割したとすれば，点 O の回りにもつ剛体の全角運動量 $\boldsymbol{L}$ は

$$\boldsymbol{L} = \sum m_l(\boldsymbol{r}_l \times \dot{\boldsymbol{r}}_l)$$

と表わされる．ただし，後述の単位ベクトル $\boldsymbol{i}'$ との混乱を避けるため，ここでは記号として l を用い，いままでと同様，$\sum$ の下の l を省略する．$\boldsymbol{r}_l$ は剛体とともに回転するので，(6.26) により $\dot{\boldsymbol{r}}_l = \boldsymbol{\omega} \times \boldsymbol{r}_l$ が成り立つ．このため，$\boldsymbol{L}$ は

$$\boldsymbol{L} = \sum m_l[\boldsymbol{r}_l \times (\boldsymbol{\omega} \times \boldsymbol{r}_l)] \tag{8.45}$$

と表わされる．

慣性モーメントと慣性乗積　いま，x', y', z' 軸に沿う単位ベクトルを $\boldsymbol{i}'$, $\boldsymbol{j}', \boldsymbol{k}'$ とし，$\boldsymbol{r}_l$ を

$$\boldsymbol{r}_l = x_l'\boldsymbol{i}' + y_l'\boldsymbol{j}' + z_l'\boldsymbol{k}' \tag{8.46}$$

と書いて，(8.45) の x' 成分をとると

$$\begin{aligned} L_{x'} &= \sum m_l[y_l'(\boldsymbol{\omega} \times \boldsymbol{r}_l)_{z'} - z_l'(\boldsymbol{\omega} \times \boldsymbol{r}_l)_{y'}] \\ &= \sum m_l[y_l'(\omega_{x'}y_l' - \omega_{y'}x_l') - z_l'(\omega_{z'}x_l' - \omega_{x'}z_l')] \\ &= \sum m_l(y_l'^2 + z_l'^2)\omega_{x'} - \sum m_l x_l' y_l' \omega_{y'} - \sum m_l x_l' z_l' \omega_{z'} \end{aligned}$$

が得られる．y', z' 成分も同様で結果を行列の形で表わすと

$$\begin{pmatrix} L_{x'} \\ L_{y'} \\ L_{z'} \end{pmatrix} = \begin{pmatrix} I_{x'x'} & -I_{x'y'} & -I_{x'z'} \\ -I_{y'x'} & I_{y'y'} & -I_{y'z'} \\ -I_{z'x'} & -I_{z'y'} & I_{z'z'} \end{pmatrix} \begin{pmatrix} \omega_{x'} \\ \omega_{y'} \\ \omega_{z'} \end{pmatrix} \tag{8.47}$$

となる．ただし

$$I_{x'x'} = \sum m_l(y_l'^2 + z_l'^2)$$
$$I_{y'y'} = \sum m_l(z_l'^2 + x_l'^2) \qquad (8.48)$$
$$I_{z'z'} = \sum m_l(x_l'^2 + y_l'^2)$$

は慣性モーメントで，例えば，$I_{x'x'}$ は x' 軸の回りの慣性モーメントである．また

$$I_{x'y'} = \sum m_l x_l' y_l'$$
$$I_{y'z'} = \sum m_l y_l' z_l' \qquad (8.49)$$
$$I_{z'x'} = \sum m_l z_l' x_l'$$

であり，これらの量を**慣性乗積**(product of inertia)という．慣性乗積に対しては，例えば $I_{x'y'} = I_{y'x'}$ といった対称性が成り立つ．(8.47)中の3行3列の行列を I と書き，I を**慣性テンソル**(tensor of inertia)という．

主慣性モーメントと慣性主軸　これまで x', y', z' 軸は任意であるとしてきたが，これらを適当に選び，(8.47)の簡単化を試みよう．このため，慣性テンソル I を

$$I = I_0 E - I' \qquad (8.50)$$

と表わす．ただし I_0 は

$$I_0 = \sum m_l(x_l'^2 + y_l'^2 + z_l'^2) \qquad (8.51)$$

で与えられ，E は3行3列の単位行列，また I' は次式で定義される．

$$I' = \begin{pmatrix} \sum m_l x_l'^2 & \sum m_l x_l' y_l' & \sum m_l x_l' z_l' \\ \sum m_l y_l' x_l' & \sum m_l y_l'^2 & \sum m_l y_l' z_l' \\ \sum m_l z_l' x_l' & \sum m_l z_l' y_l' & \sum m_l z_l'^2 \end{pmatrix} \qquad (8.52)$$

x', y', z' 軸の代わりに x'', y'', z'' 軸を選んだとすれば，上の議論で $'$ を $''$ で置き換えればよい．このような座標変換に対し $x_l'^2 + y_l'^2 + z_l'^2$ は変わらないから，(8.50)の右辺第1項は不変である．一方，x'', y'', z'' の座標系で考えると，I' に相当する量は(8.52)中の $'$ を $''$ で置き換えた I'' で与えられる．I'' と I' との関係を調べるため，5-4節と同様

$$|\boldsymbol{r}_l'\rangle = \begin{pmatrix} x_l' \\ y_l' \\ z_l' \end{pmatrix}, \qquad \langle \boldsymbol{r}_l'| = (x_l', y_l', z_l') \qquad (8.53)$$

という列ベクトル，行ベクトルを導入し，同じようにして $'$ を $''$ で置き換えた $|\boldsymbol{r}_l''\rangle, \langle\boldsymbol{r}_l''|$ を考える．x', y', z' から x'', y'', z'' への座標変換は，このようなベクトルに対して

$$|\boldsymbol{r}_l''\rangle = T|\boldsymbol{r}_l'\rangle, \quad \langle\boldsymbol{r}_l''| = \langle\boldsymbol{r}_l'|T^{-1} \tag{8.54}$$

の関係が成り立つことを意味する．ただし，T は座標変換に対応する 3 行 3 列の行列で，第 6 章の例題 6-5 と同様に考えると，T は直交行列であることがわかる．

ところで，行列の掛け算を実行すればわかるように，(8.52) の I' は

$$I' = \sum m_l|\boldsymbol{r}_l'\rangle\langle\boldsymbol{r}_l'| \tag{8.55}$$

と表わされる．同様に，I'' は

$$I'' = \sum m_l|\boldsymbol{r}_l''\rangle\langle\boldsymbol{r}_l''| \tag{8.56}$$

と書ける．(8.54) を使い，T, T^{-1} は l と無関係である点に注意すると

$$I'' = TI'T^{-1} \tag{8.57}$$

が導かれる．(8.52) からわかるように，I' は対称な行列である．数学の定理によると，このような行列は (8.57) の変換によって対角行列にすることができる．(8.50) 右辺の第 1 項はもともと対角行列であるから，以上の議論により，適当な座標軸をとると，慣性テンソル I は

$$I = \begin{pmatrix} I_1 & 0 & 0 \\ 0 & I_2 & 0 \\ 0 & 0 & I_3 \end{pmatrix} \tag{8.58}$$

という形になることがわかった．この場合の I_1, I_2, I_3 を**主慣性モーメント** (principal moment of inertia)，座標軸の方向を**慣性主軸** (principal axis of inertia) という．以後，簡単のため，慣性主軸を 1, 2, 3 と表わし，これらは x, y, z に対応するものとする．慣性主軸に関する成分をとると，(8.47) は

$$L_1 = I_1\omega_1, \quad L_2 = I_2\omega_2, \quad L_3 = I_3\omega_3 \tag{8.59}$$

と表わされる．

オイラーの運動方程式　剛体に対する運動方程式を導くため，剛体に固定された座標軸は慣性主軸であるとし，$\dot{\boldsymbol{L}} = \boldsymbol{N}$ の関係を考察する．慣性主軸に沿う単位ベクトルを前と同様 $\boldsymbol{i}', \boldsymbol{j}', \boldsymbol{k}'$ とし，$\boldsymbol{L}$ を

$$\boldsymbol{L} = L_1\boldsymbol{i}' + L_2\boldsymbol{j}' + L_3\boldsymbol{k}' \tag{8.60}$$

と書く．上式の時間微分をとると

$$\dot{\boldsymbol{L}} = \dot{L}_1\boldsymbol{i}' + \dot{L}_2\boldsymbol{j}' + \dot{L}_3\boldsymbol{k}' + L_1\dot{\boldsymbol{i}}' + L_2\dot{\boldsymbol{j}}' + L_3\dot{\boldsymbol{k}}' \tag{8.61}$$

となる．I_1, I_2, I_3 が時間に依存しない点に注意して(8.59)の時間微分を上式に代入し，$\dot{\boldsymbol{i}}' = \boldsymbol{\omega}\times\boldsymbol{i}'$ などの関係を利用すると，(8.61)から

$$\dot{\boldsymbol{L}} = I_1\dot{\omega}_1\boldsymbol{i}' + I_2\dot{\omega}_2\boldsymbol{j}' + I_3\dot{\omega}_3\boldsymbol{k}' + (\boldsymbol{\omega}\times\boldsymbol{L}) \tag{8.62}$$

が得られる．(8.62)の軸1方向の成分をとると，左辺は N_1 に等しくなる．また，$(\boldsymbol{\omega}\times\boldsymbol{L})$ の軸1方向の成分は

$$(\boldsymbol{\omega}\times\boldsymbol{L})_1 = \omega_2 L_3 - \omega_3 L_2 = (I_3 - I_2)\omega_2\omega_3$$

と計算される．同様な方法で軸2,3方向の成分をとると，結局

$$I_1\dot{\omega}_1 - (I_2 - I_3)\omega_2\omega_3 = N_1 \tag{8.63a}$$

$$I_2\dot{\omega}_2 - (I_3 - I_1)\omega_3\omega_1 = N_2 \tag{8.63b}$$

$$I_3\dot{\omega}_3 - (I_1 - I_2)\omega_1\omega_2 = N_3 \tag{8.63c}$$

が得られる．これを**オイラーの運動方程式**(Euler's equations of motion)という．N_1, N_2, N_3 がわかっているとき，この方程式を解き，原理的には $\boldsymbol{\omega}$ の時間依存性が決められる．

対称こまの自由回転　剛体がある軸の回りで軸対称性をもつとき，この剛体を**対称こま**(symmetric top)，またその軸を**対称軸**(axis of symmetry)という．対称軸を軸3に選び，この軸上の点Oを通って軸3と垂直な平面で任意の直交軸1,2をとると，以下に示すように，これらの軸1,2,3は慣性主軸である．軸1,2,3が x', y', z' に対応するとして，(8.49)の例えば慣性乗積 $I_{x'y'} = \sum m_l x_l' y_l'$ を考えると，x_l', y_l' に対して必ず $x_l', -y_l'$ が存在し，両者の寄与が相殺して $I_{x'y'} = 0$ となる．同様に，慣性乗積はすべて0であることがわかり，(8.47)の慣性テンソルは対角行列となる．また，軸1方向と軸2方向とは等価であるから，$I_1 = I_2$ が成り立つ．

剛体に力のモーメントが働かないと(8.63)で $N_1 = N_2 = N_3 = 0$ とおける．この場合，(8.63c)から $\dot{\omega}_3 = 0$ が導かれる．したがって $\omega_3 =$ 一定 $= \omega_0$ であることがわかる．また，(8.63a), (8.63b)は，I_2 を I_1 とおき

$$\dot{\omega}_1 - \lambda\omega_2 = 0, \qquad \dot{\omega}_2 + \lambda\omega_1 = 0 \tag{8.64}$$

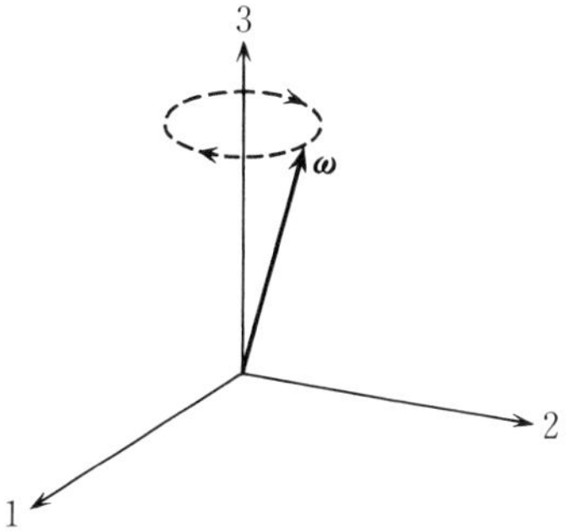

図 8-8　ω の運動
($\lambda>0$ の場合)

と表わされる．ただし，定数 λ は

$$\lambda=\frac{I_1-I_3}{I_1}\omega_0 \tag{8.65}$$

で定義される．(8.64)の解は，a, α を任意定数として

$$\omega_1=a\cos(\lambda t+\alpha), \qquad \omega_2=-a\sin(\lambda t+\alpha) \tag{8.66}$$

で与えられる(演習問題3)．したがって，角速度ベクトル $\boldsymbol{\omega}$ は，図 8-8 に示すように，剛体に固定された軸 3 と一定の角度を保ちながら，その回りを角速度 $|\lambda|$ で等速円運動を行なう．なお，$\lambda>0$ なら軸 1, 2 でつくる平面に投影したとき，この円運動は負の向きに起こるが，$\lambda<0$ なら正の向きとなる．

地球には太陽や月からの万有引力が働くが，これらを一様な球とみなせば，第 2 章で学んだように，万有引力は地球の中心に働くと考えてよい．このため中心に関する力のモーメントは 0 となり，上述の議論が適用できる．中心からみたとき，地球は南北方向より赤道方向に膨らんでいるため，南北の方向を軸 3 にとると $I_3>I_1$ で，(8.65)の λ は負となる．また，$(I_1-I_3)/I_1 \simeq -1/300$ と評価される．前述の $\boldsymbol{\omega}$ の円運動の周期は $2\pi/|\lambda|$ で，$2\pi/\omega_0=1$ 日 であるから，(8.65)により，この周期はだいたい 300 日程度と予想される．実際に観測される周期は約 440 日で，理論値との不一致は，地球が完全な剛体ではないためと考えられている．

剛体の運動エネルギー　ここで剛体の運動エネルギーについて考えよう．l 番目の微小部分がもつ運動エネルギーは $(m_l/2)\dot{\boldsymbol{r}}_l^2$ と書け，$\dot{\boldsymbol{r}}_l=\boldsymbol{\omega}\times\boldsymbol{r}_l$ が成り立つから，剛体全体の運動エネルギー K は

$$K = \frac{1}{2}\sum_l m_l(\boldsymbol{\omega}\times\boldsymbol{r}_l)^2$$
$$= \frac{1}{2}\sum_l m_l[(\omega_{y'}z_l' - \omega_{z'}y_l')^2 + (\omega_{z'}x_l' - \omega_{x'}z_l')^2 + (\omega_{x'}y_l' - \omega_{y'}x_l')^2]$$

と表わされる．各項の 2 乗を計算し(8. 48), (8. 49)を利用すると

$$K = \frac{1}{2}[I_{x'x'}\omega_{x'}{}^2 + I_{y'y'}\omega_{y'}{}^2 + I_{z'z'}\omega_{z'}{}^2 - 2I_{x'y'}\omega_{x'}\omega_{y'} - 2I_{y'z'}\omega_{y'}\omega_{z'} - 2I_{z'x'}\omega_{z'}\omega_{x'}] \tag{8. 67}$$

が得られる．とくに，x', y', z' 軸が慣性主軸の場合，K は次のように書ける．

$$K = \frac{1}{2}(I_1\omega_1{}^2 + I_2\omega_2{}^2 + I_3\omega_3{}^2) \tag{8. 68}$$

8-6 重力場中の対称こま

こまの運動は，力学の各種の課題の中でとくに興味のある問題である．以下，対称こまを考え，図 8-9 のようにこまの先端 O が固定点であるとし，点 O とこまの重心 G との間の距離を l とする．また，点 O を原点とする座標系を導入し，水平面内に x, y 軸，鉛直上向きに z 軸をとる．さらに，こまの対称軸を慣性主軸 3 に選ぶ．こまに働く力は重力と点 O における抗力であるが，点 O は固定されているとするので抗力は仕事をしない．このた

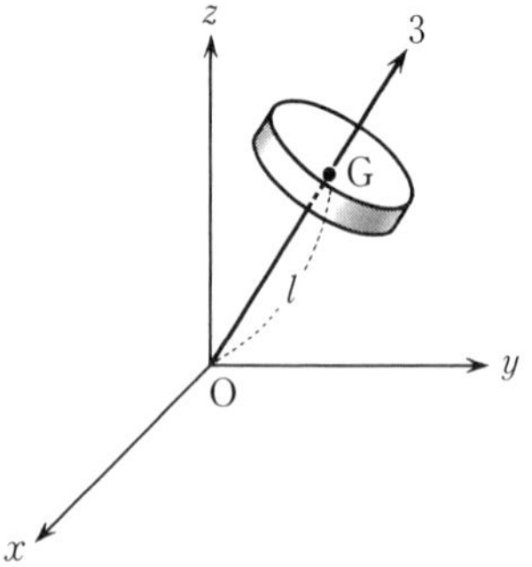

図 8-9　重力場中の対称こま

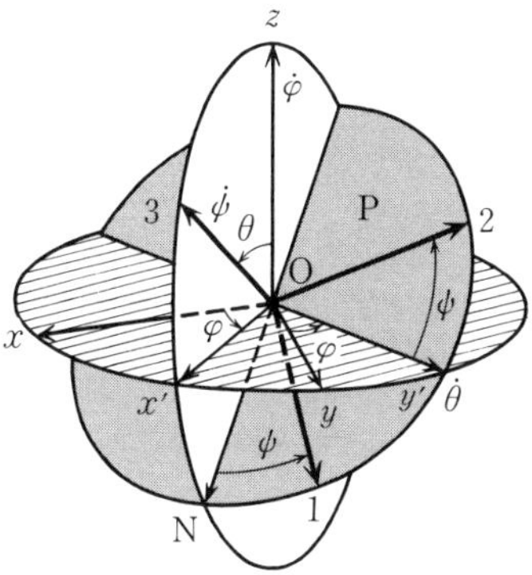

図 8-10 オイラー角

め，摩擦が働かないとすれば，解析力学の運動方程式が適用できる．

オイラー角 こまの位置を決めるには，軸 3 の方向とこの軸の回りの回転角を指定する必要がある．

まず，図 8-10 に示すように，極座標の天頂角 θ，方位角 φ で軸 3 の方向を決める．そのさい，軸 3 と z 軸を含む平面と xy 面との交線を x' 軸とおく．次に，点 O を通り軸 3 と垂直な平面 P(図の灰色の部分)を導入し，P と xy 面との交線を y' 軸とおく．y' 軸は z 軸，軸 3 の両方に垂直であるから $x'z$ 面と垂直で，このため y' 軸は x' 軸と垂直になる．したがって，y' 軸と y 軸とのなす角は φ に等しい．剛体に固定された慣性主軸 1, 2 は P 内にあるが，これらの軸を決定するため，$x'z$ 面と P との交線を図のように ON とし，軸 1 と ON とのなす角を ψ と定義する．この ψ が軸 3 の回りの回転角を記述する．

以上の 3 つの角 θ, φ, ψ を**オイラー角**(Eulerian angles)という．オイラー角によってこまの位置が一義的に決まり，よって θ, φ, ψ を一般座標と考えてよい．

先に進む前に，軸 2 の位置について注意しておこう．y' 軸は ON と垂直であるから，P 内で ON 軸，y' 軸を ψ だけ回転すると軸 1, 2 と一致する．その結果，y' 軸と軸 2 とのなす角は ψ に等しいことがわかる．

角速度ベクトル これからの課題は(8. 68)を用いて K を計算することだが，そのためには $\omega_1, \omega_2, \omega_3$ を求める必要がある．そこで，まず，オイラー角がどのような角速度ベクトルをもたらすかを考察しよう．例えば φ が微小角 $d\varphi$ だけ増加したとすれば，これは z 軸の回りの微小回転となる．したがって，z 軸に沿い $\dot{\varphi}$ の角速度ベクトルが生じる．同様に，y' 軸，軸 3 に沿ってそれぞれ $\dot{\theta}, \dot{\psi}$ の角速度ベクトルが生じる．このような考察の結果，各軸の方向に図 8-10 に示したような角速度ベクトルの存在することがわかる．

6-3 節で述べたように，角速度ベクトルは通常のベクトルと同じように合成，分解ができる．そこで，もっとも簡単な場合として ω_3 に注目しよう．$\dot{\theta}$ は軸 3 と垂直であるから，これは ω_3 に寄与しない．また，$\dot{\varphi}$ の軸 3 方向の成分は $\dot{\varphi}\cos\theta$ である．これと，もともと軸 3 の方向にある $\dot{\psi}$ を合成し，ω_3 は下記のように表わされる．

$$\omega_3 = \dot{\psi} + \dot{\varphi}\cos\theta \tag{8.69}$$

次に，ω_1, ω_2 を考える．$\dot{\psi}$ は P に垂直であるから，ω_1, ω_2 の両方に寄与しない．$\dot{\theta}$ は ω_1 に $\dot{\theta}\sin\psi$，ω_2 に $\dot{\theta}\cos\psi$ だけの寄与をもたらす．また，$\dot{\varphi}$ を扱うため，これを軸 3 方向の成分と ON 方向の成分とに分解する．前者は P と垂直なので考慮しなくてよい．一方，後者の成分は $-\dot{\varphi}\sin\theta$ と書け，これの軸 1, 2 方向の成分はそれぞれ $-\dot{\varphi}\sin\theta\cos\psi, \dot{\varphi}\sin\theta\sin\psi$ である．これらの成分を合成すると，次の結果が導かれる．

$$\omega_1 = -\dot{\varphi}\sin\theta\cos\psi + \dot{\theta}\sin\psi \tag{8.70}$$

$$\omega_2 = \dot{\varphi}\sin\theta\sin\psi + \dot{\theta}\cos\psi \tag{8.71}$$

運動方程式 対称こまでは $I_1 = I_2$ が成り立つから，(8.68) は

$$K = \frac{I_1}{2}({\omega_1}^2 + {\omega_2}^2) + \frac{I_3}{2}{\omega_3}^2 \tag{8.72}$$

と書ける．(8.70), (8.71) から ${\omega_1}^2 + {\omega_2}^2 = \dot{\varphi}^2\sin^2\theta + \dot{\theta}^2$ が導かれ，運動エネルギー K は

$$K = \frac{I_1}{2}(\dot{\varphi}^2\sin^2\theta + \dot{\theta}^2) + \frac{I_3}{2}(\dot{\psi} + \dot{\varphi}\cos\theta)^2 \tag{8.73}$$

と表わされる．一方，水平面を基準にとれば，重力の位置エネルギー U は

$$U = Mgl\cos\theta \tag{8.74}$$

で与えられる．その結果，ラグランジアンは次式のようになる．

$$L = \frac{I_1}{2}(\dot{\varphi}^2 \sin^2\theta + \dot{\theta}^2) + \frac{I_3}{2}(\dot{\psi} + \dot{\varphi}\cos\theta)^2 - Mgl\cos\theta \tag{8.75}$$

上の L は ψ, φ を含まないから，これらは循環座標である．したがって

$$\frac{\partial L}{\partial \dot{\psi}} = I_3(\dot{\psi} + \dot{\varphi}\cos\theta) = 一定 \tag{8.76}$$

$$\frac{\partial L}{\partial \dot{\varphi}} = I_1\dot{\varphi}\sin^2\theta + I_3(\dot{\psi} + \dot{\varphi}\cos\theta)\cos\theta = 一定 \tag{8.77}$$

の関係が成り立つ．(8.69) に注意すれば，(8.76) から

$$\omega_3 = \dot{\psi} + \dot{\varphi}\cos\theta = 一定 \tag{8.78}$$

であることがわかる．(8.78) はオイラーの運動方程式からも導かれる (例題 8-7)．また，(8.77) は

$$I_1\dot{\varphi}\sin^2\theta + I_3\omega_3\cos\theta = L_z = 一定 \tag{8.79}$$

となるが，これは角運動量の z 成分が運動の定数であることに対応している (演習問題 4)．

θ に対する運動方程式は

$$I_1\ddot{\theta} = I_1\dot{\varphi}^2\sin\theta\cos\theta - I_3(\dot{\psi} + \dot{\varphi}\cos\theta)\dot{\varphi}\sin\theta + Mgl\sin\theta$$

と表わされる．あるいは，(8.78) を用いると

$$I_1\ddot{\theta} = I_1\dot{\varphi}^2\sin\theta\cos\theta - I_3\omega_3\dot{\varphi}\sin\theta + Mgl\sin\theta \tag{8.80}$$

が得られる．(8.80) の 1 つの解として $\theta=0$ がある．この場合には，図 8-10 からわかるように，平面 P は xy 面と一致し，x 軸からみた軸 1 の回転角は $\varphi+\psi$ となる．一方，$\theta=0$ とおくと (8.78) は $\omega_3=\dot{\psi}+\dot{\varphi}$ と書ける．すなわち，いまの場合，こまは直立したまま，対称軸の回りで一定の角速度をもって回転を続ける．この状態のこまを**眠りごま** (sleeping top) という．

例題 8-7 重力場中の対称こまにオイラーの運動方程式を適用し，ω_3 が一定であることを示せ．

［解］ 図 8-9 で考えると，点 O に関する重力のモーメントは水平面と平行になり ($N_z=0$)，また対称軸 3 と直交する．すなわち，$N_3=0$ が成り立つ．このためオイラーの運動方程式 (8.63c) から $\dot{\omega}_3=0$ が得られ，ω_3 は一定

となる． ▨

歳差運動 (8.80)の運動方程式を一般的に解くのは難しいので，運動の様子を調べるため，力学的エネルギー保存則を利用する．$K+U=E=$一定の関係は，(8.73)，(8.74)により

$$E=\frac{I_1}{2}(\dot{\theta}^2+\dot{\varphi}^2\sin^2\theta)+\frac{I_3}{2}(\dot{\psi}+\dot{\varphi}\cos\theta)^2+Mgl\cos\theta \tag{8.81}$$

と表わされる．あるいは，(8.78)を利用し，また(8.79)から導かれる $\dot{\varphi}=(L_z-I_3\omega_3\cos\theta)/I_1\sin^2\theta$ を使うと(8.81)は

$$E=\frac{I_1}{2}\dot{\theta}^2+V(\theta) \tag{8.82}$$

と書ける．ただし，$V(\theta)$ は

$$V(\theta)=\frac{I_3}{2}\omega_3{}^2+Mgl\cos\theta+\frac{(L_z-I_3\omega_3\cos\theta)^2}{2I_1\sin^2\theta} \tag{8.83}$$

と定義される．これまでしばしば用いてきたように，運動は $E\geqq V(\theta)$ を満たす領域で起こる．$V(\theta)$ は $\theta\to 0$, $\theta\to\pi$ の極限で ∞ となり，$0<\theta<\pi$ の範囲内のある1カ所 θ_0 で極小となる(例題8-8参照)．したがって，$V(\theta)$ を θ の関数として図示すると，その概略は図8-11のように表わされる．

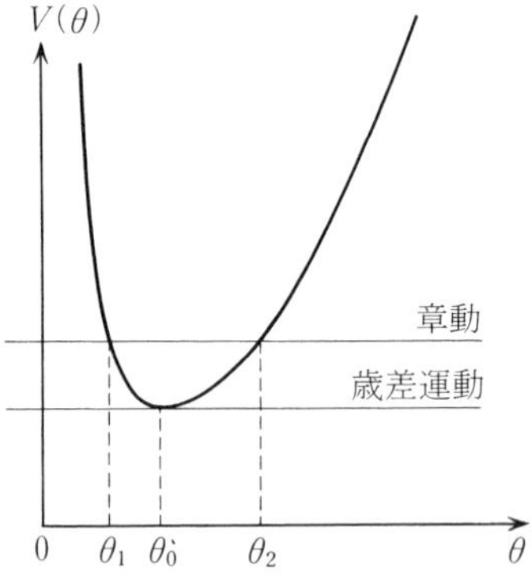

図8-11 $V(\theta)$ の θ 依存性

力学的エネルギー E がちょうど $V(\theta_0)$ に等しいと，θ の値は θ_0 に保たれる．この運動では $\ddot{\theta}=0$ となるから，(8.80)により $\dot{\varphi}$ は一定となり，この値を Ω とおけば

$$I_1\Omega^2\cos\theta_0 - I_3\omega_3\Omega + Mgl = 0 \tag{8.84}$$

が成り立つ．すなわち，いまの場合，こまの対称軸は z 軸と一定の角度を保ちながら，z 軸の回りで等角速度 Ω をもって回転する．このような運動を**歳差運動**(precession)という．とくに，こまが対称軸の回りで高速回転するときには，ω_3 が十分大きいと考えられるので，(8.84)の左辺第1項は第2項に比べ無視できる．その結果，次の関係が得られる．

$$\Omega \simeq \frac{Mgl}{I_3\omega_3} \tag{8.85}$$

(8.85)は物理的に以下のように理解される．こまが対称軸の回りで高速回転するとき，眠りごまのときと同様，こまの角運動量 $\boldsymbol{L}$ は対称軸に沿い，その大きさ $|\boldsymbol{L}|$ は $I_3\omega_3$ であると考えられる．運動方程式 $\dot{\boldsymbol{L}}=\boldsymbol{N}$ において，例題8-7で述べたように $N_z=0$ が成り立ち，したがって $L_z=$一定 となる．一方，$|\boldsymbol{L}|$ も一定であるから，z 軸と $\boldsymbol{L}$ とのなす角 θ も一定に保たれる(図8-12)．また $\boldsymbol{N}$ は z 軸と $\boldsymbol{L}$ の作る面と垂直な向きをもち，その大きさは $Mgl\sin\theta$ で与えられる．微小時間 dt 中の変化を考えると $d\boldsymbol{L}=\boldsymbol{N}dt$ であるが，図8-12のように $\angle\mathrm{PO'Q}$ を $d\varphi$ とすれば

$$|d\boldsymbol{L}| = \overline{\mathrm{O'P}}\,d\varphi = |\boldsymbol{L}|\sin\theta d\varphi = Mgl\sin\theta dt$$

となり，$\Omega=d\varphi/dt$ に注意すれば，(8.85)が導かれる．

例題 8-8 (8.83)の $V(\theta)$ は $0<\theta<\pi$ の範囲内のある1カ所 θ_0 で極小となることを示せ．また，この θ_0 が(8.84)を満たすことを確かめよ．

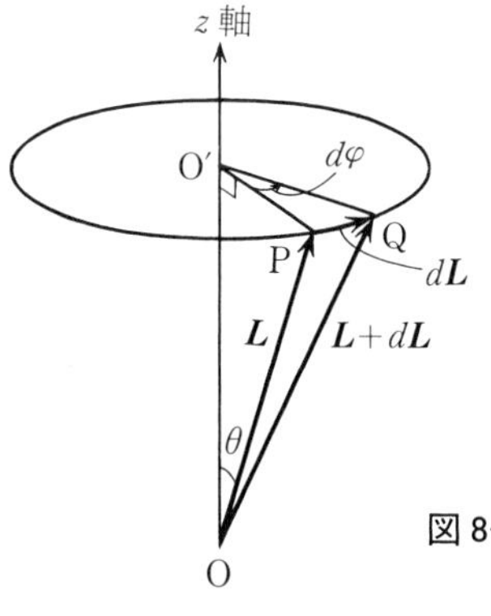

図 8-12 こまの歳差運動

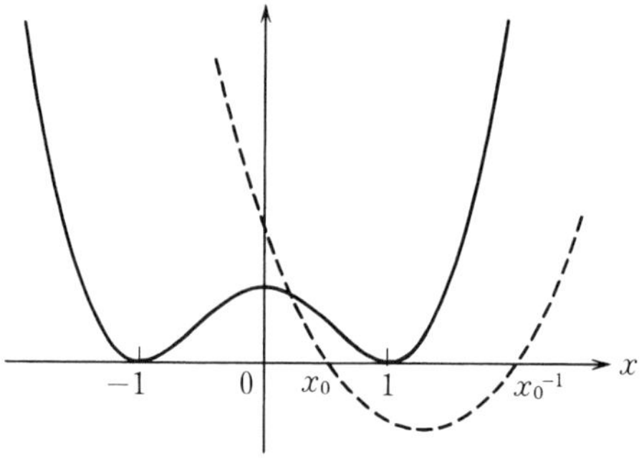

図 8-13

［解］ $V(\theta)$ を θ で微分すると

$$V'(\theta) = -Mgl\sin\theta + \frac{(L_z - I_3\omega_3\cos\theta)(I_3\omega_3 - L_z\cos\theta)}{I_1\sin^3\theta} \tag{8.86}$$

となる．$V'(\theta)=0$ の条件は，$x=\cos\theta$ とおくと

$$Mgl\,I_1(1-x^2)^2 = L_zI_3\omega_3(x-x_0)(x-x_0^{-1}) \tag{8.87}$$

で与えられる．ただし，x_0 は $x_0=L_z/I_3\omega_3$ で定義される．(8.87)の左辺は x の 4 次式で，図 8-13 の実線のように表わされる．一方，右辺は x_0, x_0^{-1} を通る放物線で図の破線のようになり，両者の曲線は $-1<x<1$ の領域内の 1 カ所で交わる．この交点が θ_0 に相当する．

一方，(8.86)の $V'(\theta_0)=0$ の関係に，(8.79)から導かれる

$$\Omega = \frac{L_z - I_3\omega_3\cos\theta_0}{I_1\sin^2\theta_0} \tag{8.88}$$

および上式から得られる

$$I_3\omega_3 - L_z\cos\theta_0 = \sin^2\theta_0(I_3\omega_3 - I_1\Omega\cos\theta_0) \tag{8.89}$$

を代入すれば，(8.84)が導かれる．なお，図 8-9 のようなこまの場合，物理的に $0<\theta<\pi/2$ すなわち $0<x<1$ が要求される．このためには，$x=0$ で (8.87)の左辺より右辺が大きいことが必要である．すなわち

$$Mgl\,I_1 < L_zI_3\omega_3 \tag{8.90}$$

でなければならない． ■

章動 図 8-11 で力学的エネルギー E が $V(\theta_0)$ より大きいと，$E=V(\theta)$ の解は図のような θ_1, θ_2 で与えられ，θ の運動範囲は $\theta_1 \leqq \theta \leqq \theta_2$ と表わされ

る．このように，θ が変化するような運動を**章動**(nutation)という．以下，θ の変動が θ_0 の近傍で起こると仮定し，章動の問題を考えよう．

このため，$\theta=\theta_0+\theta'$ とおき，$V(\theta)$ を θ_0 の回りで展開する．$V'(\theta_0)=0$ に注意すると，$V(\theta)$ は

$$V(\theta) = V(\theta_0)+\frac{1}{2}V''(\theta_0)\theta'^2 \tag{8.91}$$

と表わされる．ただし，展開の高次の項は省略した．(8.86)をもう1回 θ で微分すると

$$V''(\theta) = -Mgl\cos\theta-\frac{3(L_z-I_3\omega_3\cos\theta)(I_3\omega_3-L_z\cos\theta)\cos\theta}{I_1\sin^4\theta}$$
$$+\frac{I_3\omega_3(I_3\omega_3-L_z\cos\theta)+L_z(L_z-I_3\omega_3\cos\theta)}{I_1\sin^2\theta}$$

が得られる．上式で $\theta=\theta_0$ とおき，$V'(\theta_0)=0$ の条件を利用すると，右辺第2項は簡単になり，次式が導かれる．

$$V''(\theta_0) = -4Mgl\cos\theta_0 +\frac{I_3\omega_3(I_3\omega_3-L_z\cos\theta_0)+L_z(L_z-I_3\omega_3\cos\theta_0)}{I_1\sin^2\theta_0}$$

この方程式に(8.88), (8.89)を代入し，さらに(8.79)を適用すると

$$V''(\theta_0) = -4Mgl\cos\theta_0+I_1\Omega^2\sin^2\theta_0+\frac{I_3{}^2\omega_3{}^2}{I_1} \tag{8.92}$$

となり，結果はいちじるしく簡単化される．さらに，(8.84)から

$$(I_3\omega_3)^2-4I_1Mgl\cos\theta_0 = \left(I_1\Omega\cos\theta_0-\frac{Mgl}{\Omega}\right)^2$$

の関係が成り立つことに注意すると，(8.92)は

$$V''(\theta_0) = I_1\Omega^2\sin^2\theta_0+\frac{1}{I_1}\left(I_1\Omega\cos\theta_0-\frac{Mgl}{\Omega}\right)^2 \tag{8.93}$$

と書ける．これから明らかなように，$V''(\theta_0)$ は正の量である．

さて，θ_0 近傍で力学的エネルギー保存則(8.82)は

$$E = \frac{1}{2}I_1\dot{\theta}'^2 + V(\theta_0) + \frac{1}{2}V''(\theta_0)\theta'^2 \tag{8.94}$$

と表わされる．これを時間で微分すると

$$\ddot{\theta}' = -\frac{V''(\theta_0)}{I_1}\theta' \tag{8.95}$$

となり，θ' の運動は角振動数 ω [$\omega^2 = V''(\theta_0)/I_1$] の単振動で記述される．すなわち，$\theta_0$ 近傍でおこる章動の角振動数 ω は，(8.93)により

$$\omega^2 = \Omega^2 \sin^2\theta_0 + \left(\Omega\cos\theta_0 - \frac{Mgl}{I_1\Omega}\right)^2 \tag{8.96}$$

で与えられる．とくに，こまが対称軸の回りで高速回転する場合には，(8.85)により $\Omega \simeq Mgl/I_3\omega_3$ で $Mgl/I_1\Omega \simeq I_3\omega_3/I_1$ となる．また，この場合 $I_3\omega_3 \gg I_1\Omega$ が成り立つので，(8.96)の(　)内の第2項が他の項と比べ圧倒的に大きくなり，ω は次のように表わされる．

$$\omega \simeq \frac{I_3\omega_3}{I_1} \tag{8.97}$$

第8章　演習問題

1. 半径 a，質量 M の一様な円筒の中心軸に関する慣性モーメントを求めよ．

2. 剛体の平面運動に対する(8.35)，(8.37)の運動方程式を利用して，剛体振り子の微小振動を考えよ．

3. $\dot{\omega}_1 - \lambda\omega_2 = 0$，$\dot{\omega}_2 + \lambda\omega_1 = 0$ の方程式を解き，ω_1, ω_2 を求めよ．

4. 対称こまの角運動量の z 成分 L_z は，オイラー角を用いると

$$L_z = I_1\dot{\varphi}\sin^2\theta + I_3\omega_3\cos\theta$$

と表わされることを示せ．

5. 眠りごまが実現されるためには，ω_3 がある値より大きいことが必要である．$\theta \simeq 0$ における $V(\theta)$ の振舞いを考察し，この条件を求めよ．

さらに勉強するために

力学をさらに深く勉強したい人のために，いくつか参考書をあげておこう．もっとも，力学の本はおびただしい数に達していて，これらをすべて網羅しても意味がないし，読者にとってもあまり役に立たないであろう．そこで，ここでは，本書を執筆するさい参考にさせていただいた筆者の手元にある何編かの書物を紹介することにする．その前に，本書では線形代数をかなり利用したが，この方面の教科書として

古屋茂：『行列と行列式』(新数学シリーズ 5)，培風館(1957)

をあげておく．この一冊をマスターすれば，本書での線形代数は完全に理解しうるはずである．

力学または解析力学の本としては

山内恭彦：『一般力学』，岩波書店(1959)

V. D. Barger and M. G. Olsson 著，戸田盛和，田上由紀子訳：『力学——新しい視点にたって』，培風館(1975)

小出昭一郎：『力学』(物理テキストシリーズ 1)，岩波書店(1987)

平川浩正：『力学』(新物理学シリーズ 22)，培風館(1980)

戸田盛和：『力学』(物理入門コース 1)，岩波書店(1982)

小出昭一郎：『解析力学』(物理入門コース 2)，岩波書店(1983)

B. P. Cowan 著，大坪朋也，小島宏造訳：エッセンシャル力学，講談社サイエンティフィク(1986)

池田和義：『基礎力学』，共立出版(1987)

江尻有郷：『力学 15 講』，東京大学出版会(1987)

などを紹介しておこう．

力学に限らず理論物理学への入門書として

J. C. Slater and N. H. Frank : Introduction to Theoretical Physics,

McGraw-Hill(1933)(井上健訳：『理論物理学入門』(上・下)，岩波書店(1963, 64))

は名著である．本書を執筆するさい，とくに対称こまの話ではこの本から教わるところが多かった．

以上は大体，理学系に対する書物だが，工学系に対するものとして

辻幹男：『工科のための力学』，学術図書出版社(1972)

をあげておく．また，解析力学の最近の教科書として

齋藤利弥：『解析力学講義』，日本評論社(1991)

がある．この本には，本書で簡単に触れた制限3体問題が詳しく解説されている．解析力学と量子力学を結ぶ試みとして

高橋康：『量子力学を学ぶための解析力学入門』，講談社サイエンティフィク(1978)

はなかなかユニークで面白い本である．

なお，力学をマスターするには，多くの問題を解くのが1つの方法である．力学の演習書として

後藤憲一，山本邦夫，神吉健：『詳解力学演習』，共立出版(1971)

今井功，高見穎郎，高木隆司，吉澤徴：『演習力学』(セミナーライブラリ物理学2)，サイエンス社(1981)

野上茂吉郎：『力学演習』(基礎物理学選書22)，裳華房(1982)

などをおすすめする．

また，振動や波は力学と密接に関係した分野であるが，この方面の参考書として

戸田盛和：『振動論』(新物理学シリーズ3)，培風館(1968)

長岡洋介：『振動と波』，裳華房(1992)

長岡洋介編著：『基礎演習シリーズ 振動と波』，裳華房(1992)

などをあげておく．

演習問題略解

第1章

1.　指数関数 e^z の微分に対し，$de^z/dz=e^z$ の関係が成立する．これを利用すると $\dot{x}=A\alpha e^{\alpha t}$，$\ddot{x}=A\alpha^2 e^{\alpha t}$．

2.　(i)　$\dot{x} = -a\omega\sin\omega t$,　　$\dot{y} = b\omega\cos\omega t$

$$\ddot{x} = -a\omega^2\cos\omega t, \quad \ddot{y} = -b\omega^2\sin\omega t$$

(ii)　上の結果から $\boldsymbol{a}=-\omega^2\boldsymbol{r}$ が導かれる．

(iii)　図のように，質点の軌道は $x^2/a^2+y^2/b^2=1$ の楕円で表わされ，質点はこの軌道上を正の向きに運動する．

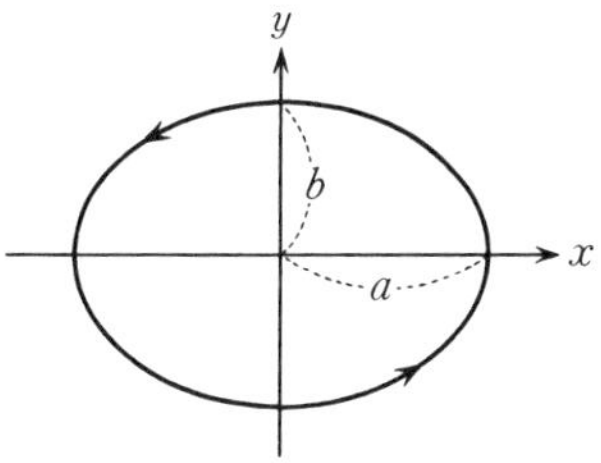

3.　(1.22a), (1.22b) から

$$v^2 = \dot{x}^2+\dot{y}^2 = \dot{r}^2+r^2\dot{\theta}^2$$

4.　(1.23) により

$$\dot{x} = \dot{r}\sin\theta\cos\varphi+r\dot{\theta}\cos\theta\cos\varphi-r\dot{\varphi}\sin\theta\sin\varphi$$
$$\dot{y} = \dot{r}\sin\theta\sin\varphi+r\dot{\theta}\cos\theta\sin\varphi+r\dot{\varphi}\sin\theta\cos\varphi$$
$$\dot{z} = \dot{r}\cos\theta-r\dot{\theta}\sin\theta$$

5.　(i)　6,　(ii)　1,　(iii)　2

第2章

1.　(i)　$\overline{\mathrm{AC}}^2$ も $\overline{\mathrm{BC}}^2$ もともに a^2+b^2 に等しい．したがって，$\boldsymbol{F}_{\mathrm{A}}$ の大きさは $GmM_{\mathrm{A}}/(a^2+b^2)$，$\boldsymbol{F}_{\mathrm{B}}$ のそれは $GmM_{\mathrm{B}}/(a^2+b^2)$ である．図のように角 θ をとると，

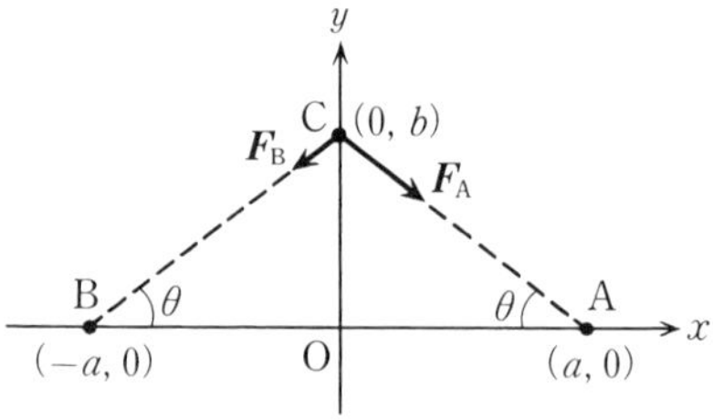

$F_{Ax}=|\boldsymbol{F}_A|\cos\theta$, $F_{Ay}=-|\boldsymbol{F}_A|\sin\theta$ と表わされる．すなわち

$$F_{Ax}=\frac{GmM_A a}{(a^2+b^2)^{3/2}}, \qquad F_{Ay}=-\frac{GmM_A b}{(a^2+b^2)^{3/2}}$$

同様に

$$F_{Bx}=-\frac{GmM_B a}{(a^2+b^2)^{3/2}}, \qquad F_{By}=-\frac{GmM_B b}{(a^2+b^2)^{3/2}}$$

（ii） $\boldsymbol{F}=\boldsymbol{F}_A+\boldsymbol{F}_B$ の x, y 成分をとって

$$F_x=\frac{Gma(M_A-M_B)}{(a^2+b^2)^{3/2}}, \qquad F_y=-\frac{Gmb(M_A+M_B)}{(a^2+b^2)^{3/2}}$$

2.　極座標で $r\sim r+dr$, $\theta\sim\theta+d\theta$, $\varphi\sim\varphi+d\varphi$ という範囲を考えると，図のような微小立体が得られる．この微小部分は各辺の長さが $dr, rd\theta, r\sin\theta d\varphi$ の直方体に近似的に等しいと考えられる．よって，$dr, d\theta, d\varphi\to 0$ の極限で，微小部分の体積 dv は $dv=r^2\sin\theta drd\theta d\varphi$.

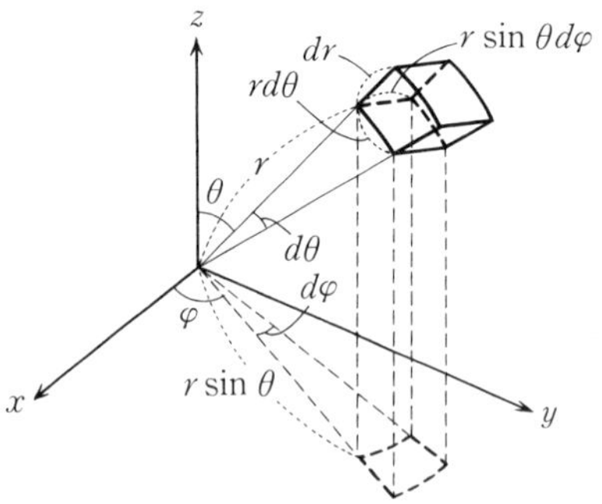

3.　一様な球 A(中心 O，半径 a，質量 M)と一様な球 B(中心 O′，半径b，質量 M')があるとし，OO′ 間の距離を R とする(図 a)．ただし，両球は重ならないとす

る(すなわち $R>a+b$ と仮定する)．球Aが球Bに及ぼす万有引力を考えると，本文中の議論により，球Aを点Oにある質量 M の質点におきかえてよい(図b)．同様な議論により，球Bを点O′にある質量 M' の質点におきかえることができ(図c)，結局，ポテンシャルは $-GMM'/R$ と表わされる．すなわち，一様な球同士に働く万有引力は，各球の全質量がそれぞれの中心に集中したと考えたときの質点間に働く万有引力に等しい．

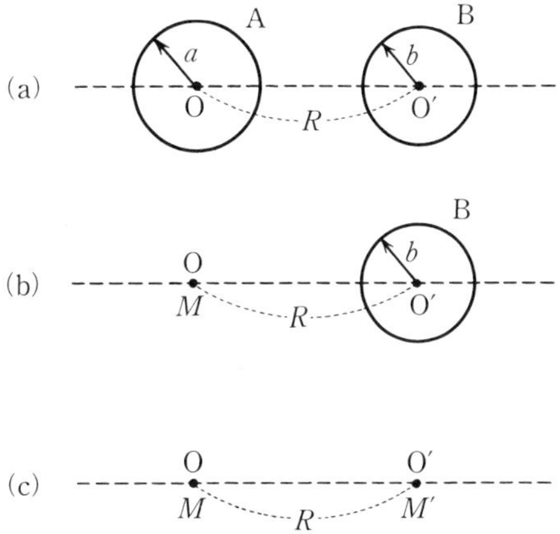

4.　(2.14)からわかるように，保存力は位置の関数として一義的に決まる．これに反し，摩擦力は位置だけでなく物体の移動の向きにも依存し，このため摩擦力は保存力ではありえない．

5.　球の中心を原点とし，鉛直上向きに z 軸，水平面内に xy 面をとる．束縛条件は $f(x,y,z)=x^2+y^2+z^2-a^2=0$，質点に働く力は $X=Y=0$，$Z=-mg$．したがって，(2.45)より $2\lambda x=0$，$2\lambda y=0$，$-mg+2\lambda z=0$．3番目の式から $\lambda \neq 0$ となり，よって平衡点は $x=y=0$ で与えられる．球の最上点 $(0,0,a)$ では，質点が平衡点から少しずれると，そのずれが増大し，このような平衡点を**不安定な平衡点**という．これに対し，球の最下点 $(0,0,-a)$ では，質点がずれても元の位置に戻ろうとする．このような平衡点を**安定な平衡点**という．

第3章

1.　(i)　(3.15)から $\sin 2\theta=1$ のとき d は最大となる．よって $2\theta=90^\circ$ で，θ は 45° となる．

（ii） (3.15)で $\sin 2\theta=1$ とおき，$d_{\rm m}=v_0{}^2/g$.

（iii） $v_0=\sqrt{gd_{\rm m}}$ で，これに数値を代入し，$v_0=31.3\ {\rm m/s}$.

2. (3.26)から

$$-m(\ddot{x}\cos\varphi+\ddot{y}\sin\varphi)=T-mg\cos\varphi$$

となり，(3.27), (3.28)のそれぞれの右式を用いると $\ddot{x}\cos\varphi+\ddot{y}\sin\varphi=-l\dot{\varphi}^2$ が得られる．また $v^2=l^2\dot{\varphi}^2$ に注意すると，与式が導かれる．

3. (3.35)の右式で $\rho=A$ とおけば，向心力の大きさは $F=mv^2/A$ であることがわかる．あるいは，(1.13)を用いると等速円運動の加速度は円の中心へ向かい，その大きさは ω^2A となる．したがって，$v=A\omega$ の関係を使えば $F=m\omega^2A=mv^2/A$ と表わされる．

4. （i） $F=0$ が釣合いの点である．したがって $x_0=F_0/k$.

（ii） $x=x_0+x'$ とおくと，運動方程式は

$$m\ddot{x}'=F_0-k(x_0+x')=-kx'$$

と書ける．よって，x' は角振動数 $\sqrt{k/m}$ の単振動を行なう．

5. 図からわかるように質点の x, y 座標は $x=l\cos\varphi$，$y=l\sin\varphi+y_0\cos\omega_0t$ と書ける．運動方程式 $m\ddot{x}=mg-T\cos\varphi$，$m\ddot{y}=-T\sin\varphi$ から $m(\ddot{x}\sin\varphi-\ddot{y}\cos\varphi)=mg\sin\varphi$ が得られる．この式に

$$\ddot{x}=-l\cos\varphi\cdot\dot{\varphi}^2-l\sin\varphi\cdot\ddot{\varphi}$$

$$\ddot{y}=-l\sin\varphi\cdot\dot{\varphi}^2+l\cos\varphi\cdot\ddot{\varphi}-\omega_0{}^2y_0\cos\omega_0t$$

を代入すると，φ に対する方程式は $-l\ddot{\varphi}+\omega_0{}^2y_0\cos\omega_0t\cos\varphi=g\sin\varphi$ と表わされる．φ が十分小さいとき成立する $\sin\varphi\simeq\varphi$，$\cos\varphi\simeq1$ という近似式を適用すると，φ に対する方程式は

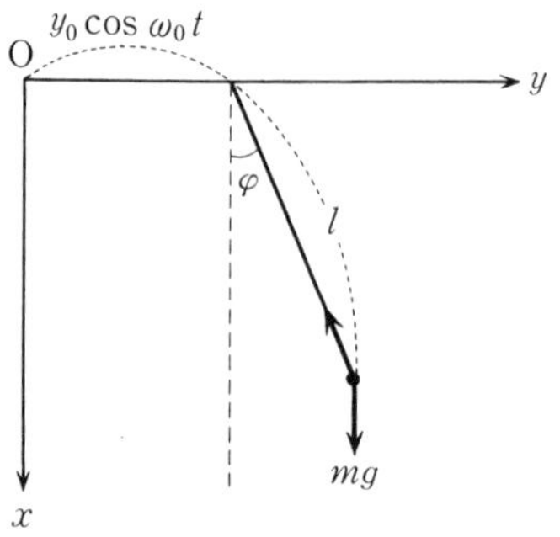

$$\ddot{\varphi}+\omega^2\varphi=F_0\cos\omega_0 t$$

$(\omega^2=g/l,\ F_0=\omega_0{}^2 y_0/l)$ となり，強制振動に対する(3.48)と同形の式が導かれる．したがって，$\omega=\omega_0$ のとき共振が起こる．

第4章

1.　衝突前のAの速度を $\boldsymbol{v}$，衝突後のA, Bの速度をそれぞれ $\boldsymbol{v}',\ \boldsymbol{V}$ とすれば，運動量保存則により $m\boldsymbol{v}=m\boldsymbol{v}'+M\boldsymbol{V}$ が成立する．この関係は図のように表わされ，$mv'\sin\theta=MV\sin\varphi$，$mv'\cos\theta+MV\cos\varphi=mv$ であることがわかる．両式から $\tan\varphi$ は

$$\tan\varphi=\frac{v'\sin\theta}{v-v'\cos\theta}$$

と計算される．また，$M\boldsymbol{V}=m(\boldsymbol{v}-\boldsymbol{v}')$ と書き，スカラー積の定義を用いると $M^2\boldsymbol{V}^2=m^2(\boldsymbol{v}-\boldsymbol{v}')^2=m^2(\boldsymbol{v}^2-2\boldsymbol{v}\cdot\boldsymbol{v}'+\boldsymbol{v}'^2)$ となるので $\boldsymbol{v}\cdot\boldsymbol{v}'=vv'\cos\theta$ に注意すると V は下式のように表わされる．

$$V=\frac{m}{M}\sqrt{v^2-2vv'\cos\theta+v'^2}$$

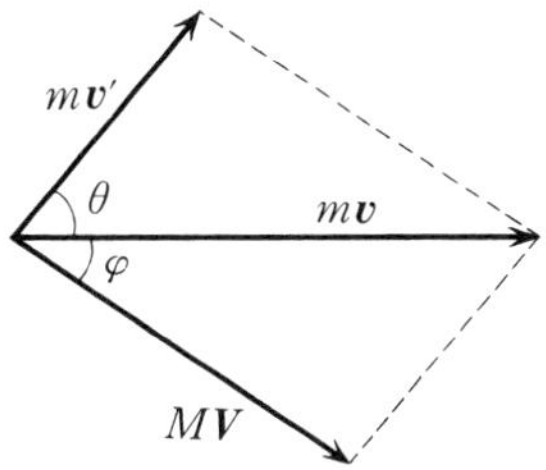

2.　(i)　万有引力のときと同じように考えると，クーロンポテンシャルは

$$U(r)=\frac{1}{4\pi\varepsilon_0}\frac{ee'}{r}$$

で与えられる．万有引力は常に引力であるため，これを表わすポテンシャルは(2.19)からわかるように常に負である．これに対し，e, e' が同符号のときクーロン力は斥力で，クーロンポテンシャルは常に正であるが，e, e' が異符号のときクーロン力は引力で，クーロンポテンシャルは常に負となる．

(ii)　電子の速度を v とすれば，体系の力学的エネルギー E は

$$E = \frac{1}{2}mv^2 - \frac{e^2}{4\pi\varepsilon_0 a}$$

と表わされる．電子に働く向心力 mv^2/a はクーロン力 $e^2/4\pi\varepsilon_0 a^2$ に等しいので，$mv^2/a = e^2/4\pi\varepsilon_0 a^2$ となり $mv^2 = e^2/4\pi\varepsilon_0 a$ の関係が成り立つ．したがって，E は次のように計算される．

$$E = -\frac{e^2}{8\pi\varepsilon_0 a}$$

3.　$U(x) = \varepsilon[(x_0/x)^{12} - 2(x_0/x)^6]$ とすれば(ただし $\varepsilon > 0$)，$dU/dx = -12(\varepsilon/x)[(x_0/x)^{12} - (x_0/x)^6]$ となり，$U(x)$ は $x = x_0$ で最小値 $-\varepsilon$ をとる．$U(x)$ は x の関数として下図のように表わされ，質点が周期運動をするための条件は図4-4と同じように考え $-\varepsilon < E < 0$ であることがわかる．

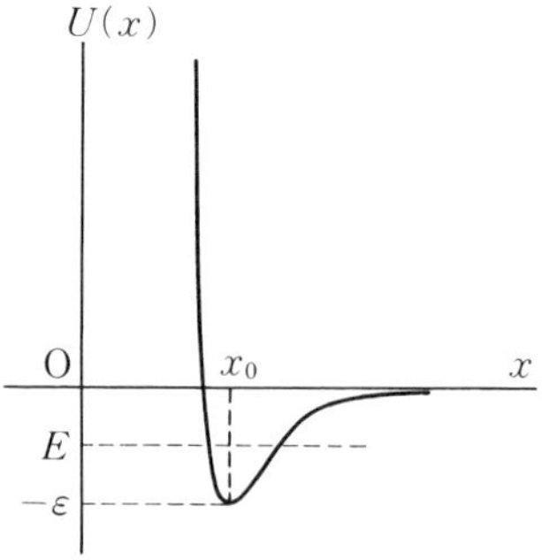

4.　(i)　一直線(x 軸)上を運動する質点に力 F が働き，時間 $\varDelta t$ の間に質点の座標が $\varDelta x$ だけ増加したとすれば，力のした仕事率 P は $P = F\varDelta x/\varDelta t$ と表わされる．よって，$\varDelta t \to 0$ の極限では，質点の速度を v とし $P = Fv$ と書け，逆に F は $F = P/v$ となる．この点に注意すると，自動車に対する運動方程式は次式で与えられることがわかる．

$$M\frac{dv}{dt} = \frac{P}{v} - R$$

(ii)　上の方程式に v をかけ，t について 0 から T まで積分し，時刻 T における自動車の速さを V とすれば

$$\frac{1}{2}MV^2 = PT - \int_0^T Rv dt$$

が得られる．上式は，時間 T の間にエンジンの供給したエネルギー PT のうち右辺第2項に相当する分だけ熱などの無駄なエネルギーに消費されてしまい，その差額が自動車の運動エネルギーになったことを意味している．

5. （i） 運動量保存則および与式から

$$m_1v_1'+m_2v_2'=m_1v_1+m_2v_2, \qquad v_1'-v_2'=-ev_1+ev_2$$

となり，これらから

$$v_1'=\frac{(m_1-em_2)v_1+m_2(1+e)v_2}{m_1+m_2}$$

$$v_2'=\frac{m_1(1+e)v_1+(m_2-em_1)v_2}{m_1+m_2}$$

が導かれる．衝突による力学的エネルギーの損失分 Q は

$$Q=\frac{1}{2}m_1(v_1^2-v_1'^2)+\frac{1}{2}m_2(v_2^2-v_2'^2)$$

$$=\frac{1}{2}m_1(v_1-v_1')(v_1+v_1')+\frac{1}{2}m_2(v_2-v_2')(v_2+v_2')$$

と書ける．上述の v_1', v_2' に対する式から

$$v_1-v_1'=\frac{m_2(1+e)(v_1-v_2)}{m_1+m_2}, \qquad v_2-v_2'=\frac{m_1(1+e)(v_2-v_1)}{m_1+m_2}$$

となり，これを Q に対する式に代入すると

$$Q=\frac{m_1m_2(1+e)}{2(m_1+m_2)}(v_1-v_2)[v_1+v_1'-(v_2+v_2')]$$

が得られる．さらに，$v_1'-v_2'=e(v_2-v_1)$ の関係を利用すると，Q は

$$Q=\frac{m_1m_2(1-e^2)(v_1-v_2)^2}{2(m_1+m_2)}$$

と表わされる．

（ii） 2つの物体が衝突すると力学的エネルギーの散逸が起こるので，物理的に $Q\geqq 0$ の関係が成立するはずである．したがって，上記の Q に対する方程式から $1-e^2\geqq 0$ でなければならない．すなわち，$-1\leqq e\leqq 1$ となる．一方，e に対する定義式で（v, v' の符号を含め）$v_1>v_2$ のとき $v_2'\geqq v_1'$ の関係が成り立つので，$e\geqq 0$ となり，結局 $0\leqq e\leqq 1$ が導かれる．

第5章

1.　図3-5で示した単振り子を考えると，1個の質点に対する2次元の運動であるから $\boldsymbol{r}=(x,y)$ と書け，また束縛条件は1つで $f(\boldsymbol{r})=x^2+y^2-l^2=0$ で与えられる．また，(5.4)は

$$m\ddot{\boldsymbol{r}} = \boldsymbol{F}+\lambda\frac{\partial f}{\partial \boldsymbol{r}}$$

という方程式で表わされる．$\boldsymbol{F}$ は束縛力を除く力であるから，質点に働く重力 $(mg,0)$ に等しく，また $\partial f/\partial\boldsymbol{r}=(2x,2y)$ が成り立つ．よって，上の運動方程式の x，y 成分を考えると

$$m\ddot{x} = mg+2\lambda x, \qquad m\ddot{y} = 2\lambda y$$

となる．$x=l\cos\varphi$，$y=l\sin\varphi$ に注意し，上式を(3.26)と比較すれば $T=-2\lambda l$ の関係が求まる．

2.　図のように，楕円の中心O′を原点とし水平方向に x' 軸，鉛直上向きに y' 軸をとり，同様に点Oを原点とする x,y 軸をとる．楕円を表わす方程式は変数 x'，y' により $x'^2/a^2+y'^2/b^2=1$ で与えられる．ここで，$x'=x$，$y'=y-b$ の関係を上式に代入し，点Oの近傍では x,y が十分小さいことに注意して y^2 の項を y の項に比べ無視すると $y\simeq(b/2a^2)x^2$ となる．よって，$\dot{y}$ は $\dot{x}$ に比べ無視でき，体系のラグランジアンは，質点の質量を m とし

$$L = \frac{m}{2}\dot{x}^2-\frac{mbg}{2a^2}x^2$$

と表わされる．これから運動方程式は $\ddot{x}=-(bg/a^2)x$ と求まり，振動の周期 T は

$$T = 2\pi\sqrt{\frac{a^2}{bg}}$$

と計算される．なお，$a=b$ の場合には $T=2\pi\sqrt{a/g}$ となり，単振り子に対する結果が得られる．

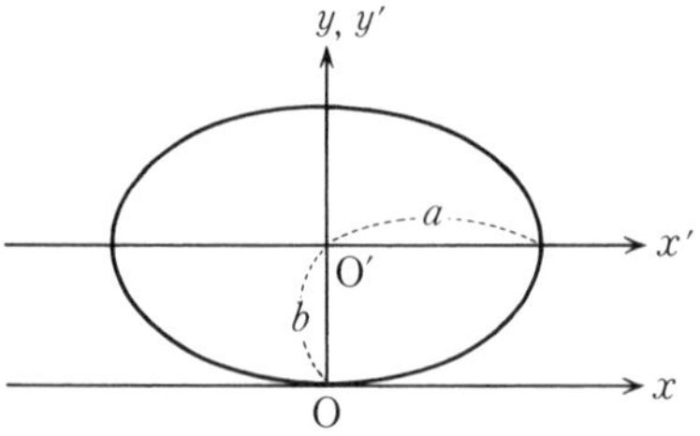

3.　第1章の演習問題4の結果を利用すると

$$\dot{x}^2+\dot{y}^2+\dot{z}^2 = \dot{r}^2+r^2\dot{\theta}^2+r^2\sin^2\theta\cdot\dot{\varphi}^2$$

が得られる．したがって，ラグランジアン L は次式で与えられる．

$$L = \frac{m}{2}(\dot{r}^2+r^2\dot{\theta}^2+r^2\sin^2\theta\cdot\dot{\varphi}^2)-U(r,\theta,\varphi)$$

上記のラグランジアンから，r, θ, φ に共役な一般運動量 p_r, p_θ, p_φ は

$$p_r = \frac{\partial L}{\partial \dot{r}} = m\dot{r}, \qquad p_\theta = \frac{\partial L}{\partial \dot{\theta}} = mr^2\dot{\theta}, \qquad p_\varphi = \frac{\partial L}{\partial \dot{\varphi}} = mr^2\sin^2\theta\cdot\dot{\varphi}$$

と表わされる．これらから

$$\dot{r} = \frac{p_r}{m}, \qquad \dot{\theta} = \frac{p_\theta}{mr^2}, \qquad \dot{\varphi} = \frac{p_\varphi}{mr^2\sin^2\theta}$$

となる．したがって，ハミルトニアンは

$$\begin{aligned} H &= p_r\dot{r}+p_\theta\dot{\theta}+p_\varphi\dot{\varphi}-L \\ &= \frac{1}{2m}\left(p_r{}^2+\frac{p_\theta{}^2}{r^2}+\frac{p_\varphi{}^2}{r^2\sin^2\theta}\right)+U(r,\theta,\varphi) \end{aligned}$$

と計算される．

4.　力学的エネルギー保存則により

$$\frac{p^2}{2m}+U(x) = E = \text{一定}$$

が成り立つので，4-4節と同様な議論により，質点は $E<U_0$ なら $-a\leqq x\leqq a$ の範囲で，また $E>U_0$ なら $-\infty<x<\infty$ の範囲で運動する．前者の場合 $p=\pm\sqrt{2mE}$ で，位相空間(xp 面)内での代表点の軌道は図(次頁)の(1)のようになる．これに対し，後者の場合，質点は一方向きに運動し $p>0$ なら $-\infty$ から ∞ へと運動する．$x<-a$，$x>a$ で $p=\sqrt{2m(E-U_0)}$ となり，$-a\leqq x\leqq a$ で $p=\sqrt{2mE}$ が成り立つので，代表点の軌道は(2)のように表わされる．同じように，$p<0$ に対する軌道は(3)のようになる．E の値を変えると，xp 面内でこのような軌道が無数に生じる．

5.

$$\frac{\partial p_k}{\partial q_j} = 0, \qquad \frac{\partial p_l}{\partial p_j} = \delta_{lj}, \qquad \frac{\partial q_k}{\partial q_j} = \delta_{kj}, \qquad \frac{\partial q_l}{\partial p_j} = 0$$

などの関係を利用すると，与式の左側の2つの関係はポアソン括弧の定義式からただちに求まる．また一番右の関係は

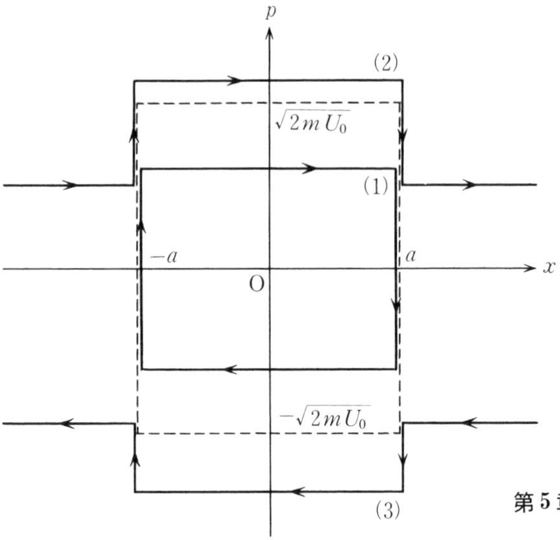

第5章4の図

$$(q_k, p_l) = \sum_j \left(\frac{\partial q_k}{\partial q_j} \frac{\partial p_l}{\partial p_j} - \frac{\partial q_k}{\partial p_j} \frac{\partial p_l}{\partial q_j} \right) = \sum_j \delta_{kj} \delta_{lj} = \delta_{kl}$$

という手続きで証明される.

第6章

1.　O 系でのラグランジアン L は $L=(m/2)(\dot{x}^2+\dot{y}^2+\dot{z}^2)$ で与えられる. (6.6) の関係により一般座標 x', y', z' を導入したと思えば $\dot{x}=v_x+\dot{x}'$, $\dot{y}=v_y+\dot{y}'$, $\dot{z}=v_z+\dot{z}'$ となるから, $L=(m/2)[(v_x+\dot{x}')^2+(v_y+\dot{y}')^2+(v_z+\dot{z}')^2]$ が得られる. これから, 例えば x' に共役な一般運動量を求めると

$$p_{x'} = \frac{\partial L}{\partial \dot{x}'} = m(v_x+\dot{x}')$$

となる. y', z' についても同様でベクトル記号を用い, O′ 系での運動量を $\boldsymbol{p}'$ とすれば $\boldsymbol{p}'=m(\boldsymbol{v}+\dot{\boldsymbol{r}}')$ が成り立つ. こうして O′ 系でのハミルトニアン H' は下記のように表わされる.

$$H' = \boldsymbol{p}'\cdot\dot{\boldsymbol{r}}' - L = \boldsymbol{p}'\cdot\left(\frac{\boldsymbol{p}'}{m}-\boldsymbol{v}\right) - \frac{1}{2m}\boldsymbol{p}'^2 = \frac{\boldsymbol{p}'^2}{2m} - \boldsymbol{p}'\cdot\boldsymbol{v}$$

O 系での運動量を $\boldsymbol{p}$ とすれば, O 系でのハミルトニアンは $H=\boldsymbol{p}^2/2m$ で与えられる．しかし，これをガリレイ変換すると，上式最右辺第 2 項のような付加項が現われる．すなわち，ハミルトニアンはガリレイ変換に対し不変ではない．なお，上述の付加項は超流動の議論のさい重要な役割を演じる．

2. 質点とともに回転する座標系で考えれば，張力，重力，遠心力の 3 力が釣合う (図参照)．釣合いの条件から $S\cos\theta=mg$ $\quad\therefore S=mg/\cos\theta$．また，$mr\omega^2=S\sin\theta$ で $r=l\sin\theta$ を使うと，上の S を代入し

$$\omega^2=\frac{g}{l\cos\theta}\qquad\therefore T=\frac{2\pi}{\omega}=2\pi\sqrt{\frac{l\cos\theta}{g}}$$

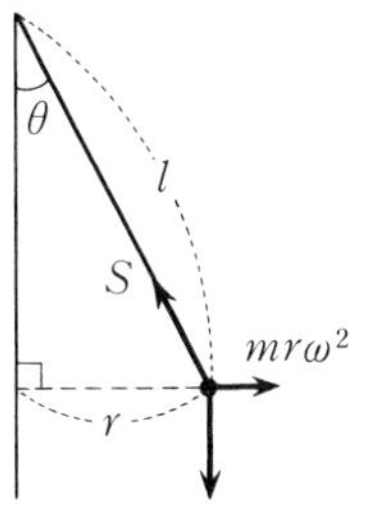

3. コリオリ力 $2m(\dot{\boldsymbol{r}}\times\boldsymbol{\omega})$ は $\dot{\boldsymbol{r}}$ と垂直である．したがって，質点が運動するさいにコリオリ力は仕事をせず，事情は滑らかな束縛があるときと同じになり，力学的エネルギー保存則が成立する．あるいは，与えられた運動方程式と $\dot{\boldsymbol{r}}$ とのスカラー積をとると，$m\dot{\boldsymbol{r}}\cdot\ddot{\boldsymbol{r}}=\boldsymbol{F}\cdot\dot{\boldsymbol{r}}$ となり，$\boldsymbol{F}=-\nabla U$ の場合，第 4 章の例題 4-6 と同様な方法で次の関係が導かれる．

$$\frac{1}{2}m\dot{\boldsymbol{r}}^2+U=\text{一定}$$

4. (6.41) の x_2, y_2, z_2 に対する方程式は，本文と同様な方法により

$$\ddot{x}_2=2\dot{y}_1\sin\varphi$$
$$\ddot{y}_2=-2(\dot{x}_1\sin\varphi+\dot{z}_1\cos\varphi)$$
$$\ddot{z}_2=2\dot{y}_1\cos\varphi$$

と表わされる．x_1, y_1, z_1 に対する解を右辺に代入し，上の方程式を解けば

$$\ddot{x}_2=2gt^2\sin\varphi\cos\varphi\qquad\therefore x_2=\frac{1}{6}gt^4\sin\varphi\cos\varphi$$

$$\ddot{y}_2=0\qquad\therefore y_2=0$$

$$\ddot{z}_2 = 2gt^2 \cos^2\varphi \qquad \therefore z_2 = \frac{1}{6}gt^4 \cos^2\varphi$$

が導かれる．

5.　フーコー振り子の糸が鉛直下方となす角を θ とすれば，微小変位のとき $x \simeq l\theta$，$y \simeq l\theta$，$z = -l\cos\theta$ である．このため，θ が十分小さいと z は $z = -l + (l/2)\theta^2 + \cdots$ と表わされ，$\dot{z} \simeq l\theta\dot{\theta}$ が得られる．一方，(6.47b)の右辺第2項で $\dot{x} \simeq l\dot{\theta}$ であるから，$\dot{z}$ の項は高次となり無視できる．また，(6.47c)で高次の項を省略し，$y \simeq l\theta$ とおくと，張力 T は

$$T = mg - 2m\omega l\dot{\theta}\cos\varphi$$

と評価できる．これを(6.47a)，(6.47b)に代入したとき，上式の右辺第2項は高次の項をもたらし，結局，無視することができる．このようにして，(6.48)が導かれる．

第7章

1.　(i)　O を中心として平面上に極座標をとり，また O を原点とし鉛直上向きに z 軸をとる．質点 B の z 座標は $-(l-r)$ と表わされるから，全系のラグランジアンは

$$L = \frac{m}{2}(\dot{r}^2 + r^2\dot{\theta}^2) + \frac{M}{2}\dot{r}^2 + Mg(l-r)$$

で与えられる．θ は循環座標で $r^2\dot{\theta} = $ 一定 $(=h)$ が得られる．この結果は角運動量保存則を意味する．質点 A には糸の張力が働くが，これは中心力なので，角運動量保存則が成り立つことになる．r に対する方程式は

$$(M+m)\ddot{r} - m\frac{h^2}{r^3} = -Mg$$

(ii)　A が等速円運動するとき r は一定で $\dot{r} = 0$ となる．$h = r_0{}^2\omega_0$ を利用すると，$mr_0\omega_0{}^2 = Mg$ の条件が導かれる．これは A に働く向心力が糸の張力 Mg に等しいことを意味する．

(iii)　$r = r_0 + x$，$h = r_0{}^2\omega_0$ を r に対する運動方程式に代入すると

$$(M+m)\ddot{x} - m\frac{r_0{}^4\omega_0{}^2}{(r_0+x)^3} = -Mg$$

で，x は小さいとして1次の項まで展開すると，次のようになる．

$$(M+m)\ddot{x} = -3m\omega_0{}^2 x$$

これは単振動に対する式で，振動の角振動数 ω は $\omega=[3m/(M+m)]^{1/2}\omega_0$ で与えられる．

2. （i） 点Oでの抗力はOの回りでモーメントをもたない．したがって，糸の張力を T とすれば，点Oの回りの力のモーメントを考え，平衡の条件は

$$mgs - Tl\sin\theta = 0$$

で与えられる．これから T を解き，糸が切れないための条件 $T \leqq T_0$ を使うと

$$\frac{mgs}{l\sin\theta} \leqq T_0$$

が求まる．

（ii） 題意により，MKS単位系で $T_0=g$ である．数値を上式に代入すると $m \leqq 2.5$ となる．すなわち最大質量は 2.5 kg である．

3. 地球，物体の質量をそれぞれ M, m とし，地球，物体からなる2体問題を考える．ただし，$M \gg m$ として，換算質量は m に等しいとする．物体が地球半径 R の等速円運動をしているとき，物体に固定された回転座標系でみると，物体に働く遠心力 $mR\omega^2$ が万有引力 GmM/R^2 に等しい．すなわち $GM/R^2=R\omega^2$ が成り立つ．重力加速度 g はこの左辺で与えられるから，$g=R\omega^2$ と書ける．初速度 v は $v=R\omega$ で，結局 v_1 は $v_1=\sqrt{gR}$ と表わされる．$R=6.37\times10^6$ m，$g=9.81$ m/s^2 を代入すると $v_1=7.9$ km/s と計算される．また，物体を宇宙空間のかなたへ飛ばすとき，地表での物体の力学的エネルギー E は，$E=(m/2)v^2-(GmM/R)$ で与えられる．本文における議論により，物体が宇宙空間に飛び出すためには $E \geqq 0$ が必要となる．これから $v^2 \geqq 2GM/R=2gR$ が求まる．したがって，v_2 は $v_2=\sqrt{2gR}$ で，v_1 の $\sqrt{2}$ 倍である．よって，$v_2=11.2$ km/s.

4. 楕円を表わす方程式は $x^2/a^2+y^2/b^2=1$ で与えられる．図で O_1, O_2 は焦点であるとし，$\overline{OO_1}=f$ とおき，離心率 e を $e=(a^2-b^2)^{1/2}/a$ で，また半直弦 l を図のように定義する．上の定義式から明らかなように e は $0 \leqq e < 1$ の条件を満たす．楕円上の任意の点をRとすれば，$\overline{O_1R}+\overline{O_2R}=$一定 が成り立つから，図のように点P, Qをとると $\overline{O_1P}+\overline{O_2P}=\overline{O_1Q}+\overline{O_2Q}$ となる．したがって $a=(b^2+f^2)^{1/2}$ で，$f^2=a^2-b^2=a^2e^2$ すなわち $f=ae$ が導かれる．また，楕円の式から

$$\frac{f^2}{a^2}+\frac{l^2}{b^2}=1 \qquad \therefore \frac{1}{b^2}=\frac{1-e^2}{l^2}$$

と表わされ，さらに $a^2(1-e^2)=b^2$ を用いて $1/a^2=(1-e^2)^2/l^2$ が得られる．図のように，極座標をとると $x=ae+r\cos\theta$，$y=r\sin\theta$ であるから，これを楕円の式に代入すると

$$\frac{(ae+r\cos\theta)^2}{a^2}+\frac{r^2\sin^2\theta}{b^2}=1$$

となる．これから

$$r^2\left(\frac{\cos^2\theta}{a^2}+\frac{\sin^2\theta}{b^2}\right)+\frac{2er\cos\theta}{a}+e^2=1$$

が得られる．上式はこれまで導いた関係を利用すると

$$r^2\left(\frac{1-e^2}{l^2}\cos^2\theta+\frac{\sin^2\theta}{l^2}\right)+\frac{2er\cos\theta}{l}-1=0$$

すなわち $r^2(1-e^2\cos^2\theta)+2ler\cos\theta-l^2=0$ と表わされる．この式を因数分解すると $[(1+e\cos\theta)r-l][(1-e\cos\theta)r+l]=0$ となり，$(1-e\cos\theta)r+l>0$ が成立するので $(1+e\cos\theta)r-l=0$ である．こうして(7.51)が導かれた．とくに，$\theta=\pi/2$ とおけば，l は図で定義したものと同じであることがわかる．

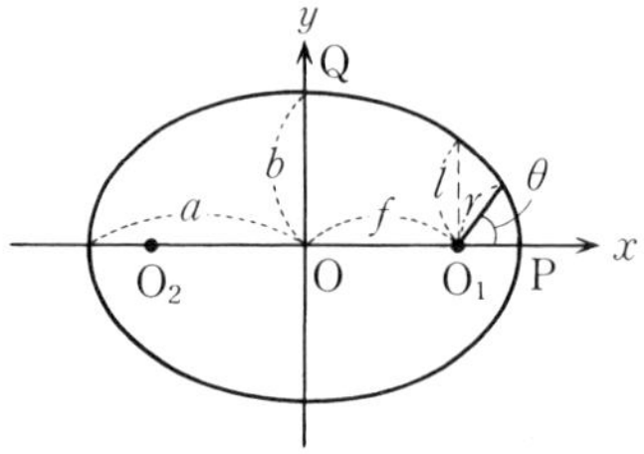

5.　(7.57)から

$$\dot{r}=\frac{el\sin\theta}{(1+e\cos\theta)^2}\frac{(1+e\cos\theta)^2}{l^2}h=\frac{eh\sin\theta}{l}$$

が得られる．上式を使うと，(7.56)は

$$E=\frac{\mu}{2}\left[\frac{e^2h^2\sin^2\theta}{l^2}+\frac{h^2(1+e\cos\theta)^2}{l^2}\right]-\frac{GmM(1+e\cos\theta)}{l}$$

となるが，(7.46)から導かれる $h^2=GmMl/\mu$ を代入すると

$$E=\frac{GmM}{2l}[1+2e\cos\theta+e^2-2(1+e\cos\theta)]=-\frac{GmM}{2l}(1-e^2)$$

と表わされ，(7.58)が導出される．

第8章

1. 円筒の密度を ρ，高さを h とする．中心軸を z 軸にとり，$z \sim z+dz$ の微小部分を考えると，この部分の質量 m は $m=\rho\pi a^2 dz$ と書け，またそれの z 軸に関する慣性モーメントは $ma^2/2=\rho\pi a^4 dz/2$ で与えられる．したがって，円筒の慣性モーメント I は，これを z に関し積分して

$$I = \int_0^h \frac{\rho\pi a^4}{2} dz = \frac{\rho\pi a^4 h}{2} = \frac{Ma^2}{2}$$

と計算される．

2. 図 8-3 で，支点 O における抗力 $\boldsymbol{R}$ の x, y 成分を R_x, R_y とすれば，(8.35) は

$$M\ddot{x}_{\mathrm{G}} = Mg + R_x, \qquad M\ddot{y}_{\mathrm{G}} = R_y$$

と表わされる．重力は点 G に働くと考えてよいから，$N_{z'}$ を計算するさい，重力のモーメントは 0 となる．しかし，抗力 $\boldsymbol{R}$ は G に関してモーメントをもつ．G からみたとき，R_x は正，R_y は負の向きにモーメントを生じるので

$$N_{z'} = R_x d \sin\theta - R_y d \cos\theta$$

が得られる．したがって，重心に対する運動方程式から R_x, R_y を解き

$$N_{z'} = Md[(\ddot{x}_{\mathrm{G}} - g)\sin\theta - \ddot{y}_{\mathrm{G}}\cos\theta]$$

となる．図 8-3 からわかるように，$x_{\mathrm{G}} = d\cos\theta$，$y_{\mathrm{G}} = d\sin\theta$ が成り立ち，これから

$$\ddot{x}_{\mathrm{G}} = -d\cos\theta\cdot\dot{\theta}^2 - d\sin\theta\cdot\ddot{\theta}, \qquad \ddot{y}_{\mathrm{G}} = -d\sin\theta\cdot\dot{\theta}^2 + d\cos\theta\cdot\ddot{\theta}$$

と計算される．これらを $N_{z'}$ に対する式に代入すると

$$N_{z'} = -Mgd\sin\theta - Md^2\ddot{\theta}$$

である．したがって，(8.37) は

$$I_{\mathrm{G}}\ddot{\theta} = -Md^2\ddot{\theta} - Mgd\sin\theta$$

と表わされ，平行軸の定理 $I=I_{\mathrm{G}}+Md^2$ を用いると，(8.21) と同じ結果が導かれる．このように，平面運動の方程式を用いると，計算がやや複雑になるが，抗力 $\boldsymbol{R}$ を求めたいときには，いまの方法を使う必要がある．

3. 複素数 z を導入し，$z=\omega_1+i\omega_2$ とおけば，与式は $\dot{z}+i\lambda z=0$ とまとめられる．この解は $z=z_0 e^{-i\lambda t}$ で与えられる．$z_0=ae^{-i\alpha}$ とおけば $z=ae^{-i(\lambda t+\alpha)}$ となり，これの実数部分，虚数部分をとれば，(8.66) が導かれる．

4. 体系は軸 3 の回りで軸対称性をもつため，図 8-10 で軸 3，ON 軸，y' 軸を

慣性主軸ととってよい．(8.59) により軸 3 方向の角運動量の成分は $I_3\omega_3$ であるから，これの z 成分は $I_3\omega_3\cos\theta$ となる．y' 軸は z 軸と垂直なので，この方向の角運動量は L_z に寄与しない．また，ON 軸方向の角速度ベクトルの成分を考えると，それは $-\dot{\varphi}\sin\theta$ で与えられ，よってこの方向の角運動量の成分は $-I_1\dot{\varphi}\sin\theta$ と書ける．これの z 成分は $I_1\dot{\varphi}\sin^2\theta$ となり，以上の 2 項を加えると与式が得られる．

5.　$\theta=0$ で $V(\theta)$ が極小であることが，眠りごまの実現される条件である．(8.83) の右辺第 3 項が $\theta=0$ で発散しないためには，$L_z=I_3\omega_3$ でなければならない．これが満たされるとして，$V(\theta)$ を $\theta=0$ の回りで展開すると

$$V(\theta) = Mgl+\frac{1}{2}I_3{\omega_3}^2+\left(\frac{{I_3}^2{\omega_3}^2}{8I_1}-\frac{Mgl}{2}\right)\theta^2+O(\theta^4)$$

となる．$\theta=0$ で $V(\theta)$ が極小であるためには，θ^2 の係数が正でなければならない．したがって，求める条件は下記のように表わされる．

$$\omega_3 > \frac{2\sqrt{Mgl\,I_1}}{I_3}$$

索　引

タ　行

ナ　行

ハ　行

阿部龍蔵
1930年東京に生まれる．1953年東京大学理学部物理学科卒業．東京工業大学助手，東京大学物性研究所助教授，東京大学教養学部教授，放送大学教授などを歴任．この間，1959〜1961年，ノースウェスタン大学留学．2013年没．
専攻，物性理論．
主な著書：『物理を楽しもう』『量子力学入門』(以上，岩波書店)，『物理学』(共著，サイエンス社)，『力学』(サイエンス社)，『統計力学』(東京大学出版会)，『電気伝導』(培風館)，『岩波講座現代物理学の基礎　物性 II』(共著，岩波書店)，その他．

岩波基礎物理シリーズ 新装版
力学・解析力学

1994年4月6日　初　版第1刷発行
2020年2月5日　初　版第20刷発行
2021年11月10日　新装版第1刷発行

著　者　阿部龍蔵（あべりゅうぞう）

発行者　坂本政謙

発行所　株式会社 岩波書店
〒101-8002 東京都千代田区一ツ橋 2-5-5
電話案内 03-5210-4000
https://www.iwanami.co.jp/

印刷・三秀舎　表紙・半七印刷　製本・牧製本

ISBN 978-4-00-029903-9　Printed in Japan